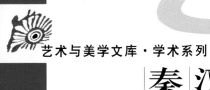

艺术与美学文库·学术系列

周均平　著

秦汉审美文化宏观研究

人民出版社

目　录

1

秦汉审美文化宏观研究

第 一 章
多维视野中的审美文化

　　学术研究首先要求对所使用的概念特别是主要概念作严格的界定。本书作为核心概念使用的审美文化等等概念,在时下的学术研究中使用范围之广、使用频率之高都是有目共睹的。然而深究其含义,都语焉不详,歧义颇多,严重阻碍了相关学术研究的深入拓展和有效沟通。这是学术界和美学研究亟须认真对待的一个大问题。此前已有不少学者就此发出热诚的呼吁,希望在学术界进行学术术语的清理规范工作。本书虽然无力胜任这一任务,但对在严格界定的基础上使用学术术语的要求深表认同。为此在进入审美文化的历史长河寻宝探险之前,不得不在自身特有视点的基础上,先对审美文化这些主要概念进行必要的梳理和厘定,以求在自身概念使用的明晰性、整一性的基础上展开本书的内容。此外,学术研究的规范也要求在对某一课题进行研究时,应对已有的相关研究成果和思想资料进行必要的爬梳,力求在原有研究的基础上把所研究的问题有所推进。因此,对主要概念的界定和对已有研究成果和现状的审视,构成了本章的主要内容,而这也是全书赖以展开的学术前提和现实基础。

一　审美文化概念的立体观照

（一）审美文化概念需要不需要界定

审美文化概念需要不需要界定？首先就存在着三种意见的分歧。

一种意见主张先把这个问题悬置起来，认为首先要定位、定义，然后才去研究，是一种传统的思维方式，是一种方法论谬误，应该先做起来再说。①

一种意见对此持否定态度，认为按照传统习惯对审美文化进行现象描述或本质界定都将引入误区。因为审美文化不是一个独立的现象存在，也不是某一类审美对象的本质规定，它只是一个话题，就像一个硕大无朋的空框，往里装填什么都可以，如果能从这个框里发现崭新的富有开创性的思想，创设审美文化话题的意义也就达到了。②

一种意见认为，虽然现阶段谁也没有能力给审美文化下一个精确的、科学的、都能接受的定义，但不等于这一问题不需要追问，不需要研究，如果真的把这一问题悬置起来不闻不问，研究的范围、对象将是漫无边际的，研究的目标也将是模糊的，从而不利于审美文化研究的健康发展。③

（二）审美文化的纷纭众说

多数学者同意第三种意见，纷纷提出自己的看法。根据界定的方式、角度等的不同，大致可归纳为以下几种类型。

---

①　李泽厚、王德胜：《关于哲学、美学和审美文化研究的对话》，《文艺研究》1994 年第 6 期。

②　《审美文化与美学史讨论会简报》，中华美学学会 1997 年扬州会议。

③　聂振斌：《什么是审美文化》，《北京社会科学》1997 年第 2 期。

侧重从审美文化的范围构成概括的。如有的学者指出:所谓审美文化,是指人类审美活动的物化产品、观念体系和行为方式的总和。① 有的学者认为:审美文化是人类文化的审美层面,是指人以审美的态度来对待各种文化产品时出现的一种精神现象。审美文化不应当被简单地看成文化家族的一个单独成员,它附丽于诸文化形态之上,具有覆盖和跨越整个文化领域的一种性质。除了专供人们进行审美的艺术产品外,其他各种文化产品都可能有条件地进入审美领域,从而成为审美文化研究的对象。② 有的学者认为:审美文化是人类审美活动的经验和所创造的价值的积淀,是人类历史进程中形成并贯穿文化一切领域的不断发展变化的范畴。③

侧重从审美文化与文化的联系和区别概括的。如有的学者指出:所谓审美文化,包括两层意思:一是文化应当与美相结合,要美。二是达到高标准,显示出一个民族的精神风貌。因此,审美文化是文化与美的结合,是对于文化高标准的要求。它要求我们的文化,不仅有实用价值、功利价值,而且有精神价值、审美价值。④ 有的学者认为:审美文化是与人类文明活动相伴生的具有超越性价值的文化形态,它是逐渐地从人类的动物性活动和物质功利活动中脱离出来的精神文明。因此生命活动与精神超越构成的辩证运动就成了审美文化的本质特征。⑤ 有的学者指出:要弄清什么是审美文化,必须先弄清什么是"文化"。所谓"文化"就是"人的生存和发展的方式"。说白一点,也就是"活法"或曰"生活样式"。审美文化就是"审美的活法"、"审美地生存"或"诗意地生存"。这样一种审美文化,就不是一般意义上的那些

---

① 叶朗主编:《现代美学体系》,北京大学出版社 1988 年版,第 259 页。
② 夏之放:《转型期的当代审美文化》,作家出版社 1996 年版,第 52 页。
③ 金亚娜:《审美文化的概念和结构》,《求是学刊》1990 年第 6 期。
④ 蒋孔阳:《杂谈审美文化》,《文艺研究》1996 年第 1 期。
⑤ 马宏柏:《审美文化与美学史讨论会综述》,《哲学动态》1997 年第 6 期。

已然存在的"文化",而是一种"理想"或"理想状态",这样的美学,就是人学,或审美人类学。①　还有的根据联合国教科文组织的文化概念:"一个社会的文化生活可以看成是它通过它的生活和存在方式,通过它的感觉和自我的感觉,它的行为模式、价值观念和信仰的自我表现",把审美文化概括为:人类的审美行为模式,审美价值观念和审美信仰理想的自我表现,而这种自我表现既以上述三方面的精神形态表现出来,同时也以它的物化产品——包括艺术与其他一切具有审美特征的产品——体现出来。②

　　侧重从历史发展角度概括的。如有的学者把审美文化视为文化发展到比较高级阶段上的文化。在这一阶段,随着整个文化领域中的艺术和审美部分的自治程度和完善程度的增加,其内在原则就开始越出其自然区,向文化的认识领域和道德领域渗透,对人们的政治意识、社会生活、教育模式、生产与消费方式、装饰服装、工作与职业等领域同化和改造。在这一过程中,不是艺术和美学低于政治和普通生活,而是后者受到前者的改造。③　有的认为:从文明与文化的演进的历程来看,审美文化是工具文化、社会理性文化后的第三种文化形态,代表了文化积累与文化量变的过程,是人类文化与文明的较高形式,显示出超功利性与自由性相统一的性质,是一种以人的精神体验性和审美的形式观照为主导的社会感性文化。④

　　根据历史与逻辑的统一原则进行概括的。该学者认为目前关于审美文化的界定有两种看法是比较可取的。一种看法认为:审美文化是整个文化中具有审美性质的那一部分,所谓审美性质即超越功利目的性,它是整个文化系统中的子系统,或曰文化体系中的一个高尚层

①　马宏柏:《审美文化与美学史讨论会综述》,《哲学动态》1997 年第 6 期。
②　罗筠筠:《论新世纪审美文化的建构》,《求是学刊》1996 年第 1 期。
③　滕守尧:《关于审美文化的对话》,《哲学动态》1997 年第 6 期。
④　马宏柏:《审美文化与美学史讨论会综述》,《哲学动态》1997 年第 6 期。

面。另一种看法认为：审美文化是人类文化发展的高级阶段，是后工业社会的产物，社会发展到后工业社会的历史阶段，艺术与审美已渗透到文化的各个领域，并起到支配的作用。这两种观点都有一定的客观依据和道理，前者从逻辑推论出发给审美文化定了性——超越功利，后者从历史出发，给审美文化定了位——文化发展的高级阶段。但又各自缺少对方的优点。只有把历史与逻辑统一起来，才能比较全面严谨地反映审美文化的含义。该学者指出："审美文化是现代文化的主要形式，也是高级形式，它把超功利的愉悦性原则渗透到整个文化领域，以丰富人的精神生活"。①

(三)审美文化研究的对象和范围

对审美文化概念的界定，在某种意义上，也包含了对其对象和范围的某种回答，但因界定方式、角度等等的不同，有关审美文化的界定，往往不能最充分地反映出其对审美文化对象和范围的看法，为此有必要单列加以介绍。在对审美文化研究的对象和范围问题上，围绕着既有联系又有区别的三个焦点，形成了相互抵触的不同观点。

围绕着文学艺术在审美文化中的地位，形成了"艺术中心论"和"反艺术中心论"的分歧。"艺术中心论"认为，审美文化应以艺术为中心，主体或主导。如有的学者指出："美和文化与生俱来，有文化的地方就有审美文化"，"审美文化的对象应以文学艺术为核心。主要根据在于文学艺术的特点是美，是美与文化的结合。从美学史上看，有关审美文化的理论经常都是有关文学艺术的理论，美的哲学与艺术哲学的一致性，说明了审美文化与艺术的一致性"。② 有的学者认为：审美文化的范围几乎包括人的生活的所有领域。第一，渗透于生产劳动

---

① 聂振斌：《什么是审美文化》，《北京社会科学》1997 年第 2 期。
② 《审美文化与美学史讨论会简报》，中华美学学会 1997 年扬州会议。

和日常生活中的审美文化。第二,渗透于制度文化、行为文化中的审美文化。第三,属于精神文化的审美文化系列。其中,文学艺术作品,是人类审美文化的最为纯粹、最为直接、最为理想化的存在方式,因而在审美文化中占有不可取代的主导地位。① "反艺术中心论"则认为:审美文化概念表现了审美——艺术活动向日常生活的泛化,在现代文化整体演变的背景上,随着形而上学根基的溃败和消解,艺术的独立性必然面临崩溃,西方以艺术为中心的美学传统也遭到了根本的打击。艺术与其他审美活动的界限正在消除,艺术与生活的距离也在逐渐消逝。审美活动的变化表明,如果继续以艺术为中心,美学或审美文化研究就将失去中心,甚至失去对象,因此把研究的视野投放于整个审美活动,以之作为美学继续发展的基本策略,这个转换是审美文化的基础,也是当代美学与传统美学的区别点。② 生活与审美同一,生活与艺术同一是当代审美文化最关键的观念。③

围绕着审美文化适用的时限形成了强调当代性、现实性、当下性和主张可广泛运用到人类文化始终的分歧。前者认为:审美文化是历史运动的产物,是对当代文化的规定性表述。对审美文化概念的把握,必须建筑在对中国社会文化的发展转变的基本估价的基础之上。在一定意义上,审美文化是一个现代范畴,是文化现代性的另一种表述,它是现代文化从整合的低分化的文化形态中分化出来的必然结果。审美文化具有媒介化的文化和共享的文化两大特征。这两个特征都是传统的古典文化所不具备的。④ 后者则指出:承认审美文化在

---

① 夏之放:《转型期的当代审美文化》,作家出版社 1996 年版,第 61—66 页。

② 肖鹰:《当代审美文化的界定》,《学术季刊》1994 年第 4 期。

③ 潘知常:《反美学——在阐释中理解当代审美文化》,学林出版社 1995 年版,第 45 页。

④ 马宏柏:《审美文化与美学史讨论会综述》,《哲学动态》1997 年第 6 期。

我国是一个现代概念并不等于它使用的范围只能局限于现当代文化，更不能简单地认为只有 20 世纪才有审美文化，不能用审美文化一词去概括以往的、传统的具有审美性质和价值的文化事实和形态①。

围绕着审美文化在当代的横向领域形成了其是否等于大众文化的分歧。一种意见认为，当代审美文化就是指大众文化。一种意见认为审美文化不等于大众文化。

二 审美文化史的初步探索

审美文化史研究是随审美文化研究的发展新拓展的课题。1994年就有人专文探讨。20 世纪末中华美学学会曾举行审美文化与美学史学术讨论会，专题研究了这个问题，有力地推进了这一领域的探讨，至今方兴未艾。

（一）审美文化史研究如何可能

这是进行审美文化史研究首先要解决的一个前提性问题。在这个问题上，学术界存在着两种截然相反的意见。分歧的实质是对审美文化概念纵向适用时限、范围的理解不同。有学者认为：审美文化是历史运动的产物，是对当代文化的规定性表述。审美文化是一个现代范畴，是文化现代性的另一种表述，它是现代文化从整合的低分化的文化形态中分化出来的必然结果。因而强调审美文化的当代性、现实性或当下性，反对把它延伸到历史领域。这种看法注意到了当代审美文化诸多独特之处，可以引起人们对当代审美文化特性的关注，有合

---

① 朱立元：《审美文化只适用于现当代吗？》，《深圳特区报》1997 年 7 月 9 日。

理性,但画地为牢,硬性将审美文化研究局限在当代,显然于事实于学理都很难自圆其说。

我们认为,审美文化概念不仅适用于现当代,也同样适用于古代;不仅可以积极参与当代审美文化的建设,也可以回溯历史,进行审美文化史的建构。

首先,审美文化概念是个现代概念,不等于就不能运用到古代。据有关研究和资料表明:在我国在严格的意义上最早使用审美文化概念并设专章对审美文化进行论析的,是1988年10月出版的《现代美学体系》。据朱立元先生考察,他们于1991年在蒋孔阳先生主持下编写出版《哲学大辞典·美学卷》时,尚未收入这个术语。可见,在我国审美文化确实是一个现代的概念,甚至可以说是一个十分年轻的概念。但这不等于说它就只能用于当代。此类情况在学术史上极多,在文艺史和美学史上也不乏其例,几乎成为一种通则。最典型的莫过于"美学"这个术语。众所周知,"美学"(德文 Asthetik,英文 Aesthetics)一词是1750年首次由德国哲学家鲍姆·伽顿创造出来并用以命名一门研究感觉和情感的新学科,以区别于过去只研究理性认识的哲学学科。正如黑格尔所指出,"就是取这个意义,美学在沃尔夫学派之中,才开始成为一门新的科学"。无疑,"美学"一词在当时是一个典型的新概念、现代概念,"美学"也确实是一门新的学科。但是,事实上,"美学"的历史并不只是从鲍姆·伽顿才开始,"美学"一词使用的范围也绝不限制于1750年以后有关美和艺术的哲学。恰恰相反,"美学"一词被广泛使用到古希腊,后来又被引入中国,使用到中国古代有关艺术哲学的理论和思想形态上。譬如,西方较早的一部美学史名著鲍桑葵的《美学史》开宗明义就说:"一直到18世纪后半叶,人们才采用了现今公认的'美学'(Aesthetic)一词,用来称呼美的哲学,把它当做理论研究中一个独立的领域。但是,美学事实的存在却要比'美学'一词早得多,因为,即令从某种意义上来说不能从更早的哲学家算起,

那么至少可以说早在苏格拉底时代,希腊思想家们就已经开始对美和美的艺术进行思考了。"①我们看到的其他各种美学史著作也基本上遵循这同一思路。不仅西方美学史如此,而且中国美学史亦然。

由此可见,"美学"一词,虽然产生在18世纪中后期,但它使用的范围却决不限于18世纪之后,而是向前扩展至古希腊;也不限于西方,而是扩展到东方,中国乃至全世界。"美学"一词的扩大使用的历史事实告诉我们,一个新词、新概念可能产生得较晚,但如果它能对以前的某种事实、现象作出较合理的概括,则它的使用范围自然可以向过去的历史时代的相关对象扩展,而不必受特定时代的局限。"美学"一词是如此,"审美文化"一词也是如此。②

其次,且不说中国当代作为历史阶段其文化是否已进入审美文化这一文化发展的高级形态还是一个相当复杂的尚待论证的问题,即使假定当代是审美文化的高级阶段,也不等于历史上就没有审美文化。即使按照前述最严格的定义来衡量,作为美的最典型形态的文学艺术应属审美文化是毫无疑问的,作为人类关于美的理性思考或形而上追求的美学属于审美文化,也是近乎无争的。我国的艺术已有约五千年光辉灿烂的历史,我国的美学思想也源远流长。这种事实,显然是无法回避也无法视而不见的。而且事物的高级阶段是与低级阶段、中级阶段相对而言,高级阶段是经过低级阶段、中级阶段等逻辑历史环节发展而来的,在这个意义上说,没有前面的历史逻辑发展,后面的高级阶段就成了无源之水,无本之木。审美文化的发展同样如此。

总之,审美文化作为人类生活、文化发展的高级阶段,并非指时间上的当代性,而是指其精神品格和形态上符合人的更高要求,艺术和

---

① [英]鲍桑葵:《美学史》,张今译,商务印书馆1986年版,第5页。
② 朱立元:《"审美文化"只适用于现当代吗?》,《深圳特区报》1997年7月9日。

审美由起源走向全面发展是一个极其漫长的历史过程,这个过程至今还远未结束。因此,审美文化概念不仅适用于现当代,也适用于古代。

(二)审美文化史建构的多种设想

大多数学者认为,审美文化研究应该上溯历史,建构审美文化史。但对审美文化史应该是怎样的,它与美学思想史的具体关系如何,所见各异。

1. 主张美学思想史应与审美文化史结合。该学者是从审美文化研究反观美学史研究的。认为审美文化研究在对象、范围、观念、方法及概念范畴、理论话语上与以往有诸多不同:它不是考证和阐释理论家们说什么和怎么说,而是致力和分析实际生活中普遍存在的审美文化现象;它不是通过抽象思辨来接通概念与概念之间的逻辑联系,而是借助现象描述的方法来展现种种事实和情状,再从这些事实和情状归纳和概括出某些带规律性的东西;它也要梳理出一定审美文化现象的来龙去脉,但不是"为历史而历史",不是为了满足学者的理性需要而构建某种历史的框架,而是为当前的审美文化的发展寻找历史的经验,因而带有较强的现实性和应用性;它不满足于以往美学史所提供的概念范畴和话语形式,而是力图在对于审美文化现象的描述、概括和总结之中形成一套新的话语系统。这些重大变化使我们对美学史的构建有了一种新的观念。从学理上说,应该有两种美学史:一是美学思想史;二是审美文化史,两者可以相互补充,相互印证,但不能相互等同,相互取代,只有将这二者联系起来才是全面的。由于以往的美学史研究中偏重前者,而对后者有所忽视和偏废,所以审美文化史的构建应该成为当务之急。① 有的认为,美学与审美文化史的关系是

---

① 姚文放:《何谓美学史——从审美文化研究反观美学史研究》,《北京社会科学》1997 年第 2 期。

美学与审美文化关系在历史研究上的推演与表现,今后的美学史研究应当追求把美学理论范畴的历史勾勒与各个时代的民族审美文化的具体形态研究有机地结合起来。①

2. 强调建构有别于审美思想史与审美器物史的审美文化史,即建构审美思想史与审美器物史结合的审美文化史。认为与"形而上之道"与"形而下之器"对应,迄今为止的美学史主要有两种形态:一种是人类对审美活动进行形而上思考的审美思想史;一种是描述各种审美现象或文化器物之形态发展和演变的过程的审美器物史。还应该有一种介于"道""器"之间,即由"形而下"之对象反观"形而上"之精神的美学史,这是真正意义上的审美文化史。它既不是单纯思辨型的,也不是单纯描述型的,而是解释型的。它的出现将弥补观念史和器物史之间目前存在的裂痕:一方面用实证性的器物史来校正思辨性的观念史;另一方面,用思辨性的观念史来升华实证性的器物史。它的出现将意味着美学史研究形态的真正成熟。②

3. 主张撰写审美风尚史。认为审美风尚史作为美学史研究的一种范型,迄今没有先例。在研究观念和方法上,它坚决拒绝罗列式的史学研究,绝对地要求明晰的指导思想和方法框架,有历史哲学意识,遵循以下原则:确立审美风尚史有一个史的发展过程;作为历史学研究顺利展开的必要前提,提出什么是华夏审美风尚的核心特征的问题;进行全景式和立体交叉式的研究,使材料尽可能凸显风尚形成的真实的历史过程与问题的本来面目。在研究对象和领域上,它以由审美的、艺术的、情趣的习俗构成的行为文化层的审美层面为主要对象,以民俗与审美两大领域的交叉之处为研究领域,因此审美风尚的研究也可以称为审美的民俗学研究。从美学角度看,风尚史的研究将是一

① 《审美文化与美学史讨论会简报》,中华美学学会 1997 年扬州会议。
② 马宏柏:《审美文化与美学史讨论会综述》,《哲学动态》1997 年第 6 期。

种文化的深层内核的有机揭示。可列入审美风尚研究范围的包括四个层次:作为行为文化的习俗、风俗以及相关的民间艺术;作为物质文化层面的建筑、雕刻、服饰、装饰等物质艺术;作为精神文化层面的雅文化、雅艺术、诗歌、小说、绘画、戏曲、音乐等;作为一个时代审美精神的理论代言的美学理论。它们组成了一个时代审美风尚的多层次多结构的立体图画。审美风尚史研究有两个理论任务:寻找一种传统的共同体形式,一种华夏审美风韵的理论概括;漫长的五千多年的审美风尚发展与演化史有一个文化共同体的承传与裂变过程,对这个过程的演化细节的发现,是文化史研究中非常重要的一环。审美风尚史研究具有紧迫的现实意义,它将为处于转型与激变中的当代中国审美文化的转化方向和科学建构,提供深入的历史性考察和清醒的理论引导。①

4. 强调建构以审美形态为尺度或中枢的审美史。认为审美风尚这一概念并不科学,至少有待于进一步界定。如不先从学理上确定审美风尚的尺度根据,则难免于传统美学视野的囿限。主张恢复并进一步确立"审美形态"这一范畴的普遍涵括性。这一范畴可以为包括"审美风尚"在内的全部审美经验现象提供一种比艺术史更为普遍,又较之美学思想史更贴近审美经验对象,同时又比文化风俗史具有更多的确定的审美物质规定性的角度。审美形态是人的社会存在样态,它包含同构对应的内外两个方面:内在的审美心态与外在的审美形式是同一审美形态的二而一的表现。审美心态无从把握,但其外在的对应物——审美形式却直观地体现着这心态的存在。因而分析把握审美形式是美学阐释的入口。以审美形态为尺度来撰写美学史,实践论美学关于审美形态的历史积淀理论,格式塔美学关于外部形式与内在心理统一场论的微观研究,都可以说为把握审美形态提供了一定的理论

① 许明:《审美风尚史:一种新的历史观照》,《文艺研究》1994 年第 2 期。

依据,现在亟须开展的是创造性的运用工作。审美形态固然集中体现于艺术,但只有将由艺术中所抽象提取出来的纯粹审美形态与更为广泛的现实生活中所溶化的审美形态沟通一体,审美形态方可获得更为广泛坚实的基础支持。以审美形态为中枢的审美史研究由于关涉艺术、文化、社会政治经济等所有社会生活方面,因而属于统一于美学指导下的多学科系统协作工程。①

5. 主张建构侧重实证或侧重器物的审美文化史。如有的认为:新的美学史应是侧重于具体的审美文化现象,侧重于"形而下"的物质文化现象,而不是像既有美学史,侧重于一定的哲学观念,并以其为逻辑起点和归宿,去统摄具体的审美文化现象。正是在此意义上,审美文化既不同于美学,也不同于文化史;既不是哲学思潮,更不仅仅是当代大众文化,而是具体物质的审美文化现象及其中所体现出来的审美理想、观念,是以具体的物质审美文化为研究基点的美学发生、发展、演变的历史。②

6. 主张不必囿于一定之规。因为每一部美学史的撰写都是美学史家对美学史的理解与重建。有多少美学家就有多少种美学史。为此,总结借鉴从孔子到现当代的美学史撰写的实践及理论方法,对于美学史理论建设是很有意义的。③

(三)我们所理解的审美文化史研究

上述看法高见迭出,精彩纷呈,反映出审美文化史研究朝气蓬勃充满生机的盛况。在笔者 2000 年 6 月进行博士论文答辩时,国内尚没有一部审美文化史正式问世。这一方面表现出学者们的严谨慎重;

---

① 尤西林:《有别于美学思想史的审美史——兼与许明商榷》,《文艺研究》1994 年第 5 期。

② 《审美文化与美学史讨论会简报》,中华美学学会 1997 年扬州会议。

③ 马宏柏:《审美文化与美学史讨论会综述》,《哲学动态》1997 年第 6 期。

另一方面也反映出审美文化史研究的艰巨和困难。目前,陈炎先生主编的《中国审美文化史》(4 卷本)已于 2000 年 10 月由山东画报出版社出版。许明先生主编的《华夏审美风尚史》(11 卷本)也于 2000 年11 月(2001 年 5 月第 1 次印刷)由河南人民出版社出版,显示了审美文化史研究的进展和实绩,受到学术界的广泛关注和好评。条条大路通罗马,理想的设计仍然激励着人们不断向更高的学术目标迈进。

我们所理解的审美文化史研究,是以辩证思维为指导,以特定时代的审美文化精神和集中体现这一审美文化精神的审美理想为核心,以审美文化生态为前提和基础,以理论形态的美学思想、感性形态的文学艺术和生活形态的行为风尚为主要内容,按照抽象上升到具体、历史与逻辑统一的原则,把五光十色、绚丽多彩的审美文化现象,辩证整合在一个既能自上而下、又可横向贯通的多层次、多侧面、多环节的立体图画和全方位网络结构之中,通过对它们的整体运动及其相互联系、相互作用的特点和规律性的理论把握和深层阐释,展现出特定时代审美文化的内在精神、基本风貌和嬗变轨迹。上述这些看法是笔者《秦汉审美文化史》内容研究和理论表述的指导思想及学术追求。本书作为秦汉审美文化史的总论部分,作为提交答辩的博士论文,是从宏观角度对秦汉审美文化进行的总体研究。它所提出并力求回答的核心问题是:秦汉审美文化的审美理想、总体特征和基本风貌如何?在历史上有何地位? 在今天还有什么意义和价值? 为了达到这一研究目标,本书在总体框架上围绕着秦汉审美文化的审美理想和基本特征这个中心,逻辑而又历史地展开了四章内容:第一章,是对审美文化等主要概念的立体观照和初步理解,为全书的展开提供了学术和逻辑前提。第二章,提出审美文化生态的概念,把秦汉审美文化放到特定的时代环境总体之中,在与相关的社会文化各个子系统的相互联系、相互作用中予以研究探讨,力图把握秦汉审美文化与其生存环境的本质的、必然的联系,为准确地揭示秦汉审美文化的审美理想和时代特

色,全面分析其本体内容,奠定必要的历史和现实基础。第三章,以中国古代审美文化(美学)的整体风貌为宏观背景,在与先秦、魏晋南北朝和隋唐审美文化的纵向比较中,凸显并揭示了秦汉审美文化的壮丽审美理想和现实与浪漫的统一、繁富与稚纯的统一、凝重与飞动的统一、美与善的统一四大基本特征。第四章,论析并确证了秦汉审美文化承前启后、继往开来,标示审美走向自觉的不可替代的历史地位。

需要说明的是,由于本书是秦汉审美文化史的总论部分,其基础是提交答辩的博士论文,限于体例的制约和为保持博士论文答辩时的基本框架、基本观点和原有风貌,对秦汉审美文化的纵向发展演进未予专章论列,有关心者,届时可参阅拙著《秦汉审美文化史》。①

三 审美文化史研究的当代意义

审美文化史研究的对象和范围是定位在凝固了的一去不复返的历史长河的,但其意义和价值却是指向活生生的不断趋向未来的当代现实生活的。笔者认为,由审美文化研究兴起的背景和动因反观审美文化史研究的意义和价值,根源清楚,对比显豁,是一条可以准确把握审美文化史研究意义和价值的宽广途径。为此,我们先探究一下审美文化在中国兴起发展的背景和动因,然后正面揭示审美文化史研究的意义和价值。

(一)审美文化研究兴起发展的多重背景和多种动因

审美文化及其研究在中国蓬勃兴起并在短期内取得迅速发展,有着多重背景和多种动因。从世界总体格局来看,世界多层次、多方位

---

① 该书将于近期由安徽教育出版社出版。

的转型和人类共同的人与自然、人与社会、人与人、人的心灵四大冲突的新变化,是审美文化兴起发展的宏观背景和间接动因。20 世纪后半叶以来的当代文化明显表现出如下的特征和趋势。文化性质:从工业社会转向信息社会;文化主体:由区域文化转向全球文化;文化权力:由垄断性文化转向平民性文化;文化传递方式:由纵向传递向横向和逆向传递转变;文化方法:由分析文化走向综合文化;文化态度:由自信文化走向反省文化;文化取向:由注重物质转向注重精神,由人生的量的扩张转向质的提高。仅以西方世界而言,在本世纪后半叶就经历了由工业社会到后工业社会,由现代主义文化到后现代主义文化,由现代哲学到后现代哲学,由现代美学到后现代美学,由现代主义文艺到后现代主义文艺的发展嬗变。西方的审美文化研究,正是随着这种由工业社会向后工业社会,由现代文化思潮到后现代文化思潮的发展而产生的。世界当代文化这一系列重大变化以及西方审美文化研究兴起的缘由,不能不对中国当代审美文化研究的产生和发展形成重要的影响。

就国内情况而言,中国社会指向现代化的史无前例的全方位转型,是审美文化兴起发展的中观背景和直接动因。中国社会转型是指社会类型总体、全面、根本性的变迁。有的学者把它概括为六大转变:从产品经济、计划经济体制向商品经济、市场经济体制社会转型;从农业社会向工业社会转型;从乡村社会向城镇社会转型;从封闭、半封闭社会向开放社会转型;从同质的单一性社会向异质的多样性社会转型;从伦理型社会向法理型社会转型。① 有的认为:这场深度与广度均属空前的社会转型的内容包括三个层次:其一,从农业文明向工业文明转化,这种社会结构的变化是当代中国社会转型的基本内容;其

---

① 包心鉴主编:《发展——跨世纪中国的战略选择》,济南出版社 1997 年版。

二,从国家统制式的计划经济向社会主义市场经济转化,这种经济体制的转轨与上述社会结构变化的同时并进,正是现代转型的中国特色所在;其三,从工业文明向后工业文明转化,已经实现工业化的发达国家正在进行的这一转变所诱发的问题有全球化趋势,当下中国也不可回避地面对诸如环境问题,人的意义危机的问题,诸文明间的冲突问题等等,这又增加了转型的普适性内容。① 上述概括,并非无懈可击,但对把握中国当前社会转型的基本内容和特点,无疑是有启发性的。这些重大变化,直接影响到社会生活的各个领域和整个社会的精神面貌,影响到每个人的世界观、人生观、价值观及思想、情感的方方面面,为审美文化研究的兴起和发展提供了现实土壤。

这里需要特别提出的是中国审美文化的兴起与中国社会现状、文化性质及其与西方后现代文化的关系问题。这是学者们分歧最大、争论最集中的问题。绝大多数学者都不讳言审美文化的兴起与西方后现代文化的影响有关,但对这种影响的认识和评价差异很大。有的侧重强调现象之同,本质之异,强调中国当今社会与西方后工业社会的根本不同,坚决反对把西方后现代的文化概念照搬到中国来。② 有的侧重强调表面之异,深层之同,提出"东方后现代"的概念。该学者指出:乍一看中国当代的社会背景同西方后现代主义背景有着许多根本的差异,但中国所以会接受、借鉴甚至横移西方后现代主义,固然同第一世界的文化霸权主义,文化渗透政策关系密切,但更重要的还是因为中国在很大程度上具备了与西方后现代主义相同的背景。这种惊人的相似性可以从两者的整体比较中见出。西方后现代主义的总体社会背景是晚期资本主义。其总体特征可简要地概括为五个方面:两次世界大战彻底毁灭了人的理性、信仰、终极目标和价值理论;过度激

---

① 冯天瑜:《略论中西人文精神》,《中国社会科学》1997 年第 1 期。
② 聂振斌:《什么是审美文化》,《北京社会科学》1997 年第 2 期。

化的劳资矛盾转化为技术矛盾和管理矛盾；商品化原则垄断了一切，控制了一切；信息爆炸，一切都被程式化、精密化、电脑化；高科技的发展带来了大规模的机械复制，从此不再有真实和原作，一切都成为类像和虚假。与此相比照，中国当代社会的背景也可从五个方面加以描述："文化大革命"的剧烈震荡和商品经济大潮的有力冲击，其意义与影响和两次世界大战对西方人的震荡与冲击有许多相似之处；以阶级斗争为中心转化为以经济建设为中心；商品化原则成为社会的中心原则；现代社会的信息化、程式化、电脑化；文化工业化和生活虚假化。①有的则强调同中有异，异中有同。该学者一方面认为：近年来，在美学理论的内部和外部，我们都感受到西方称之为后现代主义文化的多方影响，事实上中国美学正处在后现代主义文化的影响之下，同时又指出：同样不容否认的是，西方后现代主义文化的社会基础与当代中国的社会现实之间存在着多方面、多层次的差别。这种差别不仅表现在社会制度、意识形态机制、文化生产和消费模式等方面，而且还表现在美学理论方面的理论问题的特殊"差异"。因此后现代主义文化对当代中国美学的影响，无论其范围和深度如何，都不可能为当代中国美学提供一个预设的理论模式和轻松的出路。②

上述情况表明，受中国社会发展特定历史进程的规定和制约，中国目前的社会现实和文化语境确实呈现出多元并存，诸质混合的特点。正如有的学者所描述的："本世纪80年代末、90年代以来，中国社会在一定程度上进入到一个空前复杂的交织了多元文化因素的状态，前工业时代、工业时代以及后工业时代的诸多文化特性及其价值实践，在一种相互间缺少逻辑的过程中，却又奇特地相互聚合在一个社会的共时体系上，……因而使得任何一种单一的文化因素和文化现象

---

① 曾艳兵：《东方后现代》，广西师范大学出版社1996年版。
② 王杰：《审美幻象研究》，广西师范大学出版社1996年版。

都丧失了或根本不存在其典型性"①。这就是当下中国社会现实和文化的特殊性。看不到这种历史特殊性，看不到这种具体规定性，就很容易把复杂的问题简单化，对当代中国文化性质和美学研究的基本问题作出片面的判断，开出不对症的药方。如有的根据所谓"前工业时代"的文化现象，主张所谓"新启蒙"；有的根据"工业时代"的文化性质，强调所谓"现代性"；有的根据"后工业社会"的文化特点，突出所谓"后现代性"。这些看法，显然忽略了中国审美文化的兴起是多种文化元素和多种文化性质在特定历史时空中奇特聚合所形成的合力的结晶。

从美学学科本身来看，中国当代美学在迅疾变化的时代面前力不从心，难尽如人意的现状，或者如有些论者所说的：当代美学的生存危机，是审美文化研究兴起的微观背景和内在动因。

总之，中国审美文化研究的兴起和发展，是国际、国内社会全方位转型的外部压力和美学学科克服自身局限的内部要求等多重背景和多种动因综合作用的结果。这种多元多质的综合特性，既在一定意义上规定了中国审美文化研究与国外审美文化研究的某种一致性，同时也规定了当今中国审美文化研究的某种特殊性。

（二）审美文化史研究的当代意义

根据审美文化研究兴起的三重背景和动因，审美文化史研究的意义和价值可以概括为与其相对应的由小到大、由近及远的三个方面。

（1）审美文化史研究可以在更为广阔的视野中认识中国古代美学、审美文化发展的特点和规律，为中国当代美学和审美文化研究的发展建构，提供坚实的历史支撑和自觉的理论导引。随着中国社会的

---

① 王德胜：《审美文化研究：美学转型的要求与现实》，《人民政协报》1997年6月12日。

全方位转型,中国当代美学已经到了转型与建构的重要关头。美学向何处去,已经成为关注的焦点,一时高论迭出,诸说蜂起。笔者在综论20世纪90年代中国美学转型研究的文章中曾概括了最重要也最引人注目的改造完善实践美学取向、超越实践美学取向、审美文化取向、中国古典美学取向和辩证和谐美学取向五大取向。① 从审美文化史的当代意义角度来看,五大取向中以季羡林先生为代表的中国古典美学取向的观点是颇值得重视的。

近年来,中国当代文论的"失语症"和"话语重建"成为热门话题。何谓"失语症"？如何"重建"？众说纷纭。一种代表性意见认为,"失语症"是一种文化上的病态,它主要表现在中国当代文论完全没有自己的范畴、概念、原理和标准,每当我们开口言说的时候,使用的全是别人的也就是西方的话语系统。这种情形由来已久,自"五四"反传统浪潮肇始,就造成了我们原有的几千年的完整而统一的传统的断裂和失落,使我们失去母语,陷入失语状态,从而丧失了在中西对话上的对等地位。要消除这种"病态",就必须恢复断裂的传统,找回失落的话语体系,直接发扬光大。中国古典美学取向的出现显然与这种刻意回归传统的倾向有相互呼应的密切关系。总起来看,这种取向反对以外来文化、美学作为构建中国美学体系的基础,强调重视中国传统美学和审美文化自身的特点,以中国传统美学、审美文化为依托,建构美学审美文化体系。

季先生认为:美学的"根本转型就是把西方的那一套根本丢掉"。② 他在正面回答美学转型转向何处的论文中指出:中国美学家跟着西方美学家跑得已经够远、够久了。既然已经走进了死胡同,唯

---

① 周均平:《跨世纪历史性转换的前奏——美学转型问题研究综论》,《文史哲》1998 年第 3 期。

② 季羡林:《对 21 世纪人文学科建设的几点意见》,《文史哲》1998 年第 1 期。

一的办法就是退出死胡同,改弦更张,另起炉灶,建构一个全新的美学框架,扬弃西方美学中无用的、误导的那一套东西,保留其有用的东西。把眼、耳、鼻、舌、身所感受的美都纳入美学框架,把生理和心理所感受的美冶于一炉,建构成一个新体系。这是大破大立,而不是修修补补。这是美学的根本转型,目的是希望中国学者开创一门有中国特色的美学。① 我们不同意直接从东方和古代美学中寻找东西作为现代形态的美学体系的基础,把现代的美学问题研究简单地变成对传统的反思或寻根。因为古典美学从问题的深度、广度和复杂程度方面都不如现代美学,简单地恢复到古典美学上去,不可能建立真正现代形态的美学体系。但季先生提出问题的动机和其看法的合理内核,却是我们无法绕过而且不能不重视的。这就是在世界美学经过各民族独立发展到相互影响的众语喧哗、今日走向对话交流的背景下,在中国当代美学进行新世纪的转型和建构时,不能不重视自身的特点和规律,不能没有民族美学传统的滋养。

这是中国美学家义不容辞的学术任务,也是华夏学者责无旁贷的历史责任。如果我们不能充分挖掘中国古代审美文化的丰富宝藏,全面把握其特点和精髓,就不仅仅是所谓"失语",而且会失去我们在世界美学和审美文化对话交流中的立足之地,就很难完成建构既凝聚了中国古代审美文化的精华,又化合了当代中国审美文化的真髓,既具有中国特色,又能与世界美学沟通的现代美学和审美文化体系的历史使命。

(2)审美文化史研究对挖掘民族文化精华,弘扬民族文化精神,推进两个文明建设,特别是精神文明建设具有重要意义。这里仅就两汉精神文化,征引两个颇为典型的例子。著名学者袁济喜先生在谈到他为什么研究"两汉精神世界"的体会时指出:

---

① 季羡林:《美学的根本转型》,《文学评论》1997 年第 5 期。

  1986年,北京大学出版社的一位特约编辑在与我商谈《六朝美学》的书稿时,就诚恳地向我指出,"六朝文化固然深邃洞达,但两汉文化也恢闳凝重,不能因为赞美六朝文化与美学而低估了两汉的思想文化"。他这番话给了我很大的启发。在后来的教学与研究中,我对鲁迅所称赞的"汉唐气魄"发生了很大的兴趣。

  1990年我来到了日本九州大学留学。在福冈东部的志贺岛上,有一座以陈列西汉王朝使节来访时留下的金印为主的金印公园。在这里,我再度感受到西汉王朝的雄威。每当夜幕降临时,我常常在离住所不远的箱崎八幡宫前的海滩边漫步,细雨朦胧,空寂无人,我常常被异域孤客的心境所吞没。"你是一个大学教师,为什么到我们这儿来留学?"每每碰到日本人的这些问话,我总是沉重难言,就如同回国后许多人问我:"你为什么不在那儿继续留学而要回国"一样。我只觉得对以前酝酿的两汉思想文化的课题有了新的感受和体会,似乎应该写一些什么。回国后,我在半年多的时间即完成了这部25万字的专著……

  在今天看来,中国历史上真正能够全面地直观自身,放眼域外,无所畏惧的,确实是汉唐气魄。章太炎说,学术在朝则衰,在野则兴。我并不赞成这一说法。事实上,中国历史上的文化建树,大都与统治者的提倡与建设有关。汉代"礼乐争辉",把官僚的选拔与意识形态的建设以及人才的培养相结合,这对汉代的发展以至中国封建社会完备的文官制度的形成,无疑起到了巨大的促进作用。"汉唐气魄"从来就是物质实力与精神文化融为一体的产物。物质兴隆、文化贫瘠的"盛世"在中国历史上没有出现过,今后大概也不会出现这类"奇迹"。①

无独有偶。著名学者李珺平追寻汉代审美精神的底蕴也出于极为相似的动因。他在介绍自己追寻的体会时说:

> 笔者曾从日本人口中获知:日本人认为,在中国历代文化中,他们继承的是唐代遗产,唐代遗产的特征是"雄";而中国人继承的是清代遗产。所以,他们到中国来,见到某些中国人自称大唐子孙而实则处处以清代文化为准则约束并限制自身,一方面感到好笑,另一方面则又有些瞧不起。他们认为,要说雄,他们不必到中国来,自身已经够雄了。但是,他们又总是隐隐感到,中国民族精神深处似乎还有一种让他们捉摸不透的、比唐代的雄更让他们惊讶和着迷的东西。这种东西是什么?他们说不清楚,然而可以肯定,那是唐代以前的民族集体意识的内蕴。因为,在他们看来,宋代以后,随着政治中心的东移,中国民族就一蹶不振,再也没有辉煌过。他们之所以到中国来,就是要寻找这种东西。这种东西似乎存在于西北,特别是存在于陕西的漠漠古迹和古朴民风之中,又似乎与大汉朝息息相关。由此,他们肯定地说,除了唐代文化外,他们唯一感兴趣的是汉代文化。这就是他们尤其钟情于与陕西建立文化联系的原因。(中国的汉中市与日本的初云市是友好城市。笔者在陕西汉中师院工作时,曾从接待日本初云市文化代表团的翻译口中获知上述看法。)

----

① 袁济喜:《两汉精神世界·后记》,中国人民大学出版社 1994 年版,第326—327 页。

客观地说,在日本人的话语中,尽管有咄咄逼人的自大意味,但无形中也毫不客气地道出了彼一民族对我们民族的真实看法。"日本人继承的是唐代文化,而中国人继承的是清代文化"。这句话不能不使笔者倒憋一口气,于震惊、恼怒、心酸之中恍然若有所悟。泱泱中华大国的每一分子,以往都把传统文化看作整体,以为自己继承的必然是祖宗的全副遗产,从而在明显的落后中常常愤愤不平地操起阿Q的口头禅:"我们的祖先……"殊不知,中国文化在别的民族眼里却被看作不同时代、不同类别和不同成分。由于宋明以来理学的炽盛,中国人被套上奴性的枷锁而不自知,浑身散发着清代以来孱弱文化的霉气,反以周秦汉唐的正宗子孙自居。这真是滑稽中的滑稽、悲哀中的悲哀!在此之前,笔者虽没有将汉代与唐代的雄等同,但也没有认真思考过它们之间的异同,更没有打算去探究这个问题。被日本人这句话所刺激,笔者始静下心来,认真读书,以寻找汉代审美精神的底蕴。

笔者发现,现、当代以来,中国人对于汉代美学思想研究极为散漫,又比较肤浅。即使被称为当代中国美学名著的李泽厚的《美的历程》,在谈先秦、魏晋、隋唐、宋元、明清的美学特征时,都滔滔不绝,但唯独对于汉代却缺乏总体归纳,只以俗而又俗的"浪漫主义"一词塞责。

原因是什么?不得而知。也许是因为汉代所留下的美学专著少之又少,难以概括;也许是因为汉承秦、战国和春秋,是一个融通百家的时代,没有像其他的时代那样有独特的柄环可以把握。不管是什么原因,忽视汉代美学研究都是不可原谅的错误和缺失。别的民族为了振兴民气,已将文化寻根之手伸向了中国的腹心。难道我们却宁愿死守明清以

来的痼疾,而不去考察并发扬本民族的先风吗?①

当然,我们不必唯外国人的马首是瞻,以外国人取舍的标准为标准。但有比较才有鉴别,很多事情毕竟是当局者迷,旁观者清。两位学者对汉代的研究思考,显然融进了他们对中华民族当代发展的积极构想。虽然他们对中国古代各历史时期的思想文化包括审美文化的具体评价不见得就丝丝入扣,但这至少说明,我国古代审美文化中蕴含着极为丰富且极有价值的精神宝藏,自觉地开掘和弘扬这些优秀的民族精神遗产,对于当今重铸民族灵魂、振奋民族精神,推动宏伟大业的发展,无疑有着不可替代的重要意义。别的国家和民族尚且不忘记汲取,更何况我们中华民族、炎黄子孙呢?

(3)审美文化史研究可以为解决民族文化的冲突、人文与科技的冲突、精神危机、生态危机和"发达国家综合征"等新世纪全球性的普遍问题,开掘丰富的思想资源,奉献有益的行为参照。例如,面对全球化背景下的民族文化的冲突,汉代审美文化就有很多可资借鉴之处。20世纪上半叶鲁迅先生在面对异族外来文化的冲突时,曾多次盛赞汉唐盛世对待外来文化的态度、气魄和做法。鲁迅先生说:"遥想汉人多么闳放,新来的动植物,即毫不拘忌,来充装饰的花纹。""汉唐虽然也有边患,但魄力究竟雄大,人民具有不致于为异族奴隶的自信心,或者竟毫未想到,凡取用外来事物的时候,就如将彼俘来一样,自由驱使,绝不介怀。"②其"拿来主义"的提出,显然就与对汉唐文化的这种历史解读有直接关系。当然,鲁迅当时似乎没有刻意论及汉唐在"拿来"的同时的另一面,即在奉行"拿来主义"的同时,通过多种途径和多种方

---

① 李珺平:《汉代审美精神的底蕴是什么?》,《湛江师范学院学报》1994年第1期。

② 鲁迅:《坟·看镜有感》,载《鲁迅论文学与艺术》(上册),人民文学出版社1980年版,第144页。

式,主动自觉地把本民族的优秀文化"送出去",如闻名遐迩、享誉世界的"丝绸之路",我们不妨相对于鲁迅先生的"拿来主义"名之曰"送去主义"。"拿来"与"送去",具体做法不同,但都是面对民族文化冲突时作出的必要选择。这对我们解决新世纪全球化背景下的民族文化的冲突,是极富启发意义的。再如,21世纪是生态世纪,人类面临着前所未有的严峻的生态危机。如何更好地挖掘古代思想资源,调整和优化人与自然的关系及其审美关系,是全世界和全人类共同面临和关注的重大课题。自然审美观是美学观的重要组成部分,也是审美文化发展水平的重要标志。我国是世界上自然审美观发展得最早、最丰富、最充分、最成熟的国家,汉代则是我国自然审美观发展历史上的一个极为重要的阶段。它发扬光大了"比德"自然审美观,提出建构了"比情"自然审美观,催发萌生了"畅神"自然审美观,实现了自然审美观的重大发展和突破,在一定方面和意义上,奠定了此后中国自然审美文化的审美模式和艺术创作的基础。因此,审美文化包括秦汉审美文化史的研究,不仅对全面地实事求是地认识和总结汉代乃至中国自然审美观的历史发展、性质特征、影响和地位等等具有重要意义,而且对解决我国乃至全球生态危机问题,提升人与自然的审美关系,构建人与自然的更高和谐,都具有重大的实践价值。

第 二 章
秦汉审美文化生态

　　一定的审美文化总是在一定环境中产生、形成、发展和演变的。秦汉审美文化也概莫能外。这个环绕着特定审美文化并与其水乳交融的环境总和,是特定审美文化赖以形成发展的发生学基础或现实依据。不了解这个前提或基础,就不可能对特定时代的审美文化有全面深入的认识。对其了解的深度和广度,在一定意义上决定了对秦汉审美文化认识的深度和广度。为此,本章提出审美文化生态的概念,把秦汉审美文化放到特定的时代环境总体之中,以"大一统"为主旋律和大趋势,在与相关的社会文化各个子系统的相互联系、相互作用中予以研究探讨,力图把握秦汉审美文化与其生存环境的本质的必然联系,为准确地揭示秦汉审美文化的审美理想和时代特色,全面分析其本体内容奠定必要的历史和现实基础。

一　审美文化生态的内涵

(一)生态和文化生态

"生态"一词源于古希腊语"Oicos",含有"住所"、"区位"、"环境"

诸意。后来一些生物学家用之研究生物体居住条件、物种构成及其与周围环境的关系,遂成为一种生态学说,即有机体与环境关系的学说。所谓文化生态系统,是指影响文化产生、发展的自然环境、科学技术、经济体制、社会组织及价值观念等变量构成的完整体系。① 文化生态系统不只重视自然生态,而且重视社会生态,不只重视环境对文化的作用,而且重视文化与各种变量的共存关系,与19世纪简单的文化进化论和环境决定论有重要区别。

我们借用文化生态学的文化生态概念和方法主要是出于以下考虑。第一,更强调环境作用的有机整体性,注重从整体的观点研究文化的生成和发展,比那种孤立地考虑某一或某些环境因素的观点有很大优越性。第二,寻求用各种环境因素的交互作用以解释不同历史阶段和区域文化特征的形成发展。第三,改变过去那种两张皮式的环境描述,更注意突出环境与审美的联系,从而突出审美文化研究的独特性。

(二)审美文化生态

一定的审美文化总是在一定环境中产生、发展、演变的。所谓审美文化生态,指的就是审美文化赖以生成、发展、变化的环境总和或有机完整系统。它以与审美文化关系的远近,由远及近大体包括自然环境、科学技术、经济体制、社会组织、价值观念(包括哲学、宗教、道德、风俗等观念形态的精神文化)等等直接或间接与审美文化生成发展有联系的一切自然现象和社会现象。

审美文化是一个纷纭复杂的文化形态或层面,它与环境之间,有着极为复杂多样的关系。正如恩格斯在考察社会时所说的:"当我们深思熟虑地考察自然界或人类历史或我们自己的精神活动的时候,首

---

① 司马云杰:《文化社会学》,山东人民出版社1990年版,第202页。

先呈现在我们眼前的,是一幅有种种联系和相互作用无穷无尽地交织起来的画面,其中没有任何东西是不动的和不变的,而是一切都在运动、变化、生成和消逝。……这种观点虽然正确地把握了现象的总画面的一般性质,却不足以说明构成这幅总画面的各个细节;而我们要是不知道这些细节,就看不清总画面。"①审美文化同样具有这样的特征。它的产生与发展,总是与多种环境因素交织在一起。各种环境因素对它的影响,作用大小也因时因地因具体作品不同。但有一点是应予肯定的,这就是,各种环境因素总是构成一种合力对文艺产生影响。恩格斯曾经十分赞赏并精确地解释了这样一种生物规律:"一个有机生物的个别部分的特定形态,总是和其他部分的某些形态息息相关,哪怕在表面上和这些形态似乎没有任何联系。"②这种规律被达尔文称为"生长相关律"。据此,马克思在论述意大利文艺复兴时期绘画时曾说:如果把拉斐尔同列奥纳多·达·芬奇和提威安诺(提香)比较一下,就会发现,"拉斐尔的艺术作品在很大程度上同当时在佛罗伦萨影响下形成的罗马繁荣有关,而列奥纳多的作品则受到佛罗伦萨的环境的影响很深。和其他任何一个艺术家一样,拉斐尔也受到他以前的艺术所达到的技术成就、社会组织、当地的分工以及与当地有交往的世界各国的分工等条件的制约。"③无疑,不同的社会环境造就了与其相适应的艺术家,而艺术家却不是受到仅此一种影响,社会各种环境因素形成的"合力"对艺术家产生着不同程度和层次的影响。马克思、恩格斯对文艺复兴时期的艺术创作也进行过类似的整体环境分析。他们认为:"这是人类以往从来没有经历过的一次最伟大的、进步的变革,是一个需要巨人而且产生了巨人——在思维能力、激情和性格方

---

① 《马克思恩格斯选集》第 3 卷,人民出版社 1995 年版,第 359 页。
② 《马克思恩格斯选集》第 4 卷,人民出版社 1995 年版,第 376 页。
③ 《马克思恩格斯全集》第 3 卷,人民出版社 1960 年版,第 459 页。

面,在多才多艺和学识渊博方面的巨人的时代。"①在意大利、德国、西班牙、荷兰等国家,绘画、雕刻、造型艺术的明星群体,相继崛起,光彩夺目。之所以如此,恩格斯指出,地中海沿岸一条狭长的地带,现在是一片紧密相连的文明地区,使以意大利及其文化为首的各国之间的文化交流、文化上的相互影响成为可能;"新发明的涌现,东方各民族、首先是阿拉伯人的各种发明的传入,当代的地理大发现和与之俱来的海上交通和商业的大发展,以及自然科学的突飞猛进"②,不仅"给艺术发展提供了大好时机",而且使文艺创作发生了深刻的变化。

显而易见,审美文化生态研究的任务,就是把审美文化放到特定时代的环境总体之中,在与相关的社会文化的各个子系统的相互联系、相互作用中予以观察,尽力把握审美文化与其生存环境的本质的、必然的联系,从而众星拱月地揭示出特定时代的审美文化是在怎样的审美文化环境中产生、发展、演变的,为准确、全面地揭示特定时代审美文化的审美理想和基本特色,全面分析审美文化的本体内容,提供必要的前提和基础。

二 秦汉审美文化生态的主旋律和大趋势:"大一统"

秦汉大势、秦汉审美文化生态区别于先秦(春秋战国)的最大不同、最大特点、最重要的变化,一言以蔽之,曰"大一统"。

(一)"大一统"的内涵

何谓"大一统",目前学术界众说纷纭。

---

① 《马克思恩格斯选集》第4卷,人民出版社1995年版,第261—262页。

② 〔德〕科赫·汉斯:《马克思主义和美学》,漓江出版社1985年版,第432页。

冯契先生主编的《哲学大辞典》认为:大一统指"思想和法度的统一"。①

刘泽华先生主编的《中国古代政治思想史》认为:如果用一句话来概括《公羊传》政治思想的主旨,那就是王权"大一统"。传文开篇伊始就举出了这一旗帜。《春秋》隐公元年:"元年春,王正月。"传文说:"王者孰谓?谓文王也。曷为先言王而后言正月?王正月也。何言乎王正月?大一统也。""'大',作动词解,是'张大'的意思。'大一统'不仅表明传文作者认为历法应当划一,悉遵周正,而且表达了他们的政治理想,他们以周天子代表的王权政治为摹本,向往实现一个单一权力主宰的一统天下。"传文作者竭力树立天子是天下唯一最高主宰的政治地位和形象,提出"王者无外"的重要命题,肯定了天子作为天下"共主"的至上地位和权力。作者将全国土地的最高所有权归之于天子名下,使得天子真正成为集政治和经济大权于一身的最高统治者。"大一统"作为《公羊传》作者的政治蓝图,设想建立这样一种理想政治:在那里,只有王权是最高权力中心,对全国实行"一统化"的统治。"从政治思想角度看,《公羊传》的理论结构却十分清楚。王权'大一统'是贯穿其中的一条理论主线,等级原则、君臣关系、君统传延和华夷之辨是这一主线向着不同侧面的深入和展开,在理论上解决了国家形式、统治阶级的权力占有与分配,以及如何处理民族关系等问题。传文作者的基本思路始终围绕着怎样建立和巩固单一权力主宰的一统天下"。经过汉代公羊学家的进一步阐发和一定的社会化过程,"大一统"思想逐渐深入人心。在漫长的中国古代社会,《公羊传》的基本理论与各种各样的学说或思潮相融合,始终发挥着维护君权一统天下的思想主导作用。②

① 冯契主编:《哲学大辞典》,上海辞书出版社 1992 年版,第 63 页。

② 刘泽华主编:《中国古代政治思想史》(秦汉魏晋南北朝卷),浙江人民出版社 1996 年版,第 66—78 页。

杨志刚先生《六合一统》以"学者心中的大一统"为题,指出"'大一统'的原意,是指尊崇一统,可到后来,它的含义衍变为指大而一统的一种局面。""战国时期的一些学者,对大一统的局面做了不少规划和构想,从而形成了中国人有关'大一统'的一些基本观念。"①这是认为"大一统"最早提出时是指尊崇一统,从所指看,至少在战国,它的含义在一些学者心中,已经衍变为指大而一统的一种局面。

蒋庆先生则认为:在春秋公羊学中,现代人误解最深的恐怕要算大一统思想了。从纵的方面来看,现代人把大一统理解为自上而下进行的君主专制统治;从横的方面来看,现代人把大一统理解为从中央到地方(以至四夷)建立起的庞大的集权体系。也就是说,在现代人的心目中,大一统就是要建立起一个地域宽广、民族众多、君主专制、中央集权的庞大帝国。大一统的"大"被现代人理解为"大小"的"大",即理解为一个形容词;"一统"则被理解为政治上的整齐划一,即"统一"。照这样的理解,大一统的思想就自然成了为封建王朝建立庞大划一的帝国统治的工具了。

大一统的本义并非如此。"大一统"这个词最早是出现在《春秋公羊传》的传文中。《春秋》经开篇首书:"元年春王正月",公羊子传"王正月"曰:"何言乎王正月,大一统也"。何休解大一统曰:"统者,始也。摠系之辞,天王者始受命改制,布政施教于天下,自公侯至于庶人,自山川至于草木昆虫,莫不一一系于正月,故云政教之始。"又解曰:"政莫大于正始,故春秋以元之气正天之端,以天之端正王之政,以王之政正诸侯之即位,以诸侯之即位正境内之治。诸侯不上奉王之政则不得即位,故先言正月而后言即位。政不由王出则不得为政,故先言王而后言正月也。王者不承天以制号令则无法,故先言春而后言王。天不深正其元则不能成其化,故先言元而后言春。五者同日并

---

① 杨志刚:《六合一统》,长春出版社 1997 年版,第 219 页。

见,相须成体,乃天人之大本,万物之所系,不可不察也。"徐彦疏大一
统曰:"所以书正月者,王者受命制正月以统天下,令万物无不一一皆
奉之以为始,故言大一统也。"董仲舒在《三代改制质文》一文中解大
一统曰:"何以谓之'王正月'?曰:王者必受命而后王。王者必改正
朔,易服色,制礼乐,一统于天下,所以明易姓非继人,通以己受之于
天也。"

蒋庆先生认为,从以上引文中可以看出几个问题:

(1)传文中大一统的"大"字不是形容词"大小"之"大",而是动词
"尊大"之"大",用今天的话来说就是"推崇"的意思,大一统就是"推
崇一统"。"大"字的这一动词用法在《公羊传》中用得很多,如大居
正,大复仇,大其为中国追等,均是用的尊大之义,而非大小之义。可
见,大一统的"大"字并不含有地域宽广,民族众多,权力无边、帝国庞
大的意思。现代人把大一统的"大"字理解为大小之"大"不只是对
"大"字词性的误解,更关涉到对整个大一统思想的误解。这一误解由
来已久,现代尤甚。

(2)传文中大一统的"一统"是自下而上的立元正始,而不是自上
而下的整齐划一,即"统一"。从公羊家的解释来看,一是元,统是始,
一统就是元始,元始就是万物(包括政治社会)的形上根基,或者说本
体。政治社会以至山川草木都必须系于此本体,才有存在的价值,
故何休解"统"为"揔系之辞""政教之始",是"天下之大本,万物
之所系",徐彦疏为"万物无不一一皆奉之(自下而上)以为始(本
体)。"董仲舒在《春秋繁露》中讲春秋变一为元,圣人属万物为一
而系之元,讲春秋一元大始,立元崇本,贵元重始,均是此意。由此
可见,公羊学所讲的"一统"的本义是指政治社会必须自下而上地
归依(系于)一个形上的本体,从而使这一政治社会获得一个超越
的存在价值,而不是自上而下地以一个最高权力为中心来进行政
治范围的集中统一。

（3）通过上面的两点辨析可以看出，公羊传中所说的"大一统"是指必须自下而上地推崇政治社会以及万事万物的形上本体，而不是现代人所认为的自上而下地建立一个地域宽广、民族众多、高度集中、整齐划一的庞大帝国。那么，为什么要推崇政治社会以及万事万物的形上本体呢？这个问题涉及政治秩序合法化的问题，是经历了自春秋战国到秦汉几百年战乱之苦的公羊家们最焦虑的问题。①

上述诸说，《哲学大辞典》主要就董仲舒解"大一统"，适用范围太窄；刘泽华之说注重了大一统的外在表层表现，但没有重视其本义或深层形上含义；杨志刚说看到至少自战国始，大一统的本义和衍变义就已共用，很有道理，但忽略了尊崇一统的深层原因。蒋庆说重视大一统的本义和深层含义，即政治统治秩序的形而上合法性依据问题，颇有见地，但忽视大一统的外在表层表现，把至少自战国已有的衍变义视为现代人的误解，则很难说是周全之虑。

我们认为："大一统"包含着本衍、内外、表里多种含义。本义即深层含义是推崇、尊崇一统，即为政治统治寻求形而上的合法性依据；它的外在、表层衍生义的核心是"王者无外"，"尊王"，即充分肯定天子，皇帝作为天下共主的至上地位和权力，对全国实行一统化统治，建立起一个地域宽广、民族众多、天子专制、中央集权的一统帝国（九州同风，华夷共贯）。在这个意义上，一统与统一、一致、融合的意思是很相似的。

（二）"大一统"与秦汉审美文化生态的关系

秦汉社会大势，虽经三次大的农民起义，可谓一波三折，但总的来说，就是走向大一统，巩固大一统，发展大一统和大一统走向衰微。

秦汉思想领域城头变幻大王旗，由秦一尊法术，到汉初崇尚"黄

① 蒋庆：《公羊学引论》，辽宁教育出版社 1995 年版，第 350—353 页。

老",到汉武"独尊儒术",再到东汉中后期庄老抬头异端思想和批判思潮的兴起,都与大一统有着本质的必然的联系。

秦汉审美文化也不例外。大一统构成了秦汉审美文化生态不同于其他历史时期,尤其是不同于春秋战国的主要生态环境特点。秦汉审美文化生态的构成因素和秦汉审美文化的发展变化,也只有在大一统的统摄下,才能起到相应的作用,得到确切的说明。

就大一统与秦汉审美文化生态构成因素的关系来看,秦汉审美文化生态的各个因素,都受大一统的统摄和制约。没有大一统的四海一家,异域同邦,地大物博,根本就谈不到自然环境对秦汉气魄的影响。没有大一统,也就没有以诸子思想的整合、地域文化的整合、民族文化的整合和中外文化的整合为内容的多元多层的文化整合。没有大一统,天地人大一统大和谐的宇宙图式也就缺少形成的历史前提和社会基础。没有大一统,就不会造成士的使命和命运的重大变化。没有大一统,就没有当时科学技术的骄人成就,就更没有深沉雄大,开拓进取的精神风貌。

就大一统与秦汉审美文化的关系来说,大一统也起着主要的决定的作用。大一统对汉代散文内容和形式的影响就是明显的一例。

大一统格局对汉代散文内容有重要的影响。汉代的大一统格局,在某种意义上说是秦代大一统局面的延续。秦汉开创的大一统的局面,是空前伟大的事业,是自西周以后经数百年才实现的而且远比西周更加幅员辽阔和权力更加集中的统一。把这么辽阔的疆域、众多的人口、强大的国力集中统一起来,加以先秦宽厚深邃的文化积淀,便使人产生了一种移山填海、气吞宇宙的气魄,在散文上,便体现出一种议论恢宏、博大精深的特点。请看贾谊《过秦论》:

> 野谚曰:前事不忘,后事之师也。是以君子为国,观之上古,验之当世,参以人事,察盛衰之礼,审权势之宜,去就有

序,变化有时,故旷日持久,而社稷安矣。秦孝公据殽函之固,拥雍州之地,君臣固守以窥周室,有席卷天下、包举宇内、囊括四海之意,并吞八荒之心。……

及至始皇,奋六世之余烈,振长策而御宇内,吞二周而亡诸侯,履至尊而制六合,执棰拊以鞭笞天下,威震四海。南取百越之地,以为桂林象郡,百越之君,俯首系颈,委命下吏。乃使蒙恬北筑长城而守藩篱,却匈奴七百余里,故人不敢南下而牧马,士不敢弯弓而报怨。……

文章这里虽是说的秦朝,但自有一种综核古今、通观宇内的胸怀,读之犹如"黄河之水天上来",体现出汉初朝廷文人高屋建瓴的境界和大一统乐观、自豪的时代精神。

西汉前期,由于继秦之后重归统一,如何巩固这个统一,就成为汉初散文家所关注的一个重要问题、所要表达的一个重要内容,所以这时的名篇名著,大多是总结亡秦经验,为新的统一提供思想与策略。

汉初并没有实行高度的统一,而是分封了许多诸侯国,许多爱好文学和乐于招揽宾客的王侯便像战国四公子那样招揽文人,因而出现了藩国地域文学兴盛的局面。藩国的文士,其气魄和眼界比中央的文人如贾谊、晁错等一般要差一些,中央文人的文章内容更多的是站在大一统的角度议论治国安民之术,地方文士的政治视域则受到一定局限,但从散文的表现领域来看,却要广泛一些。

到西汉中期,大一统的局面日益兴盛,藩国逐渐解析消亡,地域文学的人才都向中央流动,当时的国都长安汇集了各方的精英,文化达到了空前的繁荣。这时散文的内容也与汉初有所不同,它与空前强盛的国势相副称,歌颂和表现国家的繁荣强盛,构筑大一统的文化体系。其气度极为恢宏,形式上出现许多鸿篇巨制,涌现出了如董仲舒、司马迁、司马相如那样的大家巨匠。

　　西汉前期和中期的散文，除了议论恢宏、气魄盛大之外，还表现出一种真直明确的特点。这与这个朝代开创和发展时期统治者开明上进、大汉帝国正蒸蒸日上有关。文人们大都以天下为己任，议论切直，没有那么多忌惮，而统治者也往往多加听取和采纳，并不以冒犯而加罪，所以文风雄健而质朴，体现出明显的务实和功利精神。

　　西汉后期，情况有所不同。自元帝以来，纯行儒术，士重师传，习章句之学；文尚模拟，有从容之风，淡化了功利性和开创性，而渐开灾异迷信之端。越到末期，阿谀歌颂之文越多。随着大一统统治的危机，散文创作也陷入低谷，只有刘向、匡衡、谷永等少数人的文章里，才能看到一点有价值的思想。

　　东汉前期，虽仍然处在大一统格局之下，但局面却不如西汉前期、中期那么稳固，皇权也不如西汉中期那么集中。此时没有大的战争、激烈的内部斗争和非常的措施，一切显得比较平稳。东汉总体上很重视文学，加上一种雍容和平的气氛，使东汉散文风格与两汉产生了明显的区别；东汉散文文辞典雅富丽，描述细腻而少犷悍之气。西汉人用一句话来表达的意思，东汉人常用排偶双句来表达，这样就显得更加周密。西汉散文多为功利性强的实用学术文章，而东汉则出现了纯文学的散文作品。如有写景物的文章，与经世无关的文章等。在迷信灾异议论盛行的情况下，也有桓谭、王充这样求实疾虚的人物及其作品。尽管传记散文难以超越西汉《史记》那样的高度，但也有班固《汉书》这样伟大的传记文学作家和伟大作品，与之前后辉映，形成两汉传记文学的双峰。

　　东汉后期，社会动荡，皇权旁落，外戚宦官交替把持朝政，他们在朝野遍布爪牙，鱼肉百姓，残害忠良，甚至以自己的利益决定皇帝人选，严重危及汉朝的统治。针对这种社会现实，于是产生了社会批判思潮，大量散文以愤激的感情、尖锐的言辞来抨击邪恶，抨击黑暗势力。

东汉末期,尤其在董卓入京破坏之后,大一统局面分崩离析,皇室摇荡,人民离乱,于是散文风尚又一变而为忧国忧民,感怀伤时,成为"志深而笔长,梗概而多气"的乱世之文了。

由此观之,两汉散文的内容和风格,深受大一统局面变迁的影响,其发展变化是与两汉兴衰紧密相关的。

大一统格局对汉代散文形式亦有重要影响。在中国历史上,秦汉达到了空前的统一,其散文气魄和规模也远过前代。刘熙载《艺概·文概》说:"西汉文无体不备,言大道则董仲舒,该百家则《淮南子》,叙事则司马迁,论事则贾谊,辞章则司马相如。人知数子之文,纯粹、磅礴、窈眇、昭晰、雍容,各有所至。"而阮元则说:"大汉文章,炳然与三代同风"。① 如果说西汉文章无体不备还有点勉强的话,东汉却可以当之无愧了。《后汉书》为文人立传,凡有著述者,皆于后一一注明。仅从《后汉书·文苑传》所记载来看,古代各种文体几乎已是应有尽有,如杜笃"所著赋、吊、书、赞、七言、女戒及杂文凡十八篇";傅毅"著诗、赋、铭、诔、颂、祝文、七激、连珠,凡三十八篇";黄香"赋、牋、奏、书、令凡五篇";苏顺"所著赋、论、诔、哀辞、杂文凡十六篇";崔琦"所著赋、颂、铭、诔、箴、吊、论、九咨、七言凡十五篇";边韶"著诗、颂、碑、铭、书、策凡十五篇"。粗略归纳一下,这些人的著述所涉及文体已不下二十余种,而其中绝大部分都是散文。

两汉散文文体丰富,且既有宏伟的长篇,也有寥寥数语的短制。文化的发展促进了文体的发展与创制,而文体的发展又反过来推动了散文内容的发展,促进了文化的繁荣。无体不备的散文各种形式适应了大一统社会的需要,也体现了汉人旺盛的开拓性与创造力。最令人叹服的是那些代表两汉盛世气象和大汉气魄的鸿篇巨制,以《史记》为例,司马迁立志要"究天人之际,通古今之变,成一家之言",网罗三千

---

① 阮元:《与友人论古文书》,载《揅经室三集》卷二。

年史实于一编,旁贯书、志、诸子百家,洋洋洒洒五十万言,确是前无古人。这么多的内容,丰富的材料,如何取舍? 如何剪裁? 如何把历史立体地表现出来而不只是表现一条线? 这是摆在司马迁面前的一个大难题。但司马迁完满地解决了这个问题,创造了纪传体例。以纪为经,以书、表、世家、列传为纬,又运用互见法,避免了重复芜杂,历史人物形神俱备,性格鲜明,历史场景也写得有声有色,精彩纷呈。继《史记》之后,东汉班固又写出了《汉书》,首开断代纪传体例。这两本史学著作气魄宏伟,结构森严,叙述得法,成为两汉文学的压卷之作,以后两千年封建朝廷正史体例,皆不能出其范围,充分证明了这两本史书的体例价值。

除以上两书外,还有《盐铁论》、《淮南子》、《论衡》、《新语》、《春秋繁露》、《新论》、《潜夫论》、《汉纪》、《东观汉纪》、《风俗通义》等,都是汉代内容充实、体制宏大的作品,体现了汉人的气魄和胸怀。①

三　秦汉审美文化生态的多元构成

(一)自然环境的浸润陶染

自然环境是构成特定时代审美文化生态的重要组成部分。秦汉与先秦自然环境的不同,对审美文化特点的形成,起了"润物细无声"的重要作用。

先秦时代诸国林立,各地方都偏于一隅。虽然春秋战国时期,寒士游侠也有机会游走诸国,但毕竟行动不便,尤其是缺少那种海内一家的强烈感受,缺少那种地大物博的豪迈情怀。因此,当时自然环境

---

①　赵明主编:《两汉大文学史》,吉林大学出版社 1998 年版,第 825—829页。

对审美文化所起的主要作用是形成了各地域的地方色彩。例如楚辞想象瑰丽、热情奔放、惊彩绝艳，就明显地打着南方楚地自然环境的印记。刘勰在说到屈原楚辞的时候，就明确提出了屈原作品得"江山之助"的看法。他说："若乃山林皋壤，实文思之奥府；略语则阙，详说则繁。然则屈平所以能洞鉴《风》、《骚》之情者，抑亦江山之助乎？"①

秦汉大一统后，过去分属诸国的领土，归入了一个统一的版图。海内一统，天下一家，可谓疆域辽阔，地大物博。这就打破了以前狭隘的地域观念，更有利于开阔眼界，拓展胸襟，激发人们积极探索、开拓进取的情怀，在客观上为形成包括宇宙的磅礴气势，纵横天下的壮志豪情，提供了客观自然条件。我们在枚乘《七发》的"观涛"，在《淮南子》面向广大世界的进取激情中，都可以看到自然环境因素的沾溉。最典型的莫过于新的自然环境条件对司马迁创作《史记》所产生的举足轻重的影响。其《自序》云：

> 二十而南游江、淮，上会稽，探禹穴，窥九嶷，浮于沅、湘，北涉汶、泗，讲业齐鲁之都，观孔子之遗风，乡射邹峄，厄困鄱、薛、彭城，过梁、楚以归。②

此后他还奉命出使过西南，并多次从武帝出游，足迹遍及祖国各地。他欣赏到了祖国山河的壮丽景色，考察了许多古战场及名胜古迹，收集了大量民间传说、历史轶闻，深入体验了实际生活，了解了民风、民俗、民情，这对他的思想、感情以及文章风格，都起了决定性的作用。故马存云：

---

① 刘勰：《文心雕龙·物色》。
② 司马迁：《史记·太史公自序》。

子长平生喜游,方少年自负之时,足迹不肯一日休,非直为景物役也,将以尽天下大观以助吾气,然后吐而为书,观之则平生所尝游者皆在焉。南浮长淮,溯大江,见狂澜惊波,阴风怒逆,号走而横击,故其文奔放而浩漫。望云梦洞庭之波,彭蠡之涤者,含混太虚,呼吸万壑,而不见介量,故其文停蓄而渊深。见九疑之芊绵,巫山之嵯峨,阳台朝云,苍梧暮烟,态度无定,靡蔓绰约,春妆如浓,秋饰如薄,故其文妍媚而蔚纡。泛沅渡湘,吊大夫之魂,悼妃子之恨,竹上犹有斑斑,而不知鱼腹之骨尚无恙乎,故其文感愤而伤激。北过大梁之墟,观楚汉之战场,想见项羽之暗哑,高帝之嫚骂,龙跳虎跃,千万兵马,大弓长戟,俱游而齐呼,故其文雄勇戢健,使人心悸而栗。世家龙门,念神禹之大功,西使巴蜀,跨剑阁之鸟道,上有摩云之崖,不见斧凿之痕,故其文斩绝峻拔,而不可攀跻。讲业齐鲁之都,睹夫子之遗风,乡射邹峄,彷徨乎汶阳洙泗之上,故其文典重温雅,有似乎正人君子之容貌。凡天地之间,万物之变,可惊可愕,可以娱心,使人忧,使人悲者,子长尽取而为文章,是以变化出没如万象供四时而无穷。今于其书而观之,岂不信矣![1]

显而易见,海内一统的自然环境对司马迁《史记》的地蕴海涵、气势磅礴的审美风格的形成起了潜移默化的陶染作用,其流风所及,成为后世文人提高自身的一种模式:"壮游"。扩而大之,自然环境的多元合一,也为形成深沉雄大、壮丽辉煌的时代审美文化特点提供了"江山之助"。

---

[1]　朱子蕃:《百家评注史记·总评》引。按:苏辙、刘弇、葛胜仲、王庭圭等,皆有类似的理论。

关于自然环境对审美的作用,辩证法大师黑格尔曾说过一段颇为辩证的话:"我们不应该把自然界估量得太高或者太低:爱奥尼亚的明媚的天空固然大大地有助于荷马诗的优美,但是这个明媚的天空决不能单独产生荷马。"①同理,秦汉地域大一统,确实对形成时代雄丽的审美风貌起到了重要作用,但这个地域大一统决不能单独产生秦汉审美文化,对秦汉审美文化影响更大的还有诸多不可忽视的因素。

(二)科学技术的重大成就

秦汉时代是中国古代大一统文化的第一个鼎盛期。传统的科学技术如农业、医学、天文历法、数学等自然科学和铸铁、造纸等生产技术,在这400年间形成了自己成熟的、独特的体系。不仅较之战国时代有重大发展,而且居于当时世界的前列。

秦汉时代农业生产取得了巨大进展。农业的商品生产和专业生产已相当发达。如司马迁所说,"渭川千亩竹"、"江陵千树橘"、"齐鲁千亩桑麻"、"千畦姜韭"、"千亩卮茜"、"其人皆与千户侯等"。② 这虽然不必理解为到处都有这样的庄园,但可以想见,林业和蔬菜、经济作物的商品率很高。《汉书》还记载了长安帝王陵寝园林中的温室,冬天可以生产新鲜蔬菜。而从河北昌黎出土的巨型犁铧,甘肃古浪陈家河出土的铁犁铧,马王堆三号墓发现的带凹形铁口的木柄铁器来看,汉代的铁制农具已相当进步,牛耕技术趋于成熟。汉武帝时,"用耦犁,二牛三人"的先进耕作方法由著名农学家赵过向全国推广。该法用二牛挽一犁,三人分别牵牛、按辕、扶犁,协力合作,保证垄沟整齐、深浅适度。到了西汉晚期,由于犁形改进和双辕犁的发明,更先进的一牛一人耕作法诞生,这种方法延续千年以上,成为中国传统农业技术的

---

① [德]黑格尔:《历史哲学》,商务印书馆1963年版,第123页。
② 司马迁:《史记·货殖列传》。

代表形式。从山东滕县和陕西绥德发现的东汉画像石上,我们可以看到这种牛耕技术的生动图示。用于大面积田亩增产的"代田法"总结出来,提高了地力的利用率。

汉代还出现了数种农学理论著作。现存的《氾胜之书》将作物栽培过程看作一个完整的系统,详细论述了趣时、和土、务粪、保泽、早锄、早获这六个连续的生产环节。对于粮食、蔬菜、麻、桑等不同作物的具体栽培技术,《氾胜之书》也有系统记载。

天文学方面,战国时代我国的天文观察已有长足发展。魏人石申的石氏星表(见唐代《开元占经》)记载了 120 颗恒星的位置。到汉初,《史记·天官书》记录的星数已达 500 颗,分为 91 个星官。东汉初年成书的《汉书·天文志》记载的"经星常宿中外官凡百一十八名,积数七百八十三星"。张衡的《灵宪》则指出,"中外之官,常明者百有二十四,可名者三百二十,为星二千五百,而海人之占未存焉。微星之数,盖一万一千五百二十。"由此可见汉人对星象的观察,不仅持续不断,且取得了巨大进展。

对行星运动的认识,战国时期,已发现行星有逆行现象。马王堆三号汉墓(公元前 168 年)帛书《五星占》,详细开列了秦王政元年(公元前 246 年)到汉文帝三年(公元前 177 年)共七十年间土、木、金星的位置及五大行星的会合周期,证明汉初对行星的观察,水平很高。如金星会合周期为 584.4 日,比今观测值仅大 0.48 日。土星会合周期为 377 日,比今测值仅少 1.09 日。这样精密的数值一定和精确的观察方法有密切的联系。

对日食的观测也极为重视。汉人记录的日食有方位、初亏、复圆的时刻及亏、起方向。如《汉书·五行志》,记载武帝征和四年(公元前 89 年)的一则日食说:"八月辛酉晦,日有食之,不尽如钩,在亢二度,晡时(下午四、五点)食,从西北、日下晡时复。"《淮南子·天文训》则指出太阳有黑子现象,说:"日中有踆乌。"《汉书·五行志》对太阳

黑子的记载更为明确,说元帝永光元年(公元前43年),"日黑居仄,大如弹丸"。又载河平元年(公元前28年),"三月乙未,日出黄,有黑气,大如钱,居日中"。这是世界公认的最早黑子记载。

对北极光现象,我国天文学家也很注意观察。《汉书·天文志》记载:"孝成(帝)建始元年(公元前32年),九月戊子,有流星出文昌,色白,光烛地,长可四丈,大一围,动摇如龙蛇行。有须,长可五、六丈。大四围所,诎折委曲,贯紫宫西,在斗西北子亥间,后诎如环,北方不合,留一(刻)所"。这些记载说明,汉代在天文观测方面是居于世界前列的。

源于先秦的古代宇宙理论在汉代又有新的发展。郤萌总结了"宣夜说",提出"天了无质,仰而瞻之,高远无极","日月众星,自然浮生虚空之中,其行止皆须气焉",①突破了传统的有形质之"天"的观点。"盖天说"在汉代得到精确的数学化论证,"天圆地方说"修正为:天如斗笠,地似覆盘,日月星辰附着于天旋转。而"浑天说"经过耿寿昌、扬雄,尤其是张衡的极力推崇,得到普遍的接受。"浑天如鸡子,天体圆如弹丸,地如鸡中黄,孤居于内,天大而地小,天表里有水,天之包地,犹壳之裹黄。天地各乘气而立,载水而浮。"②张衡还巧妙地制作了水运浑象仪,来直观地演示浑天说思想。仪器以一直径5尺的空心铜球表示天球,上画28宿、中外星官及黄道、赤道。球外环套地平圈和子午圈,天轴支架在子午圈上,天球绕天轴转动。此外,张衡还创造了世界上第一台地震仪——地动仪,并以之成功地测出公元138年发生于甘肃的强烈地震。《尚书·考灵曜》还提出:"地有四游。冬至,地上北而西三万里,夏至,地上南而东三万里,春秋二分其中矣。"指出:"地恒动不止,而人不知","比如人在大舟中,闭牖而坐,舟行不觉也"。

---

① 房玄龄等:《晋书·天文志》。
② 张衡:《浑天仪图注》。

汉代的天文测量达到很高的精度。《淮南子·天文训》推算恒星月长度为 27.3218504 日，与理论值仅误差 17 秒。李梵等人算出，每经一近点月，月亮的近地点推进 3 度。世界天文史上首次太阳黑子、新星、超新星的明确记载也首见于汉代。

天文历法。武帝时，落下闳等改《颛顼历》作《太初历》，以正月为岁首，采用有利于农时的二十四节气，并插入闰月，调整太阳周天与阴历纪月不相合的矛盾，使朔望晦弦较为正确，这是我国历法上一个划时代的进步。成帝时，刘歆又依据《太初历》作《三统历》，规定一年为 365 天又 1539 分之 385 日，一月为 29 又 81 分之 43 日。这些都已接近实际时数，是当时世界上最精密的历法。

医药学在秦汉获得巨大发展。名著名医屡有出现。我国医学理论的奠基著作《黄帝内经》正式出现于西汉[①]。成书于汉代的《神农本草经》是我国现存最早的中药学专著。它收载药物 365 种，并依其性能和使用目的，分为上、中、下三品。该书的序录还概述了"君、臣、佐、使"的药物配伍原则，提出了"寒、热、温、凉"和"酸、咸、甘、苦、辛"的中药"四气五味"说。东汉时的名医张仲景（约 150—219）写成《伤寒杂病论》奠定了传统中医辨证施治的理论基础。对于急性传染病，张仲景据其不同症状，区分为太阳、阳明、少阳、太阴、少阴、厥阴六大病类，从不同病症的临床表现剖析病理变化，根据病因病变的轻重缓急，对症施治。中医理论体系中的阴、阳、表、里、虚、实、寒、热"八纲"，在《伤寒杂病论》中已现雏形。与张仲景同时代的名医华佗，以其精湛的外科手术技艺流誉千古。他使用"麻沸散"使病人进入全身麻醉状态，然后施行剖腹手术，开创了世界医学史上全麻手术成功的先例。他的这些成就比欧洲早一千多年。他大力提倡锻炼身体以预防疾病，益寿

---

① 关于《黄帝内经》产生的年代，学术界诸说并存。本文采用西汉初成书说。

延年,“人体欲得劳动,……血脉流通,病不得生,譬犹户枢,终不朽也”。为此,他模仿虎、鹿、熊、猿、鸟的动作姿态,作“五禽之戏”,教人操练,以强身健体。此外,他高尚的医德,也有口皆碑,名垂久远。经络针灸理论,春秋时代,我国已有相当发展的经络著作。长沙马王堆三号汉墓出土的帛书中,有几种是专论经络的,取名为《足臂十一脉灸经》、《阴阳十一脉灸经》,后者又分甲本、乙本,据考证,可能总结了春秋时代的医学成果。其中提到:“三阴之病乱,不过十日死”;“楯温如三人参春,不过三日死”。“三人参春”即“三联律脉”,又叫“奔马律脉”,是心脏病趋于严重的表现。长沙马王堆三号汉墓还出土了《脉法》、《阴阳脉死侯》、《五十二病方》、《却谷食气》、《导引图》、《养生方》、《杂疗方》、《胎产书》、《十问》、《合阴阳》、《杂禁方》、《天下至道谈》等十二种古医学佚书。其中《五十二病方》,记录了五十二种疾病,一百多个病症。每病之下,开列一二个甚至二十多个医方,总计有二百八十三个方剂。所用药物,达二百五十多种、约三分之一见于以后的《神农本草经》。药剂分做汤、酒、丸、茶等剂型。治疗方法有砭法、药物、手术、熏洗、熨帖、按摩和一种与后来拔火罐法近似的用法,涉及内科、外科、妇产科、儿科、五官科等,相当广泛、全面。

汉代问世的《九章算术》,是我国现存最古老的数学专著。它标志着以算筹为计算工具的、具有独特风格的中国古代数学体系的形成。《九章算术》以246个例题,分论了方田(面积)、粟米(比例)、衰分(比例分配)、少广(开平方、开立方)、商功(体积)、均输(正反比、处长比、连比)、盈不足(盈亏)、方程(一次联立方程)、勾股(勾股定理)九类计算技术,体现出中国古代数学体系在当时世界上的领先地位。其中分数、负数的运用,早于印度八百年,早于欧洲更在千年以上。

在生产技术上,西汉出现了彻底柔化处理的铁素体基体的黑心可锻铸铁和炒钢技术,东汉发明了水力鼓风炉,并掌握了层叠铸造的先进技术,提高了冶铁效率和铸造技术,进一步促进了铁器的普遍使用,

推动了经济的发展。东汉蔡伦总结了西汉劳动人民的造纸经验,进一步改进了造纸技术,造出了取材方便而质量高的纸。这是划时代的发明创造,对我国以及世界文化的发展都起了巨大的作用。

此外,汉代的地理学、水利工程、耕作技术以及丝织、漆器等制造业也都取得了令世人瞩目的成就。今天,我们站在秦汉人留下的多种令人赞叹称赏的珍贵文物面前,那充满了世俗情趣的彩粉陶俑,那显示着力量和气势的石雕,那工艺精巧的错金铜博山炉和那企图保持尸体不朽的金缕玉衣,那举世闻名的汉镜,光泽如新的漆器,以及那大量历史废墟、帝王陵墓、贵族墓葬中琳琅满目的器物,都与当时的科技水平有着千丝万缕的联系,足以引发无尽的历史怀想。

(三)空前统一的民族与国家

两汉辉煌灿烂的文化成就,是在空前统一的民族与国家的基础上取得的。

早在先秦时代,作为汉民族前身的华夏族,在其漫长的发展中即经历了起源、形成和发展的几个阶段。

基于农业经济的华夏文明具有内向型特点,在大河谷地和沃野平原上植根很深的中原文明对周边部族有强大的吸引力,在其影响范围内产生了明显的向心性,蛮、夷、戎、狄各族,都向中原文明靠拢,华夏族与华夏文化,即首先形成于黄河中下游的中原地区。但华夏族并不是由单一的部族发展而来,而是在许多部族(一部或大部)交互融合的过程中形成的,这些部族大致可以按着方位分为四大集群:由西而东的姜姓炎帝族;由北而南的姬姓黄帝族;由东而西的史前东夷族;由南而北的苗蛮族。这四大集群便是古华夏族的四大族源,他们从不同的方位向中原辐集,争雄逐鹿。大约五千年前,血缘部落联盟发展为地域部落联盟,演变而为国家,而且促使不同氏族部落之间发生融合,产生了古华夏族。在此基础上,从公元前21世纪夏启建国再到商、周的

建立,在三族的融合中至西周时代已形成华夏民族的雏形。

西周形成的族体尚属华夏民族的雏形,周天子虽为"天下之大宗",诸侯之共主,但各诸侯在其封域内亦自为大宗。当时夷夏限域远不像春秋战国那样明显与严格,诸侯之封于蛮夷者,往往已从其俗,或被诸夏视同夷狄,或反而自称蛮夷了。

西周末与春秋时期,边疆各族大规模内迁,与诸夏杂处,夷夏限域突然明显。诸夏称华,始见于春秋,遂有华夏单称或华夏联称,以与夷狄相对举。当时区分华夷的标准大致是语言、服饰、经济、地域、习俗等。不过,由于华夏本是大融合的产物,当时区分华夷的最高标准,是以各诸侯是否遵守礼制。以此为标准,华夷可以相互易位。比如《春秋》贬夏禹之后杞为夷狄,而楚武王自称"蛮夷",秦虽在宗周地区立国,以其多杂戎俗且为中原诸夏所遏,遂霸西戎,被中原诸侯视为夷翟,"不与中国之会盟"。这些,都是族类属诸夏,而因不遵周之礼制杂用夷礼而贬为夷狄的显例。春秋时,"礼崩乐坏"、"夷狄内迁",虽然造成尊卑亲疏观念强烈,华夷限域明显,但其结果则是华夷实现了新的交融。

到了战国时期,内迁至中原的各族已经与诸夏融合,而海岱江淮间的东夷、淮夷与吴越也都先后与华夏融为一体。秦楚不仅与其他诸夏并列,且是七雄中势大境广而最有可能统一诸夏的两大诸侯国。于是经过春秋到战国,中国古代史上第一次民族大迁徙达于大融合。战国七雄兼并,从华夏民族史看,乃是华夏民族的兼并与统一,而秦皇则是在华夏民族已形成了稳定的民族共同体的前提下才得以实现大一统的。

战国时代虽已实现了华夏大认同,形成了稳定的民族共同体,但是地域差异仍很明显,许慎《说文解字·叙》说:"(战国时)分为七国,田畴异亩,车涂异轨,律令异法,衣服异制,言语异声,文字异形",即说明了当时经过民族大迁徙达于大融合的华夏民族,仍存在着地区差异。

秦灭六国,创建了中央集权制的国家,在华夏民族已形成了稳定的民族共同体的前提下实现了大一统,汉继秦,成为统一的多民族中国形成的开端期。在国家统一的历史条件下,华夏不仅发展成为统一的民族,而且确立了在统一的多民族中国主体的地位,在尔后统一多民族中国的继续发展中,成为一个至关重要的凝聚核心。由于汉代的历史影响深远所致,人们便将华夏族称改为汉人族称。

汉人的分布地域在秦汉时代实现了完全统一。

秦统一后,将郡县制度推广到原七国所统治的区域,制度划一,初分36郡,至秦末,因兼并南越及内地郡县的调整,已达50余郡。汉在秦的基础上,开发西南夷及河西诸郡,全国分为十三州刺史部,百余郡,千余县。于是汉人分布地域完全统一起来,并且向边疆各郡有所扩展。汉人基本分布区域,为黄河中下游与长江中下游。

汉族共同的经济生活,在秦汉时代得到了很大发展。

华夏族与汉人是在农业经济中形成和发展起来的农耕民族。汉人社会经济的重要特点之一是"重本轻末",即重农轻商。但国家统一,社会生产力水平的提高,社会分工的发展,统治者奢侈欲望的增长,各地区产品的不同,各民族经济上的相互依赖与补充等,都为商业的发达提供了条件。秦始皇曾统一度量衡,修驰道,统一车轨阔度,这些到汉代更得到进一步完善。尤其是统一货币与货币的定型,不仅有利于郡县地区发展商业,也有利于中国各民族间的经济交流。张骞通西域及后来设立西域都护,使西域与内地的交通和商业得到国家的支持与保障,进而促进了中国与中亚、南亚、西亚的交流,并通过西亚与非洲、欧洲有了经济、文化交流。《史记·货殖列传》不仅描绘了秦与汉初商业发达的情形,而且对经济区域与都会作了概括的叙述,对郡县与边疆各民族的经济往来作了重要的记载。两汉长期稳定,不仅长安、洛阳成为全国政治、经济中心,在先秦基础上,邯郸、临淄、宛(今河

南南阳市)、成都、吴(今江苏苏州市)、蓟(今北京市)、江陵(今湖北江陵县)、寿春(今安徽寿县)更发展为有全国或大地区影响的中心都会,而岭南番禺(今广州市),在秦汉兴起,也成为有重要影响的都会。沿边则上谷(今河北怀来)、云中(今山西大同市)、马邑(今山西朔县)、敦煌、酒泉、金城(今兰州市)、于阗(今新疆和田)等处,也都成为汉人边疆各民族经济、文化交流的中心。

汉人与边疆各民族的经济交流,不仅影响了当时汉人的衣食住行,而且大量南方各民族的热带、亚热带作物如新品种水稻、果菜及从西域传入的葡萄、苜蓿、胡瓜(黄瓜)、胡麻(芝麻)等作物大量丰富了汉人的作物品种,也改进了汉人的膳食;骡、驴等"匈奴之奇畜"传入汉区,充实了汉人的家畜,改善了耕作与运行的条件。所有这些都对汉人吸收其他民族的物质文化以丰富自己的生活方式,产生了极深远的影响。

秦汉时代,小农经济的定型化,度量衡与货币的统一,公共水利的兴修,官修道路网和政治经济文化中心的形成等重要方面都表明了汉人共同经济生活的发展。

文字方面,秦汉时期实现了汉文字的统一并逐渐规范化,这是汉族已形成为统一民族的一个重要的标志。

战国时期各国文字虽基本相同,但字体繁简和偏旁位置却有不小的差异。秦为统一文字,以秦篆为基础通行小篆,写成范本,推行于全国。另外,秦代已流行的隶书,到汉代普遍推行,当时称为"今文",而称小篆及先秦文字为"古文"。至西汉晚叶出现草书,东汉晚叶又出现行书,都是汉字逐渐简化的书写字体。魏晋后楷书逐渐代替了隶书,汉字便完全规范化了。

字义、词义的确定,也是语言文字规范化的重要表现。今传世的第一部汉语辞典《尔雅》,虽开始编纂于战国,而最终定型则在西汉。东汉时,刘熙撰《释名》,许慎撰《说文解字》,为辞书、字典的代表作。

特别是《说文解字》，收小篆及先秦古文9335个字，逐字注释其形体音义，是第一部系统完整的汉字字典。

秦始皇时代的中央集权君主制，使官制、律令、田制等都进一步体系化，不仅成为汉人社会的基本的国家制度，而且发展为统一的多民族中国的国家制度。

秦始皇始称皇帝，皇帝与天子的含义尚无明确区分。到汉代，以汉人郡县地区为主干，民族地区为边疆的地理观念已确定。扬雄《方言》说："裔，彝狄之总名"，晋郭璞注："边地为裔，亦四夷通以为关也。"在国家元首称号方面，《礼记·曲礼》说："君天下为天子"，郑玄注："天下，谓外及四海也。今汉于蛮夷称天子，于王侯称皇帝。"这就是说，对于汉区的诸侯王，皇帝是他们的最高元首，对于四夷，天子又是他们共同的元首。由国家元首的含义体现了多民族统一国家的特点。以后由于统一多民族中国的发展，国家元首的含义与名称以及官制、律令、田制等都有发展变化，但基本制度已由秦汉确定。

秦汉时代，社会法典化的思想在汉民族中形成、它是汉民族中统治阶级的思想，因而也是处于一定历史阶段上汉民族的占统治地位的思想。秦始皇曾试图以法家思想统一全国，招致失败。汉初曾盛行黄老学说，无为而治，休养生息，使男耕女织的小农经济得以自我调整，达到了纠秦之弊的目的，社会生产有所恢复和发展。汉武帝时代，适应国家大一统的需要，经董仲舒、公孙弘的《春秋公羊传》学派代表人物的理论鼓吹与政治实践，于是"天人相与"的官方哲学，"大一统"的政治思想，"三纲五常"的伦理观念，"习文法吏事而缘饰以儒术"的施政准则，使汉武帝促进了统治思想的法典化，推出了"罢黜百家，独尊儒术"的政策，确立了儒家学说的统治地位。这种社会法典化思想的形成，不仅对汉人社会历史而且对整个中国社会历史发展都产生了极深刻的影响。

民族宗教在秦汉时代已形成。先秦尊天敬祖的宗教观念，在汉代

仍广为流传,祭天与祀祖,为最重大的宗教礼仪活动。作为民族宗教的道教,在汉代正式形成,佛教亦在此期间由印度通过西域传入中土。秦汉时代道教形成,佛教传入,对汉民族和其他中国各民族的文化、宗教信仰、习俗等,都产生了深远的影响。

历史表现了一个民族的族类意识与情感。汉族是一个极为重视历史与历史传统的民族。《史记》出现于西汉不是偶然的,它是汉民族形成、民族历史意识成熟的产物。《史记》不仅对民族的来源归结为同出黄帝的统一谱系,而且是从黄帝一直叙述到汉武帝的通史。

两汉时代民族大认同和疆域的扩大,引起了人们对传统的"内中华,外戎狄"种族观念的突破与更新。汉人固然有明显的优越感而歧视边疆民族,然而秦汉又是统一的多民族国家,尤其汉祚久长,疆域广阔,汉人与边疆各民族杂处日益发展。相互频繁交往,互相学习,通婚合好。当时,"中国"作为国名与地区名,实已包括了除汉人之外的其他民族。秦时,中央部门已设置了主持与管理民族事务的机构,地方上也有"属邦",即由当地民族上层统治的民族地区,并且有了专门处理民族事务的法律《属邦律》。① 汉代将"属邦"称"属国",属国都尉秩比二千石。"典属国"是国家专门管理归降各民族仍保持其原有社会组织或安置于沿边郡县或在原地安置等事务的社会组织形式。此外,在西域都护、使匈奴中郎将、护羌校尉、护乌桓校尉、护东夷校尉、护蛮夷校尉等边疆军官管辖范围内,也都有汉人与当地各民族杂处,各民族都在汉朝疆域之内。可以说,中华民族在两汉时代达到了空前的融合与发展,各民族之间的经济文化交流也盛况空前。此时兴起的一些都会,如岭南番禺(今广州市),北域上谷(今河北怀来),西边敦煌、酒泉、金城(今兰州市)、于阗(今新疆和田)等处,都是汉人与边疆各民族经济文化交流的中心。两汉时代空前统一的民族与国家,既给

---

① 睡虎地秦墓竹简整理小组:《云梦睡虎地秦简》,文物出版社 1978 年版。

各民族人民之间频繁交往创造了良好的条件,同时也为统治阶级的精英提供了经略四夷、开发边疆的机会。不仅出现了像张骞、班超、陈汤、班勇这样经略西域的豪杰,而且陆贾、司马迁、司马相如都出使过南越和西南边域,对开发边疆、经略四夷和民族交往作出了杰出的贡献。

两汉时代的"华夷冲突"主要体现在汉武帝时代对匈奴的讨伐上。但究其实质,这种所谓"华夷冲突"的背后,乃是基于定居的农业文明与逐水草而居的牧业文明的冲突。汉武帝时代,由于国力强大,对内削平诸侯势力与对外发动对匈奴的战争,都是从维护天下一统的权威出发,是历史发展的必然之势。

尽管汉武帝发动的对匈奴的长期战争,增加了人民的沉重负担,并付出了惨重的代价,当时和后世都有人指责汉武帝"穷兵黩武",但是,如果不用战争手段打击匈奴的气焰,摧毁其军事侵略能力,不仅汉朝开发边疆、对外交流无法正常开展,就是汉政权本身也将受到严重威胁。不管人们如何评价汉武帝及其文臣武将发动的对匈奴的战争,有一点是无可置疑的,即诱发这场战争的原因是历史性的,是秦汉时代所建立的大一统局面所难以回避的,作为一代雄主的汉武帝所发动的对匈奴的战争,不是建立在他个人的意志上,而是基于历史的运势。秦汉时代所形成的空前统一的民族与国家及大一统帝国,在西汉景帝武帝时代达到了鼎盛阶段,经济的发展与政治的强大,使得中央政权与周边少数民族的关系都需要调整,统一的中央政权不仅要求统辖范围内诸侯的臣服,不允许割据势力的存在,而且要求周边各少数民族政权统一于自己周围,加强同它们之间的联系与交流。这种政治一统的要求反映在思想领域,便出现了董仲舒春秋大一统的观念:"春秋大一统者,天地之常经,古今之通谊也。"①这种大一统不仅是巩固中央

---

① 董仲舒:《举贤良对策》,载班固:《汉书·董仲舒传》。

集权的政治需要,也有助于周边少数民族与汉族在经济文化上的交流与发展。汉朝与西南夷、南越、西狄的关系,都是本着春秋战国以来,在华夏民族大认同、统一多民族国家孕育过程中形成的华夷五方之民共为"天下"同称"四海"的政治与地理观念处理的。秦汉时代匈奴不仅对"天下一统"的局面提出了挑战,而且欺凌了中原方兴未艾的汉族政权,到了国力强大的汉武帝时代,大规模反击匈奴已经是秦汉帝国发展的必然之势,"匈奴未灭,何以家为"不仅表达了霍去病个人的壮志,而且集中地体现了开拓、建立起大一统格局的汉民族的精神气质。①

(四)多元多层的文化整合

秦汉时代在空前统一的民族国家和大一统政治格局建立的基础上,进行了包括诸子之学的整合、地域文化的整合、民族文化的整合和中外文化整合等等多元多层内容的文化整合,从而在文化上结束了战国以来诸子纷争,道术为天下裂,地域文化并峙,不同民族文化对立的局面。在中华民族内部,形成了兼融统一,多元整合的大一统文化,在对异域文化的吸纳融合上也拓展出前所未有的新局面。

1. 诸子百家的整合

战国中后期,在民族迁徙达于大融合,七国兼并竞逐统一,南北文化逐渐汇流的过程中,文化上已呈现出相互吸收的综合趋势。如带有明显地域色彩的楚辞《大招》:"代、秦、郑、卫,鸣竽张只",《招魂》:"二八齐容,起郑舞些",表明楚歌舞声为主,但已融入了中原各地的乐舞。而屈原"震古铄今"的代表作品自传体长诗《离骚》,更是荆楚文化与中原文化相结合的产物,其"哀民生之多艰"与"循绳墨而不颇"的"美政"政治理想,即是吸收了中原文化儒家的"仁爱"与法家的"纲纪"之

① 赵明主编:《两汉大文学史》,吉林大学出版社1998年版,第4—10页。

显例。至于诸子纷争,不仅思想上均为"天下归一"提出政治设计,而且各派间理论上相互激荡,由吸纳而走向综合。《庄子·齐物论》要求平等看待百家之争,《易传》提出"天下同归而殊途,一致而百虑"的著名命题,《荀子》以儒学为根柢而融合了部分道法思想,《韩非》集法家之大成,并与荀子有师承渊源,而《解老》、《喻老》则对道家思想有所继承选择,至于出现更晚的《吕氏春秋》,更以"杂家"的特点表现出学术思想上的兼综。战国后期,儒、道、法已成为影响中国社会与文化发展的三大主潮,它们竞长争高,互黜而并行,极大地丰富了中国的思想文化内容。但是,建立君主专制毕竟是结束割据混战而走向全国统一的历史大势,在理势相随而又相分的辩证发展中,当以儒、道、法为代表的先秦理性精神达到高潮进入整合阶段时,一种由"暴力"所形成的横扫一切的"势"突然把儒道诸家思想禁闭起来,把胜利的桂冠赠给了崇尚暴力,主张用暴力手段制止文化多元发展的法家学派。秦统一中国的历史实践验证了以韩非为代表的法家理论的正确性。但是"一断于法"的政治文化模式在秦代的社会实践中确立不久,突然又随着陈涉首难的振臂一呼而出人意料地戏剧性地消亡了。

秦始皇只是开创大一统的政治格局,而未能完成理势统一的社会文化选择,即未能完成文化上的多元整合。秦祚短暂的悲剧就在于它打断了中国传统文化的建设,未能在以武力统一中国后,使极端功利主义的文化向传统伦理文化回归,即以儒家思想为主导来整合百家学说。汉初的政治思想家对于秦祚不永的历史悲剧进行了深刻的思索与总结,向最高统治者提出"马上得天下,宁可马上治之乎"的告诫。

汉代在文化上是以两周伦理文化为源头,以春秋战国以来的多元整合的百家学说为资鉴,根据社会发展进行文化选择的。汉初,为纠秦严刑苛法之弊,便于休养生息和社会经济的自然恢复,在秦汉之际道、法、儒并行而互黜的三种政治思潮中,统治者选择了黄老之学,推行清静无为的政治,对于恢复经济和安定人民生活取得了显著效果,

"君臣俱欲无为,……而天下晏然,刑罚罕用,民务稼穑,衣食滋殖"①。孝惠、高后、汉文帝、景帝和窦太后掌权时代,黄老道家在政治上始终处于优势地位,与此相应,它在学术思想领域也大大扩展了阵地,出现了以《淮南子》、《论六家要旨》等为代表的理论著作。但是当时盛行的黄老道家之学,实则已经吸收融入了法术刑名之学与儒学。被高诱称为"其旨近老子,淡泊无为,蹈虚守静,出入经道"的《淮南子》,不过是以道家学理兼融儒学而非纯用道家。司马谈《论六家要旨》,虽于阴阳、儒、道、墨、法、名六家之中独重道家,但他却以广阔的学术视野和更高的理论概括力,对秦汉之际流行于朝野的各派思想的短长进行了剖析比较,指出"阴阳之术大祥而众忌讳,使人拘而多所畏;然其序四时之大顺,不可失也。儒者博而寡要,劳而少功,是以其事难尽从;然其序君臣父子之礼,列夫妇长幼之别,不可易也。墨家俭而难尊,是以其事不可徧循;然其强本节用,不可废也。法家严而少恩;然其正君臣上下之分,不可改矣。名家使人俭而善失真;然其正名实,不可不察也。"司马谈不仅批评了五家之所短,同时也肯定了他们的所长,这显然是一种宽容的学术态度,而他认为六家中只有道家最优长,原因即它能够兼收并蓄,吸收综合了各家的优点,即如他所说"道家……其为术也,因阴阳之大顺,采儒墨之善,撮名法之要,与时迁移,应物变化,立俗施事,无所不宜,指约而易操,事少而功多"。② 显然,司马谈所说的这个"道家",是一个具有"杂"的特征,兼采诸家之长,并且"与时迁移,应物变化",从社会现实本身抽引出切实可行的治世理乱之道的新"道家"。这个"新道家"虽以老子的"道"为其理论中心,但却完全扬弃了先秦老庄道家蔑弃礼法的思想。确切地说,汉初的"新道家"既是诸子思想综合的产物,也是社会文化选择的结果。

---

① 班固:《汉书·高后纪》。
② 司马谈:《论六家要旨》,载司马迁:《史记·太史公自序》。

　　汉初思想上的综合性同样表现在对退出主导地位的法家思想的兼容上。秦王朝崩溃,确乎给了法家之学以严重的打击,但是法家之学并未因秦亡而中绝。"故与李斯同邑而学事焉"的河南守吴公,即以"治平为天下第一",而被汉文帝征为廷尉,应该说,这个吴廷尉是秦代法家政治家李斯的弟子,他在汉代为官后,又将其优秀的门生贾谊引荐给汉文帝,一度深得文帝器重,在朝廷居官期间,"悉更秦法",建立了一套包括法制、历法、官阶、服色在内的新的汉家制度,①并提出了削藩、防匈奴、重农裕民等一系列旨在巩固新政权的政见。如果从学派上划分,贾谊实则是汉初的"新法家",诚如司马迁《太史公自序》所言:"曹参荐盖公言黄老,而贾生、晁错明申商,公孙弘以儒显。"

　　汉初的"新法家"也同"新道家"一样,"与时迁移,应物变化",根据秦亡的教训吸收诸子之学,特别是儒家的仁政思想。贾谊在《过秦论》中讲了许多重视"仁义"的话,将秦的灭亡归结于"仁义不施",表明了汉初"新法家""与时迁移,应物变化",对儒家思想的吸收。贾谊所陈政论,如总结秦之兴亡的历史经验,分析汉初社会潜伏的矛盾和危机等,都表现了他的卓识、智略和远见,因而得到汉文帝的重视,从而对当时的政治产生过实际影响;但是,他以法家思想为指导所提出的一些激进的主张,最后却同汉文帝正在全力推行的以黄老思想为指导的巩固汉政权的"清静无为"的政策发生了分歧和冲突。汉文帝由"说之,超迁","深纳其言",最后变为"疏之,不用其议",表面看来好像是文帝屈从于周勃、灌婴等旧臣的压力,实质上却反映了"新法家"在当时不可能成为全局性的指导思想。应该说,在如何巩固汉政权这个大问题上,汉文帝比贾谊更深思熟虑。这正如苏轼在《贾谊论》中所说:"贾生者,非汉文之不用生,生之不能用汉文也……贾生洛阳之少

---

　　①　司马迁:《史记·屈原贾生列传》。

年,欲使其一朝之间,尽弃其旧而谋其新,亦已难矣!"①贾谊的由被重用到被疏贬,恰好表明,在汉初政治中吸收了儒家思想的新法家与融合了刑名法术之学的新道家,它们在并行发展中又有互黜的一面。然而,互黜的思想都不是僵硬的对立,随着个人际遇的变化,还会出现前后相异的思想文化取舍:贾谊得志时所陈的那些政论虽"明申商",理治乱,颇近法家之学,但他谪宦长沙后所写的《鵩鸟赋》则通篇都在发挥道家一整套哲理人生思想,用以排解哀怨与不平。在贾谊个人身上,我们也能看到汉初百家之学综合的情况。

由秦代"焚百家书","以吏为师",独任法术之学的"壹教",到汉初的以道为主,兼综百家,是社会的文化选择,也是文化复生的必由之路。社会的恢复需要政治上的"清静无为",文化复苏也需要宽容的道家为指导。汉初出现了百家复兴的局面,思想领域是极活跃的;但与战国百家争鸣不同的是,前者基本上是思想分裂的活跃,后者则基本上是思想整合的活跃。在整合的活跃中,汉初崇尚黄老之术的统治者,一般都能对不同的思想采取宽容的态度。《史记·儒林列传》中所记载的在汉景帝面前代表新儒家的辕固生与代表新道家的黄生就汤武代夏商性质问题的争论以及辕固生在"好《老子》书"的窦太后面前讥贬老子,有意激怒窦太后这两件事上,很能看出当时统治者的胸怀:

> 清河王太傅辕固生者,齐人也,以治《诗》,孝景时为博
> 士。与黄生争论景帝前。黄生曰:"汤、武非受命,乃弑也。"
> 辕固生曰:"不然,夫桀纣虐乱,天下之心皆归汤武,汤武与天
> 下之心而诛桀纣,桀纣之民不为之使而归汤武,汤武不得已
> 而立,非受命为何?"黄生曰:"冠虽敝,必加于首,履虽新,必

---

① 苏轼:《贾谊论》,载《苏轼文集》(全六册),中华书局1986年版,第106页。

关于足。何者？上下之分也。今桀纣虽失道，然君上也；汤
武虽圣，臣下也。夫主有失行，臣下不能正言匡过以尊天子，
反因过而诛之，代立践南面，非弒而何也？"辕固生曰："必若
所云，是高帝代秦即天子之位，非邪？"于是景帝曰："食肉不
食马肝，不为不知味；言学者无言汤武受命，不为愚。"
遂罢。①

　　这里的黄生即《太史公自序》中所说向司马谈传授"道论"之人，
他与辕固生关于汤、武代夏、商性质问题的激烈争论，反映了兼容儒、
法的新道家思想与新儒家齐诗说观点的冲突。汉景帝虽明确支持了
新道家黄生的观点，但他对辕固生最后令人不快的诘问，还是表现了
一种相当宽容的态度。

　　在同文记载的另一件事上，也表现了思想冲突中的宽容：

　　　　窦太后好《老子》书，召辕固生问《老子》书，固曰："此是
家人言耳"。太后怒曰："安得司空城旦书乎？"乃使固入圈
刺豕。景帝知太后怒，而固直言无罪，乃假固利兵，下圈刺豕
正中其心，一刺，豕应手而倒。太后默然，无以复罪，罢之。②

　　辕固生有意激怒窦太后，招致了一场人与兽斗的有趣的惩罚，还
是那个景帝帮了大忙，给了他得以保命的武器。被激怒的窦太后最后
也只得"默然，无以复罪，罢之"。这些事实表明，汉代的统治者比起
"焚《诗》、《书》，坑术士"的秦代统治者，在政治和思想上要开明、宽容
得多。

---

①　司马迁：《史记·儒林列传》。
②　司马迁：《史记·儒林列传》。

　　进入汉盛世，多元整合的思想文化格局发生了重大变化，在社会的文化选择中，儒学取代了黄老政治，其标志便是汉武帝采纳了董仲舒的建议，"罢黜百家，独尊儒术。"造成这种社会文化选择的直接原因是：在汉初几十年的发展中，诸侯王割据势力增大，大地主、大商贾势力亦崛起，农民陷于贫困等等社会动乱，需要统治者进一步强化等级秩序；而其根本原因则是大一统的制度，"长治久安"基本经验的总结和宗法社会需要伦理文化的回归。

　　汉王朝继承了秦王朝大一统的事业，秦这个强大统一政权二世而亡的惨痛教训对汉代统治者来说是刻骨铭心的，引起了汉代统治者和思想家的深刻反思，他们认识到秦王朝"以马上得天下，以马上治之"，崇信暴力，蔑弃文化，终于造成了自己的崩溃。要在一个幅员广阔、人口众多的国家实现长治久安的大一统政治理想，必须建立以民为本，以伦理为中心，以纲常名教等级秩序为内容的法典化的社会意识形态。汉初从高祖开始，就十分重视制礼作乐，教化民俗，陆贾、贾谊、董仲舒等人都为建立大一统的法典化的意识形态提出了系统的理论，至汉武帝时，又置博士弟子，立五经，兴太学，设乐府，采取一系列措施来发展文化，施行教化，都是围绕上述目的进行的。总之，大一统的政治局面需要意识形态的法典化，意识形态的法典化需要儒学独尊。

　　尽管儒学在汉武帝时取得了独尊的地位，但法家权术思想仍被统治者所采用，所谓"王霸道杂之"即表明了这一点。特别是，在汉初儒道法三大社会思潮并行互黜取得了优势地位的道家思想，在儒家独尊下仍然极具活力，在"儒道互补"的文化机制中发挥互黜与互补的作用，深入到文化的各个层面，产生了重大的影响。罢黜百家后，道家思想又由于经过了严遵《老子指归》的重要发展，创造了新的体系，显示了它在汉代文化土壤中的不衰的生命力。可以说，"罢黜百家，独尊儒术"，不过是以尊儒为主而包藏群说。有汉一代，不仅先秦诸子思想都被继承下来，而且在融合中取得了更大进展。

汉代文化带有明显的综合、创造特色。尽管从先秦学派承传上汉代很多思想家都有学术渊源,但他们共同的特点是注重融会贯通,博采众家之长,形成自己的思想体系。汉武帝罢黜百家,独尊儒术以前,贾谊、刘安、司马谈、司马迁等都体现了这一特色;即使董仲舒,也是于儒家之外,吸纳了阴阳、道、法等思想。提出罢黜百家,独尊儒术后,这一特色仍很明显:严遵、刘向、扬雄、班固、王符等都不同程度地注重并吸收诸子之学。京房《易纬》、扬雄《太玄》等采撷道家思想,解说儒家经典《周易》,为魏晋玄学播下种子;严遵则是注重在道家内部,吸收融合老、庄二派,对宇宙本体的"无""有""绝言""体玄"等问题进行了深入的探讨和思辨的阐释,创立了自己的体系,发展了道家思想,为魏晋玄学的出现,作了重要的理论上的准备;王充更是汇通百家之学,创立了一个崇实的哲学体系。汉代的确显示出整合的创造,在开辟中国古代社会大一统的思想文化道路上,作出了巨大的贡献,产生了重大的历史影响。

历来都以经学概括汉代的政治思想,把经学视为汉代学术思想的特色,这是不确切的,甚至是皮相的。经学固然因为成为官方统治思想而跃居重要地位,但在汉代,"从开始到终结,在经学之外都存在着丰富多彩的学术思想,表现出与经学迥异的思想风貌,其中有些成就还是划时代的,有些是颇有重要价值的。"①就是经学本身,也不能简单化评价,而应置其于特定的历史语境之中,给予具体的历史的分析。确切地说,汉代的思想乃是多元中的整合,而究其主流,又是儒道思想的融通,是以儒道互补为基础,以儒为主干,吸纳诸家进行的整合中的创造。②

2. 地域文化的整合

---

① 祝瑞开:《两汉思想史》,上海古籍出版社1989年版,第5页。
② 赵明主编:《两汉大文学史》,吉林大学出版社1998年版,第14—21页。

　　秦汉多元整合的大一统文化的形成,一方面如前所述,表现在以儒道为主干整合百家之学上;另一方面又表现在地域文化特别是南北文化的整合、南北文化进一步的交流上。先秦时代,在华夏民族与华夏文化形成发展的过程中,曾存在着各种地域文化,如邹鲁、荆楚、燕齐、秦晋、巴蜀、吴越文化等。除黄河中游的中原文化圈外,东有黄河下游的齐鲁文化圈,西有雄踞于西北和巴蜀的秦文化圈,南有以江淮为中心包括吴越在内的楚文化圈,北有北方文化圈。这些文化风格各异,互相影响,相互辉映。如果就思想体系而言,诸子蜂起,学派林立,百家争鸣。杨子之为我,墨子之兼爱,老庄之无为,申、韩、商之刑名,孟荀之纯正等,对人们的行为准则、生活方式、审美情趣以及对群体、社会、国家等义务,都从不同角度进行了探讨,提出了各自的理论学说,呈现出千姿百态。战国中后期,随着经济、文化的交流和统一趋势的发展,这些地域文化亦向着整合的方向演进。这些特色各异的地域文化,从大势上看,可分为南北两系,北系以中原文化为基干,南系以荆楚文化为主体;北系中原文化又以周文化为依托,春秋末孔子所创儒家思想,即由周文化所出;而南系荆楚文化不仅与东夷文化、商文化等俱有渊源,且根柢深沉超越中原文化:那里的社会风俗与习惯等方面比中原地区远为浓厚地保存了原始氏族社会的许多传统,不像中原地区那样经过严格的“礼”的教化;南楚多彩多姿、氤氲化生的自然环境所形成的文化心理,以及社会风俗中所保留下来的原始活力,不仅使荆楚文化孕育了一种杳冥深远、汪洋恣肆的道家哲学,而且灌溉了想象瑰丽、意象丰盈的楚骚文学。战国时代,在华夏民族大认同中根柢深沉的楚文化的崛起,是文化上“江河汇流”的必然。如果说北方中原文化是“黄河文化”的话,那么,以荆楚文化为代表的南方文化则可说是“长江文化”。战国时代,楚民族与楚文化已进入了华夏民族与华夏文化系统。在华夏文明的形成与发展中,“黄河文化”奠基定型于前,“长江文化”扬波辉煌于后,两者结合而臻于完美。由战国至秦汉

这段历史路程,从民族与国家的发展来看,是走向华夷大认同、国家大一统;从文化史路来看,是"江河"文化大汇流。儒、道两家之所以构成中国文化发展的一条基本线索,正是以此为大背景的。

既然"黄河文化"奠基于前,"长江文化"扬波于后,体现了华夷大认同、国家大一统历史进程中中国文化发展的规律,那么,在战国时代代表"长江文化"的楚文化崛起之后,它就必然会在蓬勃的发展中突破地域的囿限。

当秦人以暴风雨之势,闪击中原,"吞二周而亡诸侯,履至尊而制六合"时,东方六国已如盛开之花,一一萎谢。然而萎谢的只是六国的政治生命,六国的文化则是不朽的创造,仍为统一后之秦文化的重要源泉。如果说春秋战国时代的秦文化;是在周文化母体中注入了"戎狄"之俗而孕育的具有独特风貌的文化体系,战国之后又吸收了中原文化、楚文化而壮大,形成多源的特性,那么,统一后之秦文化虽同属多源,但不是简单的重复或再现,而是地域范围更扩大,体制、风貌上更成熟,内容上更充实。虽然来自中原文化圈中那"刻薄寡恩"的刑名之学,在秦人政治生涯中受宠若惊,成为秦人治国的法宝,但并没有达到独尊的地步。而在秦人的意识形态体系中,齐人邹衍的阴阳五德终始说,燕齐方士的神仙说,齐人的宗教信仰,齐鲁儒士的封禅说,仍有一席之地,且被镶入了秦文化的珍珠贝中构成了多元的统一。昔日被儒生痛恨,视为淫乐的郑、卫之音,如今已使秦人倾倒,成为乐坛上的宠儿。这种兼容并收、融合各地之长,在艺术上的体现,就是规模宏大、气势雄浑、对称排列、主体宫室周围殿阁环绕、层层叠叠如众星拱月、各殿之间飞阁、复道相连的阿房宫,以及为中外学者所交口称誉的兵马俑。尽管它是来自全国各地、不同地区、不同社会阶层的能工巧匠,在秦吏的皮鞭驱逐下,用自己的血汗和智慧建筑的不朽的艺术宝塔。

在长安城头飘起大汉旗帜时,汉文化依然是多源的。如果说在秦文化中,中原文化占据正统地位,而好巫信鬼的楚文化只是侧系旁支,

那么在汉文化中,楚文化则随着楚人的加冕,跃居于正统地位。

历史告诉我们,楚人从一个"辟在荆山,筚路蓝缕"的弱小民族,发展成为"土地之博,至有数千里"、"人徒之众,至有数百万"的泱泱大国。楚人创业的艰辛,赋予楚文化以蓬勃生机;道家思想的影响,使楚人萌发了远思冥想的思绪,成为楚文化成长的温床;荆山楚水奇迹伟丽,成为楚人喷发情感的触媒。正如日本学者青木正川在《中国古代文艺思潮论》中所云:"南方气候温和,土地低湿,草木繁茂,山水明媚,……耽于玄想,偏于情感,很容易倾向于逸乐、华美的生活。"因而有浓郁浪漫气息的楚文化闻名于世,不因亡国而衰歇,伴随着楚人执政而风行。你看,那以飘逸、轻柔、长袖细腰为特征的楚舞,语言清新活泼、音节自然流畅、既能低吟曼唱、又能引吭高歌抒发深沉激昂感情的楚声,风靡汉代乐坛、艺苑数百年、盛行不衰。汉画中,无论是南方楚地故土的马王堆彩绘大漆棺,还是北国卜千秋墓壁画,抑或东方金雀山帛画、山西原平县汉墓群中的彩绘,到处弥漫着从远古传下来的五彩缤纷,令人神往的神话故事,楚地常用的卷云纹、水涡纹,无一不是从楚文化中得到滋养的。它展示给我们的,恰恰是《楚辞》中《远游》、《招魂》等篇章中的形象和气氛,完全是一个人神杂处,寥廓荒忽、怪诞奇异、猛兽众多的世界。看着这些画,"使观者将现世羽化为义农之代,而神游于华胥之国也。如读《离骚》之《九歌》、《天问》诸章,即与屈原同抱愤郁俯仰之慨焉"。① 而雕塑艺术依然如此。咸阳杨家湾汉墓出土的武士、骑士等三千件彩绘俑,其风格与写实的秦兵马俑大不相同,其俑身比例失度,身长、腰细不符常情,骑士的两眼、手、发、胡须、未加精雕细刻,缺乏细致的描绘,只是象征性的粗轮廓,以此构成它的"古拙"的外貌。这一写意的浪漫风格,与长沙、江陵出土的木骑

---

① 〔日〕大村西崖:《中国美术史》,陈彬和译,商务印书馆 1928 年版,载《诸家中国美术史著选汇》,吉林美术出版社 1992 年版,第 709 页。

马俑风格十分相似,如出一人之手。就是西汉文化的各种文体都与楚文化有瓜葛。如楚歌诗成为西汉的主要诗歌形式;就是汉文学的正宗——汉赋,无论汉初的骚体赋,还是风行一时的散体赋,从文体源流来说,也是"兴楚而盛汉",从《楚辞》中繁衍派生的。同时又在《楚辞》和汉赋的影响下产生了辩难体散文,并使西汉散文呈现辞赋化的倾向。西汉文学的"侈而艳"的特色,在题材上善于描写奇异浪漫的神话传说和豪华宏阔的贵族生活场面;在情感表达上具有雄姿奔放、不遵矩度、傲岸无羁的气势和力度;在表现手法上喜欢用洋洋洒洒的铺陈夸张的华辞丽句。这些现象,倘若追踪它的源头,无一例外地都要上溯到楚文化这块宝地。因此,这一时代的文学艺术与楚文化是一脉相承的,在内容与形式上有着明显的继承性与连续性。这是汉文化与秦文化的重要区别之一,也是汉代文学艺术的基本特征。

　　在汉文化的殿堂中占有重要地位,且常常与楚文化争宠的还有齐鲁文化。不过应该注意的是,齐鲁虽然仅一泰山之隔,文化体系却有重大区别。鲁文化在一定意义上,几乎是周文化的一个保存所。齐文化在汉人中的地位,远远超越鲁文化。在汉太学中居于优势,昔日被孟子鄙视为"非君子之言,齐东野人之语"的齐学,当时已成为汉太学中的正宗。齐人公羊寿所著的《春秋公羊传》,是五经中地位最高的一经。汉武帝提倡儒术,归根到底是尊《公羊传》,无论是矩范一代的真儒董仲舒,还是"曲学阿世"的伪儒公孙弘,都是因治《公羊传》而博得武帝的赏识,显名于世。汉人在政治、学术、宗教上用阴阳五行演绎音律、服色、食物、时令、神灵、道德,以至于帝王系统和国家制度,若要探幽溯远,无疑要上溯至齐文化。汉人所崇尚的神仙之术,大多是齐地所为。汉人所崇敬之神,多是齐地之神。你看,汉人祭白、青、黄、赤、黑五色帝,这五色帝就是阴阳五行说的图像化,即将金、木、水、火、土五神物质化。因此,我们可以毫不夸张地说:齐鲁的经学左右了汉人的学术,齐人的阴阳五行支配了汉人的思想,齐人的宗教风靡了汉家

君臣。可见,齐鲁文化的威力是多么之大。①

如果说浪漫、富于玄想的楚文化,给汉文化注入新鲜的营养,那么富于综合、夸张的齐文化为汉人所吸收,如虎添翼,更富于活力,从而使汉文化呈现出浓重的浪漫色彩。

两汉时代的文化发展,特别是在文学艺术领域,正是上承着战国楚文化的崛起。决定楚汉文化一脉相承(特别在文学方面)的基本原因即在文化发展的自身动因,不能离开文化自身规律,将"汉起于楚,刘邦、项羽的基本队伍的核心成员大都来自楚国地区"②,视为汉楚文化一脉相承的原因。

在汉代,对楚文化的弘扬明显反映在文学领域中楚声兴隆和古老宗教神话的延续上。楚声兴隆不仅表现在汉初几十年楚声竞入汉廷,蔚然成风,以至帝王、后妃俱能"为楚歌","作楚舞",而且显见于汉代众多骚体作家继承楚声的创作和对楚骚精神的继承上。贾谊的《鵩鸟赋》、《旱云赋》、《吊屈原赋》,严忌的《哀时命》,淮南小山的《招隐士》等即是其代表。而汉人所创作的各种艺术风格的作品中,更有大量渊源楚骚精神的作品,正如刘师培《论文杂记》所说:

> 忧深虑远,《幽通》、《思玄》,出于《骚经》者也;《甘泉》、《籍田》,愉容典则,出于《东皇》、《司命》者也;《洛神》、《长门》,其音哀思,出于《湘君》、《湘夫人》者也;《感旧》、《叹逝》,悲怨凄凉,出于《山鬼》、《国殇》者也;《西征》、《北征》,叙事记游,出于《涉江》、《远游》者也;《鵩鸟》、《鹦鹉》生叹不辰,出于《怀沙》者也;……《七发》乃《九辩》之遗,《解嘲》即《渔父》之意;渊源所自,岂可诬乎!

① 韩养民:《秦汉文化史》,陕西人民教育出版社 1986 年版,第 10 页。
② 李泽厚:《美的历程》,中国社会科学出版社 1984 年版,第 85 页。

　　这里，在楚辞与汉代辞赋渊源关系上所表达的见解确乎是精到的。

　　汉赋源于楚骚，表明了楚汉文化的相承性，但具有多元整合特点的汉文化并不是楚文化的简单延续，而是对楚文化的吸收与包容。在这种渊源、选择与整合创造的关系中，一方面是汉人试图通过楚文化浪漫神奇的艺术想象来把握蓦然呈示在眼前的地广物厚的现实世界，从而展现雄阔的心胸和气势；而另一方面，汉人又从楚人抒发浪漫情思所寄寓的对大自然的惊愕与恐惧心态中接受了一种永恒忧患，并将此忧患意识从自然转向隐难未尽的现实社会以抒发怨思与愤懑。①

　　汉代的艺术，尤其是汉画，其借用远古宗教神话所表现的奇谲波阔的浪漫想象，与楚文化的艺术传统也是一脉相承的。原始图腾，仙道传说，怪力乱神，在汉代的艺术中确乎成了不可缺少的题材，成为有极大吸引力的审美对象。伏羲女娲的蛇身人首，西王母、东王公的传说和形象，双臂化作两翼的仙人王子乔，以及各种奇禽异兽、狮虎飞龙、大象巨龟、猪头鱼尾，各个有其深层的寓意和神秘的象征。从石画到帛画，从世上庙堂到地下宫殿，两汉艺术展示给人们的，正是楚文化的艺术传统。马王堆帛画的龙蛇九日，鸱鸟飞鸣，卜千秋墓室壁画的女娲蛇身，怪人怪兽，以及汉画像石中那些由种种想象构成的风伯、雷公、电女等形象都表明，被中原文化及其理性精神摒弃了的而却为楚文化体现的这一与北方理性精神交相辉映的南方艺术传统，在汉代，又通过对先秦文化的全面继承与整合而被确认下来，加以弘扬。

　　总之，汉代是一个文化整合、汇通的伟大时代，这个时代在整合百家思想上确立了儒道互黜与互补的格局；在汇通地域文化上完成了由"江河汇流"而实现的中原理性精神与南方神话艺术传统的比翼齐飞。

---

　　①　许结：《汉代文学思想史》，南京大学出版社 1990 年版，第 30 页。

儒与道,"江与河"(即南北),理性与艺术,历史与神话,它们从不同的层面或侧面体现了汉代所形成的多元整合的文化机制。在这种文化机制中,代表北方文化的儒家思想与代表南方文化的道家思想的互黜与互补,深入到文化艺术的各个方面,不仅两汉时代各时期学术思想的发展体现了儒、道黜补的主潮,而且文学与艺术,诗歌与绘画,也都在与儒、道相关的北方理性精神与南方神话艺术传统的整合中发展,一方面是现实世界的世俗生活、伦理教化及其体现的各种形象;另一方面则是充满了幻想的神话世界及其体现的斑斓图景,二者并行不悖地混合在汉人的意识观念和艺术世界中。两汉时代,无论是学术还是艺术,都体现了兼容、整合的特点。战国时代打破了古代文化的沉寂,思想上进入了一个"冲突期",两汉时代则在文化上进入了"融合期",经过战国到秦汉的冲突、融合,中华民族多元文化真正完成了整合。两汉时代多元整合的大一统文化,不仅显示了有容乃大的民族精神,同时体现了中国文化价值的基本取向。①

3. 中外文化的整合

开拓进取、阔阔包容的时代精神作用于中华文化共同体内部,激发了工艺、学术的全面繁荣,作用于共同体外部的广阔世界,大大促进了中外文化的相互融通。秦汉时代,中华文化从东、南、西三个方向与外部世界展开了多方面、多层次的广泛交流。在这一双向运动过程中,中华文化初步确立了自己在世界文化系统中举足轻重的地位,同时也多方吸收了外部文化的宝贵营养,激发了自身肌体的蓬勃生机。

在东方,中国与朝鲜唇齿相依。远在商周时代,双方便有密切交往。周武王灭商,封箕子于朝鲜。箕子教当地居民以田蚕礼仪,传播中华文化于朝鲜半岛。战国、秦汉时期,燕、齐、赵等地人民,多避战乱于朝鲜,带去中国的文字、器皿、钱币。平壤地区曾出土大批西汉漆

---

① 赵明主编:《两汉大文学史》,吉林大学出版社 1998 年版,第 21—24 页。

盘、铜钟、漆耳环。公元一世纪时,《诗经》、《书经》、《春秋》等儒家典籍便流行于朝鲜。东汉时,朝鲜半岛"三韩"并峙。其中辰韩国的当权者自称秦亡人,他们的政治制度、风俗习惯均与秦朝相似,因此又被称作"秦韩"。

中国与日本是一衣带水的邻邦。中日关系史的最早的记载,是有关徐福东渡的美好传说。相传秦始皇寻长生不老药,遣齐人徐福率童男童女数千人入海访寻。徐福浮海向东,在熊野浦地方登上日本列岛,筚路蓝缕,创立日本文化的基业。过去,这个故事由于证据不足,仅在民间流传,近年来,随着新的材料不断发现,已经引起中外学者的兴趣和重视。1975年,"香港徐福会"成立,日本昭和天皇之弟第三笠宫在贺词中肯定,"徐福是我们日本人的国父"。近年来,中国学者在山东、江苏等地也陆续发现与徐福东渡有关的遗址、遗物。在日本文献中,常将公元3世纪前移居日本列岛的居民称作"秦汉归化人"。九州岛东南的种子岛,曾出土写有汉隶文字的陪葬品,东汉时,中日文化交流更加频繁。"建武中元二年,倭奴国奉贡来贺,使人自称大夫,倭国之极南界也。光武赐以印绶"。① 这颗刻有"汉倭奴国王"字样的金印,已经在日本福冈的志贺岛出土。这一地区还发现过许多汉代铜镜、铜剑,表明这里是当时中日文化交流的中心。

在南方,秦汉帝国开拓疆域,与越南、缅甸接壤,与隔海相望的南洋群岛、马来半岛诸国,也有交往。

中越之间,商贾往来。中国的铁制农具、牛耕技术以及文化典籍传入越南,越南的象牙、珍珠等土特产进入中国。东汉末,中原地区战乱频仍,士人多南行交趾(今越南境内)避祸。据《三国志》等记载,桓华、薛综、许靖、程秉等在交趾著书授徒,受到当地居民的欢迎。

公元前2世纪或者更早,由四川经云南到缅甸的陆路已经开通。

① 范晔:《后汉书·东夷传》。

蜀布、邛竹杖等物产经由此道转入身毒、大厦等地。同时,从交州合浦郡(今广东徐闻)乘船去缅甸的海路也已开辟。位于今缅甸东部地区的掸国国王雍由调两次派使节来中国:"献乐及幻人"。东汉政府赐予印绶、金银和彩缯。

在汉代,中国与今印尼境内的叶调国,也有友好往来。顺帝永建六年(131年),叶调国使臣携礼品来洛阳,受赐金印、冠带而还。在爪哇、苏门答腊等地出土的汉代绿釉、黑釉陶器,就是双方文化交流的证据。

在西方,中外文化交流以更大的规模、更壮丽的声势展开。秦汉帝国版图以西的亚细亚大陆腹地,生息着众多的游牧部落、民族。这一地区在中国古籍中,被通称"西域"。汉武帝时,"天下殷富,财力有余,士马强盛",①建元三年(前138年),武帝派张骞出使西域,就此揭开了中西文化交往的辉煌篇章。

张骞出长安,走陇西,被匈奴扣押10年之久,终于逃脱,经盐泽、楼兰、龟兹、疏勒,翻越葱岭,过大宛、康居,到达今阿姆河上游地区的大月氏。大月氏国王拒绝与汉朝夹击匈奴,张骞出使任务未果,改走南道,沿昆仑山北麓东归复命。归途中又被匈奴俘获。一年后,匈奴内乱,张骞得以脱身,回到长安。元狩四年(前119年),张骞奉使第二次出使西域。此时,匈奴浑邪王已降汉,河西走廊畅通无阻。张骞率三百余人,携大批丝绸礼品及上万头牛羊,浩浩荡荡,走武威,过酒泉,出玉门关,顺利到达乌孙国(今伊犁河和伊塞克湖一带)。张骞劝说乌孙国王与汉朝及西域各国联合对付匈奴,但未得应允。公元前115年,张骞遣其副使到康居、大宛、大夏联系,自己返归长安。张骞归来,长安兴起出使西域的热潮。"天子为其绝远,非人所乐,听其言,予节。

① 班固:《汉书·西域传》。

募吏民无问所从来,为具备人众遣之,以广其道"①。汉朝每年派出的使节,多者十余次,少亦有五、六次,"使者相望于道"。东汉永平十六年(73年),班超出访西域,平定莎车、龟兹等地的叛乱,保护了交通的畅通。班超的副使甘英还出使大秦(罗马),远涉波斯湾,临海而止。与此同时,大批西域使臣、商人也风尘仆仆于祁连山麓、阳关古道。他们怀着仰慕之情而来,满载货物而归。在他们带回国的众多中国物产中,数量最大的,是丝绸制品。所以,中西交往的必经之道河西走廊,又被称为"丝绸之路"。

丝绸之路的开通,在古代中西方之间架起了文化交往的桥梁。薄如蝉翼的丝绸、色彩斑斓的刺绣、晶莹洁白的陶瓷,向西方世界显示了中华文化的绚丽风采;而甘甜醇香的葡萄酒、英俊健美的汗血马、婀娜多姿的胡旋舞也在中国人民眼前展开一个新奇的世界。西汉首都长安成为当时中外文化的荟萃之地。"殊方异物,四面而至"②,藁于蛮夷邸,门庭若市,"盛眉峭鼻,乱发卷须"③的异国客人,熙熙攘攘。他们带来了石榴、核桃、蚕豆、胡萝卜,带来了巨象、狮子、鸵鸟、猛犬,带来了箜篌、琵琶、筚篥、胡琴,带来了杂技、幻术、乐舞、绘画。充满躁动野性的新鲜血液,注入中华文化的肌体,血脉的跳动更加雄健有力。异域的音乐被吸收,李延年"因胡曲,更进新声二十八解"④,"每为新声变曲,闻者莫不感动"。异域的绘画风格感染了中国画师,在汉代画像石上,出现了迥异于峨冠博带、长袖宽衣中国风格而头顶毡帽、穿着紧身衣裤的"胡人"形象。汉桓帝年间建造的山东嘉祥武梁祠画像石刻上"那有翼的天使,可能就是希腊、罗马神话中爱神受了变化以后的

---

① 班固:《汉书·张骞李广列传》。
② 班固:《汉书·西域传》。
③ 《通典·边防九》,浙江古籍出版社1988年版。
④ 崔豹著,马缟集、苏鹗纂:《古今注》(卷中),上海商务印书馆1956年版,第14页。

形象"。① 佛经故事与社会上流行的神仙传说相交融,产生出后代志怪小说的角色原型。宣讲佛经的俗讲、变文也成为中国弹词、评话的前身。变幻莫测、异彩纷呈的幻术杂耍,更为社会各阶层普遍欢迎。其欢愉场面,反映在民间艺人的工艺制品之中,"戏弄薄人杂妇、百兽马戏斗虎、唐锑追人、奇虫胡姐"。② 异国情调的习俗器用,也对汉民族的生活方式产生影响。"灵帝好胡服、胡帐、胡床、胡坐、胡饭、胡箜篌、胡笛、胡舞,京都贵戚皆竞为之"。③ 时至今日,不少带"胡"字的瓜果蔬菜、器用杂物已经成为中华民族生活方式的不可缺少的组成部分,而它们在神州大地的流传史,正要上溯到秦汉那个宏大的开放时代④。

(五)开放进取的精神风貌

马克思主义认为:"意识[das Bewuβtse in]在任何时候都只能是被意识到了的存在[das bewuβte Sein],而人们的存在就是他们的现实生活过程。"⑤所以一定历史时期的精神风貌,是该时期社会生活的折光,是人们深层社会心理的外在流露,它们构成了一定历史时期精神气候的主要内容,是审美文化生态的重要方面。

秦汉主要处在我国奴隶制社会发展的鼎盛时期。统治阶级基本上还是一个勇于开拓,颇有作为的阶级。因此秦汉人的精神风貌,总起来看是开放阔阔、积极进取、刚健笃实的,其中有许多反映秦汉人的精神特质,反映"中国的脊梁"的东西。这里主要从建功立业的大丈夫气魄,任侠尚武的刚烈风气,真率冲动的豪放性情,维护自尊的人格特

---

① 翦伯赞:《秦汉史》,北京大学出版社 1999 年版,第 583 页。
② 桓宽:《盐铁论·散不足》。
③ 司马彪:《续汉书·五行志》。
④ 冯天瑜:《中华文化史》,上海人民出版社 1995 年版,第 491—494 页。
⑤ 《马克思恩格斯选集》第 1 卷,人民出版社 1995 年版,第 72 页。

点,讲气节重信义的伦理情操和开放松弛的两性关系诸方面勾勒出秦汉精神风貌的大体轮廓。

1. 建功立业的"大丈夫"气魄

每个社会都以它的时代精神塑造着生活在该社会中的个体,被有的学者称为"英雄时代"的汉代,特别是它的鼎盛时期就洋溢着一种宏阔昂扬的英雄主义精神,涌现出一大批璀璨夺目的杰出人物。

范文澜先生指出:"西汉一朝各方面的代表人物如大经学家大政论家董仲舒,大史学家司马迁,大文学家司马相如,大军事家卫青、霍去病,大天文学家唐都、落下闳,大农学家赵过,大探险家张骞,以及民间诗人所创作经大音乐家李延年协律的乐府歌诗,集中出现在武帝时期。这是历史上非常灿烂的一个时期,汉武帝就是这个灿烂时期的总代表。"①

这种宏阔昂扬的时代精神,在秦汉社会个体精神风貌中的突出表现,就是汉代男性以散溢着雄强气息的称谓语词"大丈夫"自励自强,表现出成大功,建大业的强烈愿望和远大志向。

秦汉时期,从贵族到平民,都显示出这种建功立业的大丈夫气魄。《史记·项羽本纪》载:

> 秦始皇帝游会稽,渡浙江,梁与籍(即项梁、项羽叔侄)俱观。籍曰:"彼可取而代也。"

当时的项羽,不过是一位23岁的青年人,竟敢于萌发取代最高统治者的念头,这自然是其强烈进取精神的反映。又《史记·高祖本纪》载:

---

① 范文澜:《中国通史》第二册,人民出版社1978年版,第49页。

　　高祖(即刘邦)常徭咸阳,纵观,观秦皇帝,喟然太息曰:
"嗟乎,大丈夫当如此也!"

　　刘邦起事时,一说为 47 岁,一说为 38 岁。其徭咸阳究系何年,史传缺如,但已人到中年,当无太大问题。可见秦汉时,不唯青年人敢于口出豪言壮语,中年人也同样志大言大,具有强烈进取精神。另《史记·陈涉世家》载:

　　陈涉少时,尝与人庸耕,辍耕之垄上,怅恨久之,曰:"苟富贵,无相忘。"庸者笑而应曰:"若为庸耕,何富贵也?"陈涉太息曰:"嗟乎,燕雀安知鸿鹄之志哉!"

　　项羽本是楚名将后裔,刘邦是秦王朝地方小吏,他们产生取代秦始皇的想法,从某种意义上讲,似乎并不太难理解。然而,为人庸耕的陈胜,亦胸怀"苟富贵,无相忘"的志向,并自诩为高飞千里的"鸿鹄",这就雄辩地说明,秦汉时期从贵族到平民,普遍富有积极的进取精神。

　　实际上,类似项、刘、陈那样大言其志的实例在秦汉史册上不胜枚举。像武帝时的主父偃,即是位抱定"丈夫生不五鼎食,死则五鼎烹"的人①。东汉的赵温,对自己原任京兆丞的职位不满,感慨地说:"大丈夫当雄飞,安能雌伏!"于是弃官而走②。梁竦也曾讲过:"大丈夫居世,生当封侯,死当庙食。"③即或是年仅 15 岁的陈蕃,亦怀有"大丈夫处世,当扫除天下"的凌云壮志④。这些人在历史上虽然没有留下如同项、刘、陈那样巨大的业绩,但他们各自毕竟施展了抱负,最终得以

　　① 班固:《汉书·主父偃传》。
　　② 范晔:《后汉书·赵典传》。
　　③ 范晔:《后汉书·梁统传》。
　　④ 范晔:《后汉书·陈蕃传》。

名垂后世。

秦皇、汉武是我国历史上著名的帝王,他们积极的进取精神,同样令人叹为观止。

秦原是僻处西陲一隅、被中原各国视为"夷狄"的落后之邦,然而秦始皇时竟然横扫六合一统天下,这固然与商鞅变法以来所奠立的强大基础有关,但始皇个人积极进取精神所起的作用,亦不可抹杀。大梁人尉缭曾描述秦始皇云:"蜂准,长目,挚鸟膺,豺声,少恩而虎狼心。"①这段文字虽然明显带有贬义,但始皇那种凶禽猛兽般奋勇搏击锐意进取的个性,却跃然纸上。普列汉诺夫说得好:"个人因其性格带有某种特点而能影响到社会的命运"。② 实际上,始皇个人的进取精神,不仅对完成统一大业产生过积极作用,而且对统一后的事业也有着重大的影响,例如秦统一后在北方修筑万里长城,以及在国内开辟沟通全国的驰道等。从现在存留下来仅有的一些秦代文物以及遗迹、遗址来看,有许多都是大得空前绝后。像秦俑坑那样庞大的军阵,堪称举世无双,倘若没有积极的进取精神,要搞这样大规模的工程,恐怕是连想也不敢想的。

汉武帝的进取精神比起秦始皇来,并不逊色。实际上,汉武帝就是第二个秦始皇。请看他"南诛两越,东击朝鲜,北逐匈奴,西伐大宛"③,进取热忱何其高也! 在反映武帝进取精神的众多事件当中,派遣张骞出使西域当是最具典型意义的一件事。

司马迁把张骞的西域之行,称之为"凿空"④。"凿空"就是探险的意思。这种"凿空"行动,固然要以一定的物质基础为前提,但进取精

① 司马迁:《史记·秦始皇本纪》。
② [俄]普列汉诺夫:《论个人在历史上的作用问题》,三联书店1961年版,第24页。
③ 班固:《汉书·石庆传》。
④ 司马迁:《史记·大宛列传》。

神的作用,实际上具有更重要的意义。由汉武帝组织发起经张骞力行而开拓的西域通道,以后发展为著名的"丝绸之路",对中西经济文化交流起了重大的作用,谱写了世界古代史上绚丽的一页。直到今天,当人们来到陕西兴平汉代古墓前的时候,还可以看到:在这古代乐游原的几十个帝王将相墓中,唯有汉武帝的茂陵最为高大雄伟,充分反映了汉武帝的进取精神特点。

这种建功立业的大丈夫气魄,在西汉经营建设西域的事业中得到了充分展现。除张骞外,东汉班超、班勇父子的事迹,尤为突出。

班超(公元 32 年—公元 102 年),字仲升,扶风平陵(今陕西咸阳东北)人,著名史学家班固之弟。史称:"为人有大志,不修细节;然内孝谨,居家常勤苦,不耻劳辱;有口辩,而涉猎书传。"①他年轻时,曾有过一段"投笔从戎"的佳话:

> 永平五年(公元 62 年),兄固被召诣校书郎,超与母随至洛阳。家贫,常为官庸书以供养。久劳苦。尝辍业投笔叹曰:"大丈夫无它志略,犹当效傅介子、张骞立功异域,以取封侯,安能久事笔研间乎?"左右皆笑之。超曰:"小子安知壮士志哉!"②

公元 73 年,汉明帝令奉车都尉窦固出击匈奴,班超投军拜为假司马,"将兵别击伊吾,战于蒲类海,多斩首虏而还"③。窦固十分赏识他的才干,便派遣他与从事郭恂率吏士 36 人出使西域,使他获得了一个初展宏图的机会。据《后汉书》载:

① 范晔:《后汉书·班超传》。
② 范晔:《后汉书·班超传》。
③ 范晔:《后汉书·班超传》。

超到鄯善,鄯善王广奉超礼敬甚备,后忽更疏懈。超谓其官属曰:"宁觉广礼意薄乎?此必有北虏使来,狐疑未知所从故也。明者睹未萌,况已著邪!"乃召侍胡诈之曰:"匈奴使来数日,今安在乎?"侍胡惶恐,具服其状。超乃闭侍胡,悉会其吏士三十六人,共与饮,酒酣,因激怒之曰:"卿曹与我俱在绝域,欲立大功,以求富贵。今虏使到裁数日,而王广礼敬即废,如令鄯善收吾属送匈奴,骸骨长为豺狼食矣。为之奈何?"官属皆曰:"今在危亡之地,死生从司马。"超曰:"不入虎穴,不得虎子。当今之计,独有因夜以火攻虏,使彼不知我多少,必大震怖,可殄尽也。灭此虏,则鄯善破胆,功成事立矣。"……初夜,遂将吏士往奔虏营。会天大风,超令十人持鼓藏虏舍后,约曰:"见火然(燃),皆当鸣鼓大呼。"余人悉持兵弩夹门而伏。超乃顺风纵火,前后鼓噪。虏众惊乱,超手格杀三人,吏兵斩其使及从士三十余级,余众百许人悉烧死……超于是召鄯善王广,以虏使首示之,一国震怖。超晓告抚慰,遂纳子为质。还奏于窦固,固大喜,具上超功效,并求更选使使西域。帝壮超节,诏固曰:"吏如班超,何故不遣而更选乎?今以超为军司马,令遂前功。"超复受使,固欲益其兵,超曰:"愿将本所从三十余人足矣。如有不虞,多益为累。"①

班超二次出使西域,首先降服了"雄张南道"的于阗王广德,接着废掉亲附匈奴的疏勒王兜题,更立原疏勒王兄之子忠为王,巩固了汉在西域的统治。章帝初,北匈奴贵族在西域反扑,班超在疏勒等地坚守。后得东汉政府援军,并联合当地合国力量,开始反击。从章和元

---

① 范晔:《后汉书·班超传》。

年(公元87年)到永元六年(公元94年),陆续平定莎车、龟兹、焉耆等地贵族的变乱,并击退月氏的入侵,保护了西域各族的安全以及"丝绸之路"的畅通。自永元三年起,班超任西域都护,后封定远侯,终于实现了他"投笔从戎"的初衷。班超先后在西域活动了31年,对增进西域各族与中原人民的政治、经济、文化联系作出了重大贡献。他还曾派遣甘英出使大秦(罗马帝国),虽然只到条支的西海(今波斯湾)而还,但这毕竟是中外交往史上值得纪念的一件大事。

班超少子班勇,字宜僚,史称"少有父风"①。安帝即位之初,西域反叛,王朝遂罢都护,于是"西域绝无汉吏十余年"②。班勇力驳了多数大臣"闭玉门关""弃西域"的主张,建议恢复敦煌郡营兵,复置护西域副校尉,遣西域长史,重新治理西域。他的意见被朝廷采纳。不久,匈奴贵族攻扰西域,河西大受其害。东汉政府任命班勇为西域长史,将兵五百出屯柳中。班勇积极联合龟兹,击走匈奴尹蠡王,使车师前部"始复开通"。后又大破车师后部,处斩其王及匈奴使者,终使"车师六国悉平"。永建元年(公元126年)冬,班勇领导西域各族大破北匈奴呼衍王,进一步巩固了东汉在西域的统治。他还写了《西域记》一书,为《后汉书·西域传》提供了依据。

秦汉人的积极进取精神还集中反映在他们勇于"毛遂自荐"上,像70多岁高龄的赵充国自请平羌乱,马援自请击匈奴、乌桓,皇甫规上疏自请奋效等,都是极好的例子。特别是西汉一代,这种自荐精神更为突出。当时有所谓"自衒鬻者"。唐代颜师古注云:"衒,行卖也。鬻,亦卖也"③。"衒"字《说文解字》又作"衙",从言从行,表示以言语驰说自卖之意。所以,"自衒鬻者"实际就是那时的一批"毛遂自荐"式

---

① 范晔:《后汉书·班勇传》。
② 范晔:《后汉书·班勇传》。
③ 班固:《汉书·东方朔传》颜注。

的人物。这些人凭借着一股积极进取的热情,向皇帝上书言得失,居然其中有不少人因此由布衣百姓而获得高官厚禄。故当时人评论他们"策非甲科,行非孝廉,举非方正,独可抗疏,时道是非"①。《颜氏家训·省事篇》曾依据他们上书的具体内容,将其分为四种类型:"攻人主之长短,谏诤之徒也;讦群臣之得失,讼诉之类也;陈国家之利害,对策之伍也;带私情之予夺,游说之俦也。"据《汉书·东方朔传》记载:"武帝初即位,征天下举方正贤良文学材力之士,待以不次之位,四方士多上书言得失,自衒鬻者以千数。"可知西汉"自衒鬻"之风,以武帝时为最盛,在数以千计的"自衒鬻者"行列里,自然难免鱼龙混杂,泥沙俱下,不过他们之中确有真知灼见,对当时文治武功作出贡献的,亦不乏其人,如主父偃、朱买臣、东方朔、徐兵、严安、终军等,均堪称佼佼者。他们许多进取性的行为,像终军向武帝自请"愿受长缨"这件事,迄今还被我们用来作为表示自告奋勇、承挑重担的典故。②

2.任侠尚武的刚烈风气

秦汉人"任侠"风气颇盛。司马迁对秦汉时任侠精神曾做过如下概括:"其言必信,其行必果,已诺必诚,不爱其躯,赴士之阨困,既已存亡死生矣,而不矜其能,羞伐其德"③。如朱家"家无余财,衣不完采,食不重味,乘不过一轺牛。专趋人之急,甚已之私"④;郭解"以躯借交报仇","以德报怨,厚施而薄望"⑤,均为典范。

有的外国学者把秦汉时期的中国称为"尚武的帝国",他们的根据是中国在这个时代东征西讨,四处扩张。⑥ 其实,汉王朝的"尚武"并

① 班固:《汉书·扬雄传》。
② 林剑鸣等:《秦汉社会文明》,西北大学出版社1985年版,第367—372页。
③ 司马迁:《史记·游侠列传》。
④ 司马迁:《史记·游侠列传》。
⑤ 司马迁:《史记·游侠列传》。
⑥ [法]谢和耐:《中国社会史》,耿升译,江苏人民出版社1995年版。

不主要表现在它的对外战争上。道理很简单,汉朝的许多战争(即使是在汉武帝时)是被动的和防御性的。

不过,国外汉学家的直感却没有错,崇武尚武的确是汉代世风中颇有特色的篇章,习武习俗遍及社会各阶层。一些地区尚武之风更为炽烈,它们是今天的河北、山西北部,陕西中部、北部和甘肃地区,以及江苏、浙江一带,显然,这既是历史传统的延续(如战国以来秦人就以重武而闻名海内,吴越也崇尚武风);也与这里大都邻近边塞、日与征战的生活场景密切相关。从而,中国古代对于武技的研究也在汉代达到了一个新的阶段。

汉代的武技包括徒手和器械搏斗两大类。徒手技击有手搏和角抵。手搏类似后代的散手搏击,以拳腿纵跃击打。据《汉书·艺文志》记载,当时流传《手搏》一书,是关于搏击技艺的理论总结。居延汉简中有"相错蓄,相散手"残简,这6个字的意思是说二人之手交错搏斗,或张或弛,由捕手而散手。据考证,这正是《手搏》的佚文。① 角抵类似后代的摔跤,角抵者或赤裸上身,如江陵凤凰山秦墓出土的文物上绘刻有二人赤身束带摔跤的场面;或着衣比武,如河南登封汉代画像石上的两位角抵者窄袖束带,头戴角形帽。史书记载的汉代善于角抵者有匈奴族人金日磾,他曾用摔跤绝技生擒刺杀武帝的叛臣莽何罗。对于那些武艺超群的汉代人来说,人与人的徒手交锋似乎还不够过瘾,他们甚至研究出一套与猛兽搏斗的方法。《西京杂记》卷三载,"有勇力"的广陵厉王刘胥,在王家兽园中学习格熊之术,不久便能赤手空拳与力大无比的野熊格斗,那些野熊竟不是他的对手,"莫不绝脰"而死。②

器械技击主要有剑术、刀术、戟术、椎术。汉代有《剑道》三十八

---

① 陈邦怀:《居延汉简偶谈》,《考古》1963 年第 10 期。
② 王子今:《汉代的斗兽》,《人文杂志》1982 年第 5 期。

篇,是剑术风靡当时的一个佐证。项羽是秦汉之际的剑术名家,自幼曾习剑法。他在起兵之初,就剑斩秦会稽都尉,继又击杀"数十百人"。几年后,兵败垓下,项羽为展示勇武,下马持"短兵"即随身所携之剑步斗,竟独斩汉军数百人。《史记·项羽本纪》的上述描写可能有夸张之嫌,但从项羽的对手们对他的敬畏心理看,这并非是无稽之谈。可以想见,项羽的剑术中包含了精湛的攻防功夫。汉代的剑法大家世代不绝,遍及南北。齐人张仲、曲成侯以善于击剑而"立名天下";将军李陵部下有许多人是荆楚剑客①;祖籍陇西的李禹用剑与虎搏斗。贵族中还有比试剑法的习惯,淮南王刘安太子自认剑术无敌,召精通击剑的郎中雷被较量,被雷误伤。正因如此,剑术是汉代人颇为自负的武技,晁错在比较汉军与匈奴骑兵优劣时指出,倘若下马用剑搏斗,强悍的匈奴人绝非对手。刀术和戟术多施展于战场,据《汉书·灌夫传》记载,在平定吴楚七国之乱中,汉将灌夫以善用戟名闻全军。当时,灌夫之父战死,灌夫决心报仇,手持铁戟率十余人陷阵,杀伤吴军将士数十人。椎即槌,是一种打击的武器,《墨子·备城门篇》描写这种武器的形状是:"长椎,柄长六尺,头长尺。"在汉代,尚有可藏于袖中的短椎。因此,椎也是适合随身携带的武器。椎术一是用手投掷,有些类似后世的流星锤,如张良募力士以一百二十手的铁椎掷击秦始皇御车;一是用于打砸,如淮南厉王刘长以金椎击砸冤家辟阳侯审食其。不过,相比之下,椎的杀伤力不及剑、刀或戟。

在出土的汉代画像砖石上,比武是常见的题目。不过,迄今为止,人们还没有发现比武格斗伤亡的图像;在文字记载中,也极少有因比武而出现的伤亡事故。这表明,只要不是报仇和战场拼杀,汉代人的比武就只是限制在较量武技的切磋功夫的范围中,而不是性命相搏。同是尚武,其风格却明显不同于同一时期罗马的角斗,以及近代一些

① 司马迁:《史记·日者列传》。

保留原始风俗的民族的比武活动。这自然是由不同的文化气质所决定的。

习武是时代的风气,我们可以从文人和女性这两类在后世与武技关联不大的人群中窥见尚武行为的广泛。有汉四百年,习武是文人生活中的重要内容。才华横溢的西汉赋文大家司马相如自幼在苦读经书诗文的同时,也学会了剑术;东方朔13岁开始读书,15岁学习击剑,他本人颇以此自负;经学名家辕固得罪了喜好黄老之学的窦太后,太后动用政治手段解决学术上的歧见,把学者扔进关着野兽的兽圈。辕固无所畏惧,用利刃在兽圈中击毙凶猛的野猪,不仅让窦太后的恶毒报复落空,也为文人赢得了尊严①。东汉时文武双全的知识分子屡见不鲜:学者李膺在担任护乌桓校尉期间,身先士卒与来犯的乌桓骑兵"临阵交战",虽然"身被创夷",依然"拭血进战",乌桓人听到他的名头闻风丧胆;②另一位学者兼官员的陈蕃为剿灭宦官势力,以70高龄带领80多名太学生手持兵刃攻入皇宫中,宦官所属部队为其气势所慑,不敢逼近;后来担任汉朝丞相并铲除董卓的王允在其青年时代,终日读书,早晚练习骑马射箭;汉末文人田畴好读书,善击剑;崔琰也以通晓剑术名闻一时。③

与女性习武有关的最为惊心动魄的一幕出现在东汉时。酒泉女子赵娥之父为当地恶霸李寿所杀,赵娥矢志报仇。她携刀与骑马的李寿搏斗,一刀飞起,砍伤了李和他的坐骑,李被惊马摔到道边沟中。赵娥继续追杀,不料,用力过猛,刀为大树所折。二人开始激烈的徒手对打,赵娥闪过李寿一击,左手挥出,击中李的额头;右手顺势卡住李的"要穴"咽部,经短暂相持,李气力不加,摔倒于地,赵娥拔出仇人身上

---

① 班固:《汉书·司马相如传》、《汉书·东方朔传》、《汉书·儒林传》。
② 范晔:《后汉书·党锢列传·李膺传》。
③ 范晔:《后汉书·陈蕃列传》、《后汉书·王允列传》,陈寿:《三国志·魏书·田畴传》、《三国志·魏书·崔琰传》。

的佩刀,当场毙杀李寿。赵娥的灵活闪躲、左右连环出击和直取敌方要害部位,已与近代武术中的短打擒拿功夫颇为相近了。由于当时赵娥已出嫁庞清,故又随夫姓被称作庞娥亲。赵娥的事迹轰动一时,《后汉书·列女传》、《三国志·魏书·庞清传》和晋人皇甫谧《列女传》均有记载。

汉代的文人不是后代那种弱不禁风的白面书生,汉代的妇女有着悍勇的精神,这既是尚武风气的结果,也是它的标志。

3.真率冲动的豪放性情

翻阅两汉史籍,可以突出地感受到汉代人是那样容易落泪,从皇帝、贵族、官吏,到普通百姓;从老人、青壮年,到少年儿童;地位、经历、教养、年龄的差异,并不影响人们在冲动性格驱使下涌动着泪水——这是中国历史上十分罕见的情形。更为引人注目的是,在汉代,不独女性,男子也不以哭泣为羞耻,虽然这时已有男儿有泪不轻弹的说法,但正像历史上许多说教的命运一样,汉代的男人们依然我行我素,任情落泪。叱咤风云的项羽不是后代那种"有泪不轻弹"的英雄,部下生病,他流着眼泪把食物分给他们,在与虞姬生死诀别时,这个刚烈的汉子更是泪流满面。他的对手刘邦虽远比他圆滑内敛,但功成还乡,悲喜交集,也禁不住在大臣和百姓面前泣不成声。据说,避免哭泣的最好办法就是对事物冷漠无情。但是在汉代,有那么多的动情人,伤情人,痴情人和纵情人,这个"最好的办法"也就成了最无效的办法。"泪汍澜而雨集兮",东汉初人冯衍《显志赋》中的这句赋文,形象地点出了汉代人的泪水是何等剧烈。从国事到家事,痛苦、思念、恐惧、怨恨、愤怒、欢乐……几乎所有的生活场景,几乎所有的情感,都能让汉代人泪流不止:来自洛阳的年轻政治家贾谊对国势维艰"痛哭""流涕",不能自已;人过中年处事干练的韩安国流泪告诫梁孝王刘武遵守法度,骄横的王爷也随之泪如雨下;宦官赵谈被大臣爰盎赶下御车,赵谈脸上挂满了羞辱的眼泪。身处异域的李陵目睹苏武的坚贞不屈,泪

珠打湿了衣襟;曾得成帝宠幸的张放,在听到成帝死讯后,思念哭泣而死;东汉人蔡顺的母亲生时最怕雷声,她亡故后,每当天上隆隆雷起,蔡顺便绕墓呼唤母亲,哭泣不止。①

如同所有的时代,悲哀也是造成汉代人哭泣的最重要的原因,然而,汉代人悲中落泪的剧烈程度却让我们感叹不已。"一别无会期,相去三千里。绝翰永慷慨,泣下不可止!"《隶释》卷九收录的这段《费凤别碑》中的押韵文字,倘在后世也许是应景之作,但在当时却正是实情实景的忠实摹状。西汉前期人石庆去世,其子石建一直不停地哭泣,以至不能行走。西汉末年,12岁的鲁恭在父亲死后昼夜痛哭。东汉时,有的人在诀别亲人时昼夜哭泣,"憔悴毁容"②;有的人哭泣吐血数升;③还有人竟哭泣长达20余日而死。这的确是人类哭泣史上的奇观。

在汉代,人们的情绪是如此容易发生转换,笑与泣仅是一线之隔。《后汉书·周举列传》载:安帝永和六年(公元141年)三月上巳日,大将军梁商在洛水边大宴宾朋,酒阑之际,忽然有人奏起哀乐。没有斥责和不满,听悲声,望流水,座中宾客无不落泪。人们的情绪是如此易受环境的暗示和感染,即使与自己无关的事情,也能催其泪下。西汉后期,长安令尹尝活埋数百名恶少,死者家属号哭于途,目睹此情的路人们也都泪流不止④。

如同其他许多事物,中国传统文化的主流意识对哭泣的最高价值定位,是伦理层面,明代陈洪绶在《娇红记》第一出眉批中写道:"昔人云:'读《出师表》而不泣下者,必非忠;读《陈情表》而不泣下者,必非

---

① 班固:《汉书·贾谊传》、《汉书·韩安国传》、《汉书·爰盎传》、《汉书·苏武传》、《汉书·佞幸传》;范晔:《后汉书·刘赵淳于江刘周赵列传》。

② 范晔:《后汉书·皇后纪上》。

③ 范晔:《后汉书·章帝八王列传》。

④ 班固:《汉书·酷吏传》。

孝。'吾谓读此《记》而不泣下者,必非节义之人也。"清末文人刘鹗则把人的哭泣分为两类,他在《老残游记·序》中写道:"一为有力类,一为无力类。痴儿呆女,失果则啼,遗簪亦啼,此为无力类之哭泣。城崩杞妇之哭,竹染湘妃之泪,此有力之哭泣也。"从历史上看,这种感受实可追溯到汉代。在汉代这400年中,人们的情绪是如此容易受善恶观的支配,大量的泪水是为自己心目中的"正义"而洒。名将李广忍屈自杀,得知此事的百姓,无论是否认识李广,都为之垂泪。西汉末年,密县令卓茂治县有方,离任之际,全县的男女老幼都流泪为他送行。与宦官外戚黑暗势力相抗争的志士,赢得广泛同情的泪水。令人感动的故事集中出现在东汉:李固被处死,其弟子郭亮不顾政治高压,在其遗体边哭泣不止;李的另一学生董班星夜赶赴刑场,为老师"哭泣尽哀"。著名党人范滂赴刑,路边行人无不泪流满面。见载于史的汉代规模最大的一次众哭,也正是刘鹗所说的"有力类哭泣"。时当宣帝年间,以为政廉明、打击豪强著称的京兆尹赵广汉在官场倾轧中败北下狱,被定为死刑,京城官吏百姓数万人围住官府,为赵京兆失声哭泣,呼喊:"愿代赵京兆死!"①这些今天读来还令人为之怦然的画面在汉代的反复出现,无疑是汉代人气质与灵魂中值得咀嚼的重要内容。

翻阅两汉史籍,还能发现这样一个普遍现象,即,汉代人的脾性是那样的火爆倔强,一桩小事就能让他们怒火中烧,恣意宣泄。汉宣帝时鲁《诗》宗师江公与另一学者王式在为宴会选择曲子上意见相左,文质彬彬的江公竟然破口大骂《礼记·曲礼》是"狗《曲》"。后世中国文人身上常有的那种幽默与讥刺,在汉代是很少见的。②

由于脾气刚烈,汉代人常患有一种被民间叫做"气死病"、被现代医学归入与情绪剧烈波动有关的"心因类疾病"的致命急症,其症状是

---

① 班固:《汉书·赵广汉传》。
② 班固:《汉书·儒林传》。

心情郁愤,突发背疮或吐血,在短期内死亡。楚汉战争时,项羽中了陈平的反间计,怀疑谋士范增,范增怒火中烧,辞职返乡,在途中背发疮而亡。汉景帝丞相申屠嘉与内史晁错争权夺利,在一次建议诛杀晁错被皇帝否决后,气愤难平,竟然在从朝廷返家后的短短时间里,吐血而死。汉成帝朝丞相王商在政敌的联合围攻下下野,但其时皇帝仍然对他怀有深深的好感,王并无生命之忧,且东山再起的可能依然存在。然而,王商却无法遏制愤怒和郁闷,免相仅三天,就吐血而亡。

汉代人这种真率冲动的性情最充分地表现在以抒情为本质特征的舞蹈艺术中。

> 粉黛施兮玉质粲,珠簪挺兮缯发乱。
> 然后整笄揽发,被纤垂紫;
> 同服骈奏,合体齐声;
> 进退无差,若影追形①。

东汉时代杰出的文人张衡在《舞赋》中记下了汉代女子舞蹈给他留下的深刻印象。

然而,在汉代社会中,歌舞并非歌女舞伎的专利,也不为女性所独享,走入青年之后的男性和女性大都能歌善舞,这是不以阶层来划分界限、不因贫富而改变的社会风俗。成书于西汉的《盐铁论》和成书或成文于东汉的《潜夫论》、《三都赋》,都描写了当时农村和城市的富人及普通百姓喜好歌舞的情景:每当吉日良辰来临,人们置酒高歌,招待嘉宾,舞者歌者,此起彼落。舞蹈用不同乐器伴奏,舞者与观者如痴如醉,人们在歌舞中获得了愉悦,排遣了烦忧。汉代人是《礼记·乐记》

---

① 张衡:《舞赋》,载费振刚等辑校:《全汉赋》,北京大学出版社1993年版,第478页。

所说的"言之不足，故长言之，长言之不足，故嗟叹之，嗟叹之不足，故不知手之舞之，足之蹈之"的实践者。

汉代舞蹈内容丰富多彩、千姿百态。从舞蹈形态看汉代的民间舞蹈有四种类型。以手、袖摆动为主的舞蹈，如"长袖舞"、"对舞"、"七盘舞"等；手持武器的舞蹈，如"干舞"、"戚舞"、"剑舞"、"刀舞"等；手持乐器的舞蹈如"铎舞"、"磬舞"、"鞞舞"、"建鼓舞"等；载歌载舞的大型舞蹈，如"相和大曲"。① 这些舞蹈既表现出婀娜的阴柔之美，也展示了强悍的阳刚之气——后一点似乎更能引起人们的兴趣，因为这正是汉代人性情的闪现。戴面具的"象人"，在舞蹈中手握各种兵器，表现出人与兽、兽与兽惊心动魄的搏斗场面。那些"戚舞"的主角往往由身材魁梧的大汉充任，他们上身赤裸，握戚起舞，舞姿和面部表情呈现着刚猛的气概。"鼙鼓舞"则是由军旅走入民间的舞蹈，一群舞者伴着有节奏的鼓点起跳纵越，浓浓的沙场征战氛围油然而生。

歌可以相伴舞蹈，也可单独唱出。欢乐趣，离别苦，悲哀痛，生活中的种种悲欢离合是汉代人高歌的重要心理动因。吕后囚禁戚夫人，让其舂米，戚氏边舂边歌："子为王，母为虏，终日舂薄暮，常与死为伍！相离三千里，当谁使告汝？"东汉末年，董卓先废皇帝为弘农王，继又欲杀弘农王，面对爱姬，昔日的皇帝长歌当哭："天道易兮我何艰！弃万乘兮退守蕃。逆臣见迫兮命不延，逝将去汝兮适幽玄！"而他的先祖刘邦400年前则吟唱出另一种酸楚的歌曲。其时，汉高祖想改立刘如意为皇太子，朝中大臣群起反对，智囊张良请来名气甚大的隐者"商山四皓"加入反对派行列。无可奈何的皇帝悲哀地对如意之母戚夫人道：你为我跳楚地舞蹈，我为你唱楚歌。歌曰："鸿鹄高飞，一举千里，羽翮已就，横绝四海。横绝四海，当可奈何？虽有缯缴，尚安所施。"当时的

---

① 彭松：《中国舞蹈史》（秦汉魏晋南北朝部分），文化艺术出版社1984年版，第3、78、7页。

许多流行歌曲不仅与日常生活有关,还直指政治问题,褒贬社会现象。汉文帝时淮南厉王刘长谋反被杀,很快民间就流传起一首歌:"一尺布,尚可缝;一斗粟,尚可舂,兄弟二人不相容。"百姓看到汉武帝宠幸卫子夫,卫家因此显赫娇贵,作歌道:"生男无喜,生女无怒,独不见卫子夫霸天下"。皇帝、后妃尚受谴责,权贵官吏更难逃百姓歌声的批评。东汉天水太守樊晔只凭一己好恶判狱定刑,没有人能从大牢中活着出来,天水地区民众忧伤地唱起了一首五言歌:

> 游子常苦贫,力子天所富。
>
> 宁见乳虎穴,不入冀府寺。
>
> 大笑期必死,愤怒或见置。
>
> 嗟我樊府君,安可再遭值!

赞扬的指向也与讥刺一样,不惧怕触犯政治禁忌。东汉党人范冉以清贫的生活和清白的人格对抗黑暗的现实政治,一曲喻义曲折的颂歌便在他的家乡流传开来:"甑中生尘范史云(范冉字史云),釜中生鱼范莱芜(范冉当过莱芜长)。"[①]无论是何种类型的歌,曲和词都是由歌者触景现编,随情而唱。其涉及面之宽广,以及其间蕴涵的那份真率和才分,在后世确乎难以再见。

歌舞与汉代人的生活形影相随,人们创造出多种多样的舞蹈形式。自娱、他娱和交际性歌舞是汉代歌舞的三种重要类型。

自娱性歌舞是自歌自舞自赏。它没有严格的地点和舞姿要求。司马迁外孙杨恽罢官赋闲家居,酒后微醺,口中高歌,手臂挥舞,身体

---

① 分别载班固:《汉书·外戚传上》、《汉书·张良传》、《汉书·淮南厉王传》;范晔:《后汉书·皇后纪》、《后汉书·樊晔列传》、《后汉书·党锢列传》。

扭动,双足不停踏地。他颇为得意地把自己的舞技写在给朋友的信中①。从杨恽的描述看,他的舞蹈有些近似现代的迪斯科舞。山东滕县出土的汉画像石上一人舞臂踏足的画面也印证了杨恽的话。

他娱性歌舞出现在公众场合,它没有程序化的舞姿规定。西汉后期,在一次官员们的宴饮聚会上,长信少府檀长卿居然别出心裁,为在座者表演猕猴与狗互相打斗的滑稽舞蹈,引得满座哄堂大笑。

交际舞蹈在汉代称作"以舞相属",它是正式宴饮场合中经常可见的习俗,一般在宴饮高潮时进行。其程式是,主人先行起舞,舞罢,再"属"(即嘱咐)来宾起舞,客人舞毕,再以舞"属"另一客人,如此循行。所有来宾都要参与。在舞姿上,"以舞相属"不似他娱性舞蹈那般随意,却很有些舞技要求和绅士味道。按照规定,舞中必须有身体旋转动作。河南出土的对舞陶俑,一人两臂张开,长袖上甩,身体斜仰,正在撤步后退,看来是一轮舞毕;另一个则彬彬有礼地举袖叉腰,上前欲舞。不应"属舞"是极为失礼的表现。《后汉书·蔡邕列传》记录了一件因不"属舞"而导致的悲剧:东汉后期,被贬往五原郡的大学者蔡邕遇赦返京,五原太守王智为其饯行,酒酣之时,王智起舞"属"蔡邕。然而,秉性刚直的蔡邕素来讨厌骄横的王智,拒绝起舞。王羞怒交加,通过门路诬陷蔡邕诽谤朝廷,蔡邕被迫亡命江海,远遁吴地。这则故事在其本义之外,还告诉人们,一个汉代人如果不能歌舞或不善歌舞,在交际能力上便要大打折扣了。

秦汉时代人们对歌舞的喜好,在各种不同场合及各种不同人之间是有很大差异的。为何歌舞?怎样歌舞?不同身份、地位,不同情况下的人自然各不一样。然而,有一点是相同的,即当时的人们喜欢以歌舞的形式表达个人的喜、怒、哀、乐,表达各种情感,而较少压抑、隐藏这些感情。应当说这是一种较为明朗、健康的精神风貌。

---

① 班固:《汉书·杨恽传》。

喜歌好舞这一汉代的时尚,虽然在魏晋还能见到余波,但此后便是"此风绝矣",成为一曲远逝的绝响①。

4.维护自尊的人格特点

自尊的人格是汉代精神风貌中引人注目的又一特色。

然而,自尊所蕴涵的意义却颇为复杂,其核心内容既包括对个人价值的认定,也包括对自己"面子"亦即自我在群体或团队中形象的维护。相形之下,后者显得更为重要。

对个人价值的认定,集中表现为对于自己能力、对自己承担社会角色的高期待,以及为实现这个期待所付诸的积极努力。重才敬能可以在先秦时代找到其源头,汉代承袭这一传统,并注入了汉世的特点,这就是才能不仅在政治领域中有其重要价值,而且扩展到社会生活的其他方面,才能也相应趋于多元化。不妨看看"人之大伦"的婚姻构成吧。尽管这一时期社会等级仍对男婚女嫁的形成产生深刻影响,但才能的意义也举足轻重,且不时弱化着等级性。汉代人对才能的理解是宽泛的,农民普遍希求的是"力稼",即勤于和善于耕作者;手工业者们看重的是工艺制作能力;商贾阶层侧重的是经商的本事;官吏群体强调"精吏治";士人们十分重视学识以及致力学业的品质,如此等等。《汉书·隽不疑传》记载,京兆尹隽不疑在处理突发的"假卫太子"事件中表现出干练的才能,"名声重于朝迁,在位者皆自以不及也"。大司马大将军霍光看中其才干,主动提出与不疑结亲。东汉经学大师挚恂十分欣赏学生马融的才华,将女儿嫁给了他。汉末那位曾称雄一方的公孙瓒,自幼却家境贫寒,在辽西郡府衙门中作一个打杂的小吏,他聪明伶俐给太守留下深刻印象,很快成为太守之婿。类似的故事也发生在女子身上。《华阳国志·广汉士女赞》收录了一则东汉时轰动的今四川广汉地区的事情:

---

① 彭卫:《古道侠风》,中国青年出版社 1998 年版,第一章。

阳姬,武阳人也,生自寒微,父坐事闭狱。杨涣始为尚书郎,告归,郡县敬重之。(阳)姬……乃邀道扣涣马,讼父罪,言辞慷慨,涕泣。涣愍之,告郡县,为出其父,因奇其才,为子文方聘之。

显而易见,曾任朝廷高官的杨涣之所以不顾及门第之间的差异,与出身低贱的阳姬结亲,是看中了这位奇女子拦道告状的勇气。

能力的自我展示和角色的自我推荐成为风靡汉代的习尚,汉代人理直气壮地自我推销,理直气壮地显示才华。其中,虽然有"假冒"的成分,也不乏"伪劣"的个人,但却在总体上,激活了人们的创造精神。并非偶然的是,把汉王朝推向强盛顶峰的武帝对这种风格极为欣赏。他即位之初,广招天下有才能的人,前来"自衒鬻者"多达千余人。他们为了尽可能多地让皇帝了解自己,甚至不惜用夸张的言辞来打动圣上。东方朔在自荐奏章中写道:"臣朔少失父母,长养兄嫂(起笔便说自己从小就是孝的楷模)。年十三学书,三冬文史足用(三年就初具学者气象,不是天才又是什么?)。十五学击剑,十六学《诗》、《书》,诵二十二万言。十九学孙吴兵法战阵之具,钲鼓之教,亦诵二十二万言(仅仅五年便是文武全才,惊人之至)。""目若悬珠,齿若编贝(不但慧中,而且秀外)。勇若孟贲,捷若庆忌,廉若鲍叔,信若尾生(端的是古时罕有其匹,汉世全无其才)。若此,可为天子大臣矣。"如此"大言不惭"的上书,如果是在后代,不把皇帝的鼻子气歪了才怪,但武帝读后,却十分欣赏这股傲气,东方朔新的生活就此开始了。干练的女性也同男性一样受到人们的敬重。汉诗《陇西行》以赞赏的笔调,叙写了不俗的陇西女子:

酌酒持与客,客言主人持。却略再跪拜,然后持一杯。

谈笑未及竟，左顾敕中厨。……废礼送客出，盈盈府中趋。
送客亦不远，足不过门枢。取妇得如此，齐姜亦不如。健妇
持门户，胜一大丈夫。

内在的自尊是外在开拓的重要心理驱力。在汉代，强烈的开拓精神弥漫于整个社会之中，自上至下，"魄力究竟雄大，人民具有不至沦为异族奴隶的自信心"。陈胜、项羽、刘邦分别在"燕雀安知鸿鹄之志"、"彼（指秦始皇）可取而代也"、"大丈夫当如此（指做皇帝）"的心声中干出了一番惊天动地的事业。张骞请缨出使西域，历尽千辛万苦，汉朝对西域的经营以及丝绸之路的拓展，在他的努力下，走入全新的阶段。后人赞曰："此非坚忍磊落不屈不挠之概，其孰能排万难、犯万险，以卒达其所志者耶！"班超孤悬异域数十载，守土驱敌。他们这种"坚忍磊落"的气概，正是汉代世风的迸现。

对"面子"的维护集中于拒绝忍受屈辱。从根本上说，"面子"感是在他人心目中强化自我的心理活动，因此，越是稠人广众的场合，维护"面子"的努力便表现得越是激烈。《汉书·周勃传》记载，景帝在宫中赐食周亚夫，但食案上却只有一大块未切开的肉，也无筷子。周亚夫认为受到侮辱，让礼官取筷。景帝揶揄道：这还不够君所使吗？言外之意显然是，你不过是一个赳赳武夫，只配用手抓肉吃！周亚夫怒不可遏，竟不顾君臣礼节，掉臂拂袖而去。另一个值得提及的事例发生在西汉末年，太原人周党受到地方官吏乡佐的当众侮辱，周党找到乡佐，约日决斗。虽然周党在白刃搏斗中身负重伤，但却赢得人们的敬重，甚至与之生死相搏的乡佐也对周党大为敬佩，用车送其回家养伤。这说明维护"面子"的行为得到时人的高度赞扬。

为了尽可能全面了解汉代人的这种气质，这里对人生终极的一个特殊现象稍稍多花些笔墨。

在汉代历史上，自杀者数量众多，自杀事件层出不穷，自杀方式五

花八门。自杀者或以刀剑等锐器割颈自刎而死，或服毒而亡，或自缢于路边户中，或自沉于江河井里，或绝食，或跳楼，甚至还有剖腹自杀。各种生活场景中的冲突——政治的、军事的、社会的，都能引起自杀现象。各种社会集团也都不拒绝以自杀结束自己的人生。西汉中期，河东太守申屠公与都尉周阳由争权，要下狱受刑，他"义不受刑，自杀"。王莽扬州司命孔仁兵败汉军，发出"食人之食死其事"的慨叹，言毕自杀。东海郡一老妇人不愿拖累寡居的儿媳，自缢身亡。那么，是什么原因使汉代人容纳首肯自杀行为？并不是由于汉代人蔑视死亡，也不是因为汉代人相信来世而轻生，更不能以近代以降一些人用自杀探寻人生终极比照汉代。大量事实显示，汉代自杀现象的浩浩之流有着多重的源头，源头的主脉是汉代人维护自尊的内心世界。虽然这种气质滥觞于春秋中晚期，但只是在汉代才形成了时代风气；而且，在汉代血缘宗亲社会结构中，尊严的意义在外显行为方面通过自尊，扩展至对亲族、再扩展至对主人和师友的尊严的维护；在内隐心理方面通过对自身"面子"的维护，扩展至对表征自己形象的家庭、家族"面子"的维护，并在与忠孝伦理思想混融一体后，进而扩展至对在社会地位和政治地位方面代表自己形象、象征自身存在意义的先祖、上司和师友"面子"的维护。

根据两汉史籍的记载，汉代共发生了 200 多例自杀事件，这些自杀事件可以被概括为自尊、尽忠、恐惧、绝望、利他、愧疚、悲痛等类型，其中，自尊与尽忠型的自杀者的数量最多，几乎涉及当时社会的所有阶层——从皇亲贵族到文武百官，从士人宾客到普通百姓。对于这些自杀者来说，选择死亡实际上意味着选择了更为辉煌的生命，选择苟且偷生则意味着丧失了生存的意义。汉建甫始，田横部下 500 余人在得知主人不愿降汉而自杀后，竟全体自杀身亡，这是汉代（也许是整个中国历史上）规模最大的一次集体自杀事件。

汉宣帝朝的汝南决曹掾周燕由于得罪太守竟被判定处以宫刑，他毫不犹豫地选择自杀，自杀前面无惧色道：我是周平王后人，岂能以残

缺的身躯去见祖上！元帝老师萧望之把忍屈受辱"苟求生活"，视为可"鄙"之行，在下狱（尚可活命）与保全清名的抉择中，断然选定后者。由于不愿忍受某种侮辱而自杀。例如秦二世下右相冯去疾、将军冯劫狱，案责其罪，二人认为"将相不辱"，遂自杀；李广耻对刀笔吏，引刀自刭；朱建闻吏到门，自刭身亡；宣帝下盖宽饶吏，盖引刀自刭北阙下；池阳狱掾王立，蒙受冤枉，遂"杀身以自明"；蔡伦耻受辱，饮药而死，等等。他们坦然与凛然的情绪，与司马迁没有选择自杀身遭宫刑后"肠一日而九回，居则忽忽若有所亡，出则不知所如往。每念斯耻，汗未尝不发背沾衣"的极为痛苦的心理，形成鲜明的对照。尽管司马迁为自己的"苟活"寻找出种种原因：家贫，无钱赎罪；往日的好友纷纷作旁观者；皇帝周围的近臣不替他缓颊善言；尽管司马迁坚定地认为，这是他为了"成一家之言"的理想，而付出失去"面子"的惨痛代价；但笼罩在他心灵上自伤自悼自卑的浓浓阴霾始终没有消散。有的研究者推测，司马迁在完成《太史公书》（后人定名《史记》）后，自杀而死；从汉代人的价值观念看，这是完全可能的。① 也有人在自杀前不无酸楚，但惧死者并不多。西汉末年身居高位的冯参在自杀前不恐惧告别人世，只是对"被恶名而死"、"伤无以见先人于地下"，即虽自杀也不能洗刷家族"面子"上的尘埃遗憾不已，其落脚点仍然是维护自尊。②

　　自尊既由自己来维护，也由别人的评定来证明。人物品评风行于汉代，正是这种时代精神的折射。品评的形式有"语"、"号"、"谣"、"谚"，语言凝练，生动准确，每每一针见血。当代秦汉史学者黄留珠先生认为这在中国历史上是一种创造。这个说法并不过分，请看："谷子云笔札，楼君卿唇舌"的"号"，言简意赅点出谷、楼二人的才能特征；

---

① 罗庚岭：《〈史记〉成书年代及司马迁死因考》，《人文杂志》1994 年第 4 期。
② 彭卫：《论汉代的自杀现象》，《中国史研究》1995 年第 5 期。

"以贫求富,农不如工,工不如商,刺绣文不如倚市门"的"谚"把对社会上几个重要阶层生活状况的品定,十分精当地浓缩于寥寥二十字中;"德行恂恂召伯春"的"号"则突出了召伯春的品行。在对东汉政治有很大影响的"党锢"事件中,"品评"被3万多名太学生涂抹了一道浓厚的政治油彩,"品评"达到了顶峰。李膺、陈蕃、王畅的人品才识,被"学中语"分别评为"天下楷模"、"不畏强御"和"天下俊秀"。汉代人为了自尊所进行的种种努力,通过品评的肯定,得到了心理上的最大满足。

从以上的事实可以看出,秦汉人由于受到强烈自尊意识的驱使,他们决不屈就于非义的环境,也从不肯轻易玷辱自己光荣的历史,在一些紧急关头,他们把维护自尊心看得比生命更为重要,由此产生了许多令后人目张舌咋的卓特之行,为秦汉时代精神风貌的画册平添了悲壮的一页。①

5.讲气节重信义的伦理情操

讲气节、重信义,是秦汉时期社会风气的重要特点,反映了当时人们的精神风貌。

信义,即指讲信用、有道德,坚持正义;表现为重然诺、言必信、行必果,已诺必诚。气节,即指坚持自己的信仰,不屈服,不动摇;表现为忠于自己的国家、民族和集团。这两者是统一的,都是说在任何情况下不背叛、不动摇,是一种富贵不能淫、威武不能屈的坚贞品质。这种品质反映在对朋友、知己、上司等个人之间的关系上,就谓之信义,反映在处理敌对的国家、民族、集团之间关系上,谓之气节。这是先秦以来中国人,尤其是士大夫阶层的优良传统。秦汉时期,随着经济、文化的发展,讲气节,重信义成为普遍的社会风气。既为广大群众所推崇,也被统治阶级所提倡。

---

① 林剑鸣等:《秦汉社会文明》,西北大学出版社1985年版,第378页。

如秦汉时的季布重然诺,时人传说"得黄金百,不如得季布诺"①,可见其讲信义的精神。

讲信义的另一种表现是忠于职守,忠于友情。其中最足以看出这种品质的是鲁迅先生曾经慨叹中国所缺少的"抚哭叛徒的吊客"的行为②。秦汉时期这种情况则是屡见不鲜的。像栾布之哭祠彭越,孔车之收葬主父,云敞之棺殓吴章,郑弘之为焦贶讼罪,廉范之独殓薛汉,桓典之弃官殓王吉,乐恢之为被诛故太守奔丧行服,胡腾之殡葬窦武,朱震之弃官收陈蕃尸,赵戬之弃官营王允丧,以及郭亮、董班收李固尸,杨匡收杜乔尸,脂习收孔融尸等等,均是其例。

这种忠贞不渝的品质反映到对自己的国家、民族、集团关系上就表现为气节、名节。秦汉人重气节的风气也十分突出。最著名的莫如苏武出使匈奴、持节不悔的事迹③。其实类似苏武这样重气节、轻生死的人,是不胜例举的,如田横及其五百壮士耻事汉王,全部壮烈自尽④,张骞通西域途中被匈奴扣留10余载,终于设法逃回⑤等等。还有更多的人表现为不贪财、不恋官,而注重名节。例如杨震子常疏食步行,其故旧长者或欲为开产业,震不肯,回答说:"使后世为清白吏子孙,以此遗之,不亦厚乎!"⑥在秦汉史籍中,每每还可以看到官吏贫穷、恭俭、家无余财、力行清洁的记载。如朱建、李广、郑当时、汲黯、公孙弘、张汤、盖宽饶、王良、董宣等等。东汉末年的"党人",大部分是一些重名节、不恋官位的"节士"、"征君"。他们有的动辄去官,如范滂

① 班固:《汉书·季布传》。
② 《鲁迅全集》第3卷,人民文学出版社1972年版,第444—445页。
③ 班固:《汉书·李广苏建传》。
④ 司马迁:《史记·田儋列传》。
⑤ 班固:《汉书·张骞李广利传》。
⑥ 范晔:《后汉书·杨震列传》。

任光禄主事时,"执公仪"到光禄勋陈蕃家去,陈蕃未加制止,"滂怀恨,投版弃官而去";宗慈任修武令时,因"太守出自权豪,多取货赂",便弃官去;巴肃"初察孝廉,历慎令、贝丘长,皆以郡守非其人,辞病去",等等,皆其例。有的不应征辟,如张俭被"大将军、三公并辟,又举敦朴,公车特征,起家拜少府,皆不就";刘淑被"州郡礼请,五府连辟,并不就",又被司徒举贤良方正,亦"辞以疾"①;徐稺为郡"礼请署功曹","既谒而退","举有道,家拜太原太守",不就,"桓帝乃以安车玄纁,备礼征之,并不至",又"为太尉黄琼所辟,不就"②;姜肱"隐身遁命,远浮海滨",以避征聘③,等等,是其证。

值得注意的是,这种讲信义、重名节的品质不仅为社会上多数人所推崇,而且为统治者所提倡,即使是与其为敌者,亦不计较。如田横之不降汉而自刭,汉高祖反敬其气节,"以王者礼葬田横"④;栾布公然抚叛将彭越尸,"祠而哭之",刘邦终不加罪,反而"拜为都尉"⑤。就连少数民族统治者,亦是如此。如苏武坚持不降匈奴,欲引佩刀自刭,匈奴单于"壮其节,朝夕遣人候问"⑥。相反,那些卖主求荣的变节者,所得到的则是鄙弃和惩罚。如季布之母弟丁公为楚将,在楚汉战争中多次从危急中徇情放走刘邦,项羽失败后,他谒见刘邦,自以为有功,不料却被刘邦杀掉,刘邦向军中宣布说:"丁公为项王臣不忠,使项王失天下者,乃丁公也","后世为人臣者无效丁公!"⑦正是由于社会舆论的推崇和统治者的提倡,所以秦汉时期,尤其是两汉,讲信义、重气节

① 范晔:《后汉书·党锢列传》。
② 范晔:《后汉书·徐稺传》。
③ 范晔:《后汉书·姜肱传》。
④ 司马迁:《史记·田儋列传》。
⑤ 司马迁:《史记·季布栾布列传》。
⑥ 班固:《汉书·李广苏建传》。
⑦ 司马迁:《史记·季布栾布列传》。

成为时代风尚。①《后汉书·党锢列传序》曾概括地叙述这一风尚的形成过程云：

> 及汉祖杖剑，武夫勃兴，宪令宽赊，文礼简阔，绪余四豪之烈，人怀陵上之心，轻死重气，怨惠必雠，令行私庭，权移匹庶，任侠之方，成其俗矣。自武帝以后，崇尚儒学，怀经协术，所在雾会，至有石渠分争之论，党同伐异之说，守文之徒，盛于时矣。至王莽专伪，终于篡国，忠义之流，耻见缨绂，遂乃荣华丘壑，甘足枯槁。虽中兴在运，汉德重开，而保身怀方，弥相慕袭，去就之节，重于时矣。逮桓灵之闲，主荒政缪，国命委于阉寺，士子羞与为伍，故匹夫抗愤，处士横议，遂乃激扬名声，互相题拂，品核公卿，裁量执政，婞直之风，于斯行矣。

看重气节的伦理情操表现在人与人关系的处理上，就是重信义的交友之道。

在先秦时期，"交"和"友"已是一种重要的社会规范，如《周易》强调"交"的分层性意义："君子上交不谄，下交不黩"；"二人同心，其义断金。同心之言，其臭如兰"。《礼记》则强调"交"、"友"的性质和功能："君子之交淡如水，小人之交甘如醴，君子淡以成，小人甘以坏"；"独学而无友，则孤陋而寡闻。"到汉代，"交"和"友"进一步被明确为具有相互协助与支援的义务和责任。当时权威性的字书《说文》与《释名》分别给予"友"如下的解释：

> 友，爱也，同志为友。

---

① 林剑鸣等：《秦汉社会文明》，西北大学出版社 1985 年版，第 374—376 页。

友,有也,相保有也。

的确,在汉代"友"的意义被升拔到与君臣、父子、兄弟同等重要的伦理层面,"友"的理论含义被士人一次又一次地总结。刘歆《新议》强调人与人的相交犹如"唇齿相济",其意义不仅在于"夫交接者,人道之本始,纪纲之大要,名由之成,事由之立",也在于"才非交不用,名非交不发,义非交不立",即友谊是社会根本的制衡因素。班固主持撰述的《白虎通义》说:"朋友之道有四焉,通财不在其中,近则正之,远则称之,乐则思之,患则死之。"仲长统的《昌言》指出:"幽闲则攻己之短,会同则述人之长,负我者我加厚焉。未有与人交若此而见憎者也。"这一系列的理论概括来自汉代社会的现实土壤。

汉代社会看重的交友之道是以"义"相系,"义"作为朋友相知相交的首要前提浸满着坦诚与真挚。洛阳人庆鸿慷慨好义,与其素昧平生的名士廉范毫不犹豫与之结为生死之交。"义"犹如一张无形的大网,把一个又一个年龄、地位、地域相近或差异颇大的人们,紧紧联系在一起。对友谊的叛卖的谴责,甚至超越了现实的政治价值。在平定诸吕叛乱时,郦寄把掌握禁卫军大权的好友吕禄骗出城外,周勃等人得以调动军队消灭吕氏家族。尽管人们对吕氏集团没有好感,但仍然送给立了大功的郦寄一个分量很重的评词:"卖友"。其中的轻蔑与厌恶是不言而喻的。

"义"意味着在朋友及其家人困苦危难时挺身而出,全力相助,无论这困苦危难是由自然因素造成,还是来自社会政治因素。董奉德病故洛阳,其友任末正在当地教书,他立即放下书来,亲自推车,把董的遗骸送回故土安葬。陈蕃被宦官集团处死,他的友人朱震此时正担任县令,他不顾自己的仕途,不顾黑暗政治可能给自己带来的生命危险,弃官掩埋陈蕃尸体。稍晚的时候出现了一桩延续了几十年的友情故事:汉末蜀地犍为人杨恭死后,留下幼子老母,他的少年好友张霄把

难谋生计的祖孙二人接到自己家中，像对自己亲人一样照料他们。杨子长大，张奋又为他娶媳买田。即使是交往不多的人，一旦以朋友之道相通，也在生活中履践友情之道。两汉之际，南阳人张堪与朱晖同在太学，二人虽以友相待，张曾把臂向朱晖托付妻子儿女，但往来稀疏。以后张、朱两人天各一方，没有任何联系。多年后南阳遭灾，已是太守的朱晖闻讯立即赶往张家，给饥寒交迫中的张妻送去活命的食物。

　　"义"意味着严守信义。汉代发生了许多在后人看来不可思议的故事，山阳（今山东金乡）人范式与妆南（今河南上蔡）人张劭在太学中结为友人，离开太学时，范式告诉张劭两年后要去张家拜见其父母家人。二人约定日期。至时范果然来到张家。后来张劭病重，临终前说，恨不得见好友。说来也奇，也在此时范式梦见张劭来访，告诉他自己已死，某日要下葬。范式醒后，悲痛万分，不顾家人劝解，立即赶到汝南，参加了好友的葬礼。① 范式感梦也许是思友心切而产生的某种心灵感应，不过我更愿意把这个神奇的故事理解为掺入了记述者的渲染附会。感应也罢，附会也罢，这个故事的出现及其叙述方式的表达，都反映出汉代人交友重"义"的时代特色。

　　"义"意味着摈除了尊卑贫富的俗见。当时虽有"贵易交"的说法，但受到人们高度评价的却是"贫贱之知不可忘"②。光武帝刘秀用"贵易交，富易妻"的谚语劝宋弘弃妻，宋弘马上用"贫贱之知不可忘，糟糠之妻不下堂"的谚语进行反击。这两条谚语的同时出现，至少证明当时两种世风的交织。东汉人公沙穆是太学生，他与养猪人吴佑一见如故，结为挚友，史称"为交于杵臼之间"。③

---

　　① 范晔：《后汉书·独行列传》。

　　② 范晔：《后汉书·宋弘列传》。

　　③ 范晔：《后汉书·郭泰列传》。

　　"义"意味着对友情的执著。西汉人朱邑"笃于故旧"即对老友忠厚得到时人称道。汉魏时人曹植为旧友相别热泪奔涌，他的一首《离友诗》道出无数汉人的心声，"王旅游兮背故乡，彼君子兮笃人纲。腾予行兮归朔方，驰原野兮寻旧疆"，"展宴好兮惟乐康"。

　　与此密切相关的是，为汉代人所普遍认同的报恩意识。梁鸿的《思友诗》把友情与恩德紧紧联系在一起："鸟嘤嘤兮友之期，念高子兮仆怀恩。"汉代人认为，"恩"虽有大小，其意义却并无不同，即使是一餐饭的恩德，也应报答。在楚汉相争最关键的时刻，项羽派人劝说手握重兵的韩信叛汉，遭到拒绝。韩信唯一也是最有力的理由是：他在项羽手下官小禄薄，而刘邦重用他为上将军，对他言听计从，亲如一家。他动情地告诉楚方使者："夫人深亲信我，我背之不祥，虽死不易！"报恩不仅具有道德的本来意义，还被附着上一层神秘的色彩，这无疑强化了报恩的内涵。

　　从汉代历史看，相当多的报恩活动是由地位较高者或正在显赫者施行的，这表明尊卑的差异被这种行为所稀释淡化。西汉中期，监狱小吏张贺保护了年幼的刘询。十几年后，当刘询即帝位（即汉宣帝）时张贺已死，皇帝深念旧恩，赐爵张家后人。东汉左冯翊衡农贫贱时曾受到庞勃的照应，他为报恩德，推荐庞任官至太守。与以"义"交友一样，报恩也意味着不惧危难。《后汉书·公孙瓒列传》记载了一件发生在东汉末年的故事：家境贫寒的辽西郡（郡治在今辽宁义县）人公孙瓒受到太守赏识，并成为太守的门婿。几年后太守犯事被押往洛阳。汉法规定，本郡官吏不得随往。公孙瓒脱去官服，诈称是太守的侍卒，随囚车去京城。朝廷把太守流放日南郡（今越南北部），这里在当时人们的眼中是传染病流行的荒凉去处，对久居塞北的公孙瓒来说更是神秘可怖，但他抱定必死信念，再次毅然随恩人上路。值得注意的是，虽然有的"恩"并未接受，但仍被人感念心中。东汉时，黄琼请以"仁让"闻名天下的徐稺出山任官，被徐谢绝。黄琼死后，徐稺竟负笈步行三千余里来到

黄琼墓前,洒酒祭奠。另一些特殊的事例则显示,报恩可以成为循环行为。《汉书·张苍传》载,王陵对张苍有救命之恩,及至张苍宦途发达,依然像对父亲一样侍事王陵。在张苍看来这同样是一种"恩",因此,王陵死后,官居丞相的张苍在休假时,必先去看望王陵夫人,然后方回家。这一切都展示出报恩观念深入汉代人心。

6.开放松弛的两性关系

在汉代,两性的交往不似唐代以后那般压抑和拘谨,在理学家眼中被视为越过"男女大防"之限的许多表现,在当时习见不怪。

秦汉男女交往比较随便,女子可以和男子一起宴饮。这在社会上层和下层中都相当普遍。如西汉初,高祖刘邦还于沛,置酒于沛宫,沛地男子和女子"日乐饮极欢"。① 文帝和窦皇后、慎夫人在上林苑中饮酒,也要让侍郎袁盎于旁作陪。东汉后期,琅邪有种习俗是:"倡优男女杂坐"。② 夏侯惇在出任陈留太守后,与官属及妇人一起饮酒作乐。③ 成都市郊和河南密县打虎亭出土的"宴饮观舞"画像砖,也生动展现了这样的场面。

男女结伴同路而行也是正常之事。如东汉末年,简雍与刘备巡游时"见一男女行道"④。有时还出现陌生男女路上相逢,相互询问,以致产生好感的情形。《汉乐府·相逢行》形象地描述说:"相逢狭路间,道隘不容车。如何两少年,夹毂问君家。君家诚易知,易知复难忘。"男女同车而行也是正常行为。相传,东汉人糜竺乘车归家,"未达家数十里,路旁见一妇人,从竺求寄载,行可数里,妇谢去"⑤。

① 班固:《汉书·高帝纪》。
② 应劭:《风俗通义·怪神》。
③ 陈寿撰,裴松之注:《三国志·魏书·卫臻传》。
④ 陈寿撰,裴松之注:《三国志·蜀书·简雍传》。
⑤ 陈寿撰,裴松之注:《三国志·蜀书·糜竺传》注引《搜神记》。

女子可以单独会见男宾。如淮南国中大夫及医者,共饮于医家①。山东临沂金雀山九号汉墓第四组帛画中,画面上有一男一女,男子是医生,在向女主人问候。1980年山东出土的汉画像石上刻画一座二层楼房,房中女子正襟危坐,其左有二男子拜谒。男子身后跟一女子,手持一棵珠树。下层为车骑行列图。这显然是男子进入闺阁之中拜访女主人的场景,它是现实生活的写照。

婚姻比较尊重女子本人的意愿,非如后世专由父母包办。这类实例比较普遍,像阳信长公主改嫁大将军卫青,即由她自寻对象;再如光武姊湖阳公主自择欲嫁宋弘,亦堪称典型之例。

性禁忌和节烈观比较淡薄,翻开秦汉史籍,每每可以发现婚外发生性关系的记载。如果把时间稍微上溯一点,似还可以看到更惊人的例子。像在秦国历史上左右政局达41年之久的宣太后,便曾公开与戎王义渠君姘居,还生有二子;她临死时,竟又嘱咐把男宠魏丑夫殉葬。秦汉时两性关系少节烈观,还反映在妇女再嫁上,当时寡妇再嫁及男子娶再嫁之妇,都是极平常之事,甚至贵为皇帝、太子,亦不讳娶再嫁之妇。如成帝将已适人之王凤小妇弟张美人纳后宫,景帝为太子时纳已生育的金氏妇等。鲁迅先生曾指出:“由汉至唐也并没有鼓吹节烈。直到宋朝,那一班‘业儒’的才说出‘饿死事小,失节事大’的话,看见历史上‘重适’两个字,便大惊小怪起来”。② 上述各种观念和现象自然不限于王公贵族特有,被统治的广大劳动人民当然也有。

性在汉代人的眼里,远不似后代那样神秘、“肮脏”,甚至对之带有莫名的恐惧,遗留至今的大量的汉代裸体画像就是一个厚重的佐证。成书于清代的《石索》一书,录有东汉山东嘉祥武氏祠的祥瑞图。在一块花鸟交错、树木挺拔的画面上,两个裸体青年相互追逐,且舞且跳,

① 班固:《汉书·英布传》。

② 《鲁迅全集》第1卷,人民文学出版社1973年版,第109页。

煞是生动自然。20 世纪 30 年代,法国考古学家色伽兰在四川发现许多东汉时代雕刻于石上的裸体人像,裸者有男有女,"互相斗戏,生动之尤,虽在墓所亦然。"①20 世纪末,西汉长安城遗址出土数量众多的裸体男女塑像,塑像表面涂有肉红色,与人体的自然颜色十分相仿;人体各部位均成比例,形体构造逼真。② 洛阳西汉壁画墓门额上有裸体长发女子横卧于树下,绘制逼真,形象也颇为生动;江苏涟水三里墩西汉墓出土了三件裸体铜制人俑,从人形象看是一男二女,其形象的逼真程度也绝非写意之作;南阳出土的画像石上有一男子,动作甚为活泼,又似裸体;山东曲阜颜氏乐园的汉画像石中一石上左右各雕刻三人,其中两人裸体相搏,情趣颇为生动;广西贵县东汉墓中,出土一件裸体男子承灯俑,男子肌肉丰满,面目安详。显然,这些艺术品均无鄙薄裸体者之义,毋宁说洋溢着褒扬赞许的气息。马王堆汉墓出土的《十问》、《合阴阳》二书,冷静自如地叙说了男女交合的程序与乐趣。比司马迁远为循从正统的班固家族在《汉书·艺文志》中也毫不羞涩地写道:"房中者,情性之极,至道之极","乐而有节,则和平寿考"。在汉代人的心中,两性之间的欢愉是一曲欢乐的生命颂歌。

与此密切关联的另一社会现象,是汉代人对婚姻所拥有的某种程度的自主权。汉代一个核心家庭的婚姻决定权往往按父、母、兄姐和本人四个层次递减,一般来说,当父、母和兄姐都不在世时,当事者本人可以不考虑家族其他年长成员的意见,对自己婚姻具有决定权。汉代发生的一些出人意表的婚姻选择都与个人意愿有关。东汉女子张雨在父母故去后,为抚养幼弟,断然决定独身终生;才华横溢、一表人材的诸葛亮,在颇重容貌的社会氛围中,与黄家"丑女"结婚。事实上,即使父母诸亲在世,子女对自己的婚姻也有建议权。西汉时出现过两

---

① 色伽兰:《中国西部考古记》,中华书局 1955 年版,第 10 页。
② 毕初:《汉长安城遗址发现裸体陶俑》,《文物》1995 年第 4 期。

例个案：平阳公主与前夫离婚后，自择早年的家奴、如今的大将军卫青为夫，并得到武帝批准。女子孟光拒绝父母选择的夫婿，直至30岁仍然不婚，并告诉父母，要嫁就嫁梁鸿。父母依从了女儿心愿。① 平阳公主是皇族成员，孟光是平民百姓，可见这种情形是当时的常态。正是在这种两性关系较为松弛的社会氛围中，人们对自己情感的表达才无矫揉做作之态，才显得那样真挚直率动人。汉乐府《上邪》唱道：

上邪！我欲与君相知，长命无绝衰。

山无陵，江水为竭；

冬雷震震，夏雨雪，天地合

——乃敢与君绝！

原始婚俗在汉代婚姻结构中占有重要位置。这些习俗有：舅辈与外甥女辈之间的婚姻关系，汉惠帝张后即是其姐鲁元公主的女儿。姨母辈与外甥辈之间的婚姻关系，成帝时中山孝王娶其表姨母为妻。表叔辈与表侄女辈之间的婚姻关系，汉初赵王刘恢娶其表侄女吕氏为妻。在当时的燕赵地区，甚至还有宾客路过、以妇侍宿以及一妻多夫的现象。这既是儒家"仁"、"礼"文化尚未无孔不入的一个证明，也是瓦解"仁"、"礼"文化的一种因素。

也正是在这种松弛的社会氛围中，在后世被认为毁乱纲常名教的女子改嫁和再嫁也被汉代社会所容许。秦末汉初，外黄某富人之女主动与丈夫离异，继又改嫁张耳。汉末魏初，曹操专门撰文，令其妻在他死后"皆当出嫁"。在那些岁月里，女性离婚一两次并非罕事，改嫁次数最高记录保持者是秦汉之际阳武（今河南原阳）女子张氏，她先后结婚六次——这个数字无论在哪个社会都应是很高的频率——最后一

---

① 彭卫：《汉代婚姻形态》，三秦出版社1988年版，第四章。

位丈夫是汉初三杰之一陈平。离异的女子觅夫不难,有的甚至改嫁皇帝,武帝之母景帝王皇后就是一位离异过的女子。而武帝即位后得知自己还有一个同母异父的姐姐,十分高兴,马上驾车亲自迎接,口中高喊:大姐! 怎么不出来? 成帝久无子嗣,大臣谷永一急之下,上书劝皇帝找能生孩子的女人,不要管她是否曾经结婚。他的建议被作为官方档案中的重要文件,最后保留在《汉书·谷永传》里。一些相反的事例恰好证明了改嫁观念的深入人心。汉武帝时,蜀地大商人卓王孙曾坚决反对女儿改嫁,但进一步分析,卓王孙所愤慨者,乃是女儿一夜相识便私奔与自己家庭贫富悬殊的穷书生司马相如。一当相如扬名于朝廷,得宠于武帝,这位势力的大商人不仅深感幸运,还嫌女儿嫁给司马相如太晚了。男子也不以娶离婚女或寡妇为耻。在一个社会中,如果施行女子"从一而终"和"夫死不嫁",则应同时主张并施行男子也不娶寡妇或离婚女。但在汉代婚姻关系中,男子娶离婚女及寡妇的现象十分普遍,不仅广泛见诸平民阶层之中,而且在皇族和贵族中也颇为常见。如汉高祖刘邦的薄夫人初为魏王豹妻,汉军破魏杀豹后,"有诏纳(薄氏)后宫"。有趣的是,东汉末年的曹丕、刘备、孙权——以后分别成为魏、蜀、吴的第一代皇帝——都曾以寡妇为夫人。男子可以休妻,女子也同样可以休夫。①

上面的勾勒,只是秦汉时代人们精神风貌的一幅简略的、静态的平面图画。实际上,从纵向看,秦汉人的精神风貌并非一以贯之,而是随社会大趋势的发展变化,大体经历了由雄放粗豪到温敛精细,由任侠尚武到崇儒重文的历史变化。但这种变化在四百余年的历史长河里毕竟是微乎其微的,秦汉在总体上仍然是一个完整的文化时代,有着相似的精神风貌和精神特质。这种精神风貌和精神特质不仅为秦汉审美文化提供了成长壮大的精神氛围或精神气候,而且为其独特风

---

① 彭卫:《古道侠风》,中国青年出版社 1998 年版,第一章。

貌奠定了价值论和心理学的雄厚基础。

(六)阴阳五行的宇宙观或思维模式

汉代是我国历史上一个多种文化百川归海、整合会通的时代。它完成了先秦诸子文化的整合、地域文化的整合和中外文化的整合等多重文化的整合,形成了天地人大一统大和谐的思想文化体系。这种早在春秋战国就已开始的走向大一统的新的思想融合,在宇宙论方面表现得尤为突出。《管子》、《庄子》中的气的思想,《老子》、《庄子》中的道的思想,《周易》中的阴阳思想,《尚书·洪范》和邹衍的五行思想,经过《吕氏春秋》,《淮南子》,到《春秋繁露》,气、阴阳、五行、十端,终于融合成一个统一的宇宙理论:"天地之气,合而为一,分为阴阳,判为四时,列为五行。"①"天有十端,十端而止已。天为一端,地为一端,阴为一端,阳为一端,火为一端,金为一端,木为一端,水为一端,土为一端,人为一端。凡十端而毕,天之数也。"②整个宇宙可以从整体上把握为一,又可以从基质上把握为二(阴阳),还可以把握为四(四时、四象)、五(五行),扩展为八(八卦)、为十(十端),衍展为六十四(六十四卦),为万物。整个宇宙构成了一个有秩序、逻辑、层次又可伸缩、加减、互通、互动的整体。这特别明显地在五行层次上透露出来:

	色	味	音	季节	方位	位置	情	内脏	道德	神	帝……
木	青	酸	角	春	东	左	怒	肝	仁	句芒	太皋……
火	赤	苦	徵	夏	南	上	喜	心	礼	祝融	炎帝……
土	黄	甘	宫	长夏	中	中	思	脾	信	后土	黄帝……
金	白	辛	商	秋	西	右	忧	肺	义	蓐收	少皋……
水	黑	咸	羽	冬	北	下	恐	肾	智	玄冥	颛顼……

① 董仲舒:《春秋繁露·五行相生》。
② 董仲舒:《春秋繁露·官制象天》。

　　这里我们看到一张宇宙的相互联系网络图。既有竖直向上的种类事物(天文、地理、时间、空间、颜色、声音、气味、人体、道德、鬼神等等)的分门别类的联系,又有横向跨越事物分类而从根本性质(五行)上的交通,正是在这个基础上,构成了生理与心理的相通,情感与道德的互渗,色、声、味的趋同,自然与社会的互动,时空的合一,抽象与具体的互转,人与鬼神帝的同质,一句话,天人的互感。特别要强调的是董仲舒的这套宇宙体系,不纯是一个自然界的体系,而是把社会、政治、道德、法律、文艺融入其中的天人互动体系:

　　　　王者配天,谓其道。天有四时,王有四政,四政若四时,通类也。天人所同有也。庆为春,赏为夏,罚为秋、刑为冬。庆赏罚刑之不可不具也,如春夏秋冬不可不备也。①

　　　　夫木者,农也。农者,民也。不顺如叛,则命司徒诛其率正矣。故曰金胜木……夫土者,君之官也,君大奢侈,过度失礼,民叛矣,其民叛,其君穷矣。故曰木胜土。……金者,司徒,司徒弱,不能使士众,则司马诛之,故曰火胜金②。

　　　　天有五行,木火土金水是也。木生火,火生土,土生金,金生水。水为冬,金为秋,土为季夏,火为夏,木为春。春主生,夏主长,季夏主养,秋主收,冬主藏。藏,冬之所成也。是故父之所生,其子长之,父之所长,其子养之,父之所养,其子成之。③

---

①　董仲舒:《春秋繁露·四时之副》。
②　董仲舒:《春秋繁露·五行相胜》。
③　董仲舒:《春秋繁露·五行对》。

在《史记·天官书》和《黄帝内经》里,我们可以看到气、阴阳、五行、八卦、万物在天文和人体中详尽的展开。对此顾颉刚先生曾精辟地指出:阴阳五行观念是"汉代人的思想的骨干","是汉人的信条,是他们的思想行事的核心,我们要了解汉代的学术史和思想史时就必须先明白这个方式。"①汉代的这种气、阴阳、五行、八卦、万物互感互动的宇宙图式既为汉代艺术容纳万有的特点提供了哲学基础,又为其大气磅礴奠定了内在逻辑构架。②

(七)"大一统"下士的使命和命运

士在先秦时代崛起后,就在政治与文化这两方面扮演了双重的角色:他们既是支撑着古代官僚制度的骨干力量,"学而优则仕",成为官僚的后备军,同时,又在物质生产与精神生产的分工中担负了精神文化包括审美文化的创造与传播的主要任务,所以中国审美文化与士的关系极为密切。

春秋战国时代,在领主经济濒临崩溃,封君政治走向没落的过程中,贵族领主垄断文化知识的时代结束了,而士阶层则开始活跃在社会文化转型期的历史舞台上。

士阶层的出现,是以血缘宗法为纽带的贵族社会世卿世禄制度衰落的结果,也是"竹帛下庶人",变官学为私学的产物。早在春秋时代,就已经出现了所谓"私学",孔子就曾在鲁国创设了规模很大的私学,聚徒讲学,据传弟子先后三千多人,发展成为儒家学派。这种"学下私人",打破了贵族对文化的垄断,为士阶层的出现和发展创造了条件,其作用与意义正如章太炎所说,它使"九流自此作,世卿自此堕"③。

① 顾颉刚:《秦汉的方士与儒生》,上海古籍出版社1998年版,第1、4页。
② 彭吉象主编:《中国艺术学》,高等教育出版社1997年版,第28—29页。
③ 章太炎:《检论·订孔》(上),载刘梦溪主编:《中国现代学术经典·章太炎卷》卷三,河北教育出版社1996年版。

到了战国时代,士阶层已成为政治上和思想文化领域中的一支重要力量,他们在"王道既微,诸侯力政"的形势下,以救世为己任,参与政治与文化实践,形成了这一阶层以思想、道德、智慧、才能与爵位财富相抗衡的价值观念和人格精神。

战国时代的士大体可分为两类:一类是学理型的,他们擅长著书立说,布道施教,提出各种思想理论和解决社会问题的方案,争鸣的诸子,横议的处士都属于这一类;另一类则是实践型的,他们擅才智、多谋略,知利害,有辩才,法家与纵横家中的某些人物如商鞅、李斯、苏秦、张仪等就是这类士的代表。大体说来,战国之士可分为文化精英与政治精英,两者有密切联系,而无论哪一类型的士,他们都在当时政治与文化实践中张扬了个性,充分地表现出自己的创造才能。

秦汉大一统时代,士阶层已成为与政权建设和文化选择密切相关的力量,为专制君主所特别重视。

由秦汉开始的适应于大一统政治局面而形成的官僚制的政治结构和文官行政制度,为士阶层在政治与文化上发挥其作用提供了现实条件,但秦王朝统治时间短暂,实行极端专制主义,"以吏为师",专任法术之学,打击甚至坑杀非议执政的儒士,未能有效地行使文官行政制度,以维护大一统的统治。而汉代统治阶级则有效地行使了文官行政制度,重视士在政权建设和文化建设中的作用。

两汉士人是在天下一统、国家强大、君臣之序分明的形势下从事政治、文化活动的。一方面,他们的视野和胸怀比前人更开阔,如董仲舒春秋大一统思想,《淮南子》综合百家的气魄,《史记》"究天人之际,通古今之变"的历史哲学,霍去病"匈奴未灭,何以家为"的气概,张骞的探险精神,苏武的气节品德都表现出在思考的眼光和任重道远的志向上,在功业的追求上和坚韧不拔的毅力上,已大大超过了先秦士人。在中国这样一个地域辽阔,人口众多,风俗差异很大的国度,要建立一个统一的王朝,没有一批出生于士阶层的

官僚的深谋远虑、文韬武略和他们提供的统一的政治与文化指导思想,那是难以想象的。统一强盛的帝国,比以往任何时候都更能激发士人立功立言的人生追求。因而,他们自然会情不自禁地述颂那个给他们提供了建功立业舞台的大一统时代;但是另一方面,皇权专制政治与帝王驭士之术,又极大地压抑了士的个性,限制了他们才能的发挥。就在士人通经致仕得到恩遇的同时,却被夺去了他们往昔的自由与风采而成为秩序井然的大一统政治中的一种工具。特别是,在专制皇权政治中,不仅君主个人的素质对士的遇与不遇、进退出处起着决定性的作用,而且,外戚、宦官、近臣、权贵的控制政廷,豪门阀阅的垄断仕途,统治阶级内部的倾轧,都是政治中经常起作用的因素而且直接影响着士人的命运。因而,"悲士不遇"作为渴望建功立业的另一种情绪和声音,不仅鸣响于汉家盛世,使董仲舒、司马迁等人均抒发了这种"莫随世而轮转"、"慎志行之无闻"的悲愤,而且,东方朔、扬雄、班固等更以自嘲的形式,深刻揭露了大一统时代士的两难命运,其中东方朔的《答客难》尤有代表性:

客难东方朔曰:"苏秦、张仪,一当万乘之主,而都卿相之位,泽及后世。今子大夫修先王之术,慕圣人之义,讽诵《诗》、《书》、百家之言,不可胜数,著于竹帛,唇腐齿落,服膺而不释,好学乐道之效,明白甚矣。自以智能海内无双,则可谓博闻辩智矣。然悉力尽忠以事圣帝,旷日持久,官不过侍郎,位不过执戟,意者尚有遗行邪? 同胞之徒,无所容居,其故何也?"

东方先生喟然长息,仰而应之曰:"是固非子所能备也。彼一时也,此一时也,岂可同哉? 夫苏秦、张仪之时,周室大坏,诸侯不朝,力政争权,相禽以兵,并为十二国,未有雌雄。得士者强,失士者亡,故谈说行焉。身处尊位,珍宝充内,外有廪仓,泽及后世,子孙长享。今则不然。圣帝流德,天下震

慑,诸侯宾服,连四海之外以为带,安于覆盂。动发举事,犹运之掌,贤不肖,何以异哉?遵天之道,顺地之理,物无不得其所。故绥之则安,动之则苦;尊之则为将,卑之则为虏;抗之则在青云之上,抑之则在深泉之下;用之则为虎,不用则为鼠;虽欲尽节效情,安知前后?夫天地之大,士民之众,竭精谈说,并进辐辏者不可胜数,悉力慕之,困于衣食,或失门户。使苏秦、张仪与仆并生于今之世也,曾不得掌故,安敢望常侍郎乎?传曰:'天下无害,虽有圣人,无所施才;上下和同,虽有贤者,无所立功。'故曰时异事异。"

这里揭示了战国士人与汉代士人处于完全不同的社会环境,苏秦张仪之辈之所以"身处尊位",是因为他们生活在一个"得士者强,失士者亡"的诸侯争霸的时代,其才干有充分施展的机会;而在天下一统,诸侯慑服的汉代,一切都秩序化了,都在高度集权而又法典化了的轨道上运转,逸出这个轨道,就会大祸临头,在这种情况下,士的个人作用自然难以发挥。

汉代的"察举"给了士人以致仕的出路,但是这种人才选举制度是服务于大一统的政教,强调的是所谓"德行",与战国时代唯才是举的取士标准也大不相同,扬雄的《解嘲》对比了战国与两汉取士的差别:

往者周罔解结,群鹿争逸……士无常君,国无定臣,得士者富,失士者贫……今大汉左东海,右渠搜,前番禺,后陶塗……散以礼乐,风以《诗》、《书》,旷以岁月,结以倚庐,天下之士,雷动云合,鱼鳞杂袭,咸营于八区。家家自以为稷、契,人人自以为咎由。戴縰垂缨而谈者,皆拟于阿衡,五尺童子,羞比晏婴与夷吾。……旦握权则为卿相,夕失势则为匹夫,譬若江湖之雀,勃解之鸟,乘雁集不为之多,双凫飞不为之少

……乡使上世之士处乎今,策非甲科,行非孝廉,举非方正,独可抗疏,时道是非,高得待诏,下触闻罢,又安得青紫?

东周以来周纲解纽,礼崩乐坏,士无常君,国无定臣,在这种情况下,士有自由选择的余地,而现在天下一统,汉家取士专重经术和德行,致使此类人物天下皆是,在这种秩序分明的社会中,人人都是礼乐、诗书教化出来的贤才,甚至连小孩子都羞比管仲、晏婴这类智能型的人物。专制皇权政治下的人才任用,使士"且握权则为卿相,夕失势则为匹夫",人才之众,好比沙渚上的群雁,多一只不为多,少一只不见少。战国时代那些智能之士如果处于当今之世,用今天的选拔标准衡量,"策非甲科,行非孝廉,举非方正",又怎能得到尊贵?

专制的皇权政治,秩序分明的社会,使帝王拥有无限的权力,士与帝王的关系,如东方朔在《答客难》中所说:"尊之则为将,卑之则为虏,抗之则在青云之上,抑之则在深泉之下,用之则为虎,不用则为鼠。虽欲尽节效情,安知前后?"武帝时代主父偃由重用到被杀,司马迁因李陵之祸下狱惨遭宫刑,都是显例。专制皇权政治中士人的这种命运,使一些人产生了"隐退自保"的心理,东方朔晚年作《诫子》云:"明者处世,莫尚于中,优哉游哉,与道相从,首阳为拙,柳下为工,饱食安步,以仕代农,依隐玩世,诡时不逢。才尽身危,好名得华,有群累生,孤贵失和,遗余不匮,自尽无多。圣人之道,一龙一蛇,形见神藏,与物变化,随时之宜,无有常家。"这是东方朔终其一生对当时士人身世遭遇和自己坎坷不遇悲辛经历的总结。扬雄生活在西汉哀平之际,其时政坛纷乱,士人命运多舛,故在《解嘲》中也提出了士人当清静自守:"攫挐者亡,默默者存,位极者宗危,自守者身全,是故知玄知默,守道之极,爱静爱清,游神之廷,惟寂惟寞,守德之宅。"至东汉时代随着外戚、宦官、权贵的控制政廷,统治阶级内部倾轧的加剧,在相当一部分士人中滋生了这种退隐自保的心理。东汉张衡的《归田赋》,更向往怀

慕山林田园的幽趣,以逸情林泽表现对政治的回避。由建功立业的豪情,到"悲士不遇"的感喟,再到退隐不仕的人生选择,这反映了皇权政治中士人依违两难的处境。

　　总之,在大一统政权下的两汉士人,一方面他们可以凭借征辟、察举等途径进入仕途,不必像战国时代的士人那样为求仕而奔走于诸侯国之间,但另一方面,他们又被束缚于专制皇权与既成的秩序之中,其政治思想、聪明才智和人格尊严亦因此受到压抑。中国古代社会中士与政权的关系,是在两汉时代奠定的,两汉士人既有建功立业的用世求仕之志,又有避祸全身的出世栖隐之想。仕与隐的结合,是士人常规的心理意念,反映了这一阶层的人生观、价值观的基本特征。中国古代士大夫的那种儒道互补的人生观,亦由汉代士人的政治文化践履而奠定。①

---

① 　赵明主编:《两汉大文学史》,吉林大学出版社 1998 年版,第39—43 页。

第 三 章
秦汉审美文化的
审美理想和基本特征

　　审美理想是审美意识对最高层次的美的宏观概括,表现为通过长期意象积累而相对稳定地凝聚在观念之中的一种审美精神模式,反映了审美主体对审美最高境界的自觉追求。它与审美精神、审美性质、审美风格、审美趣尚和审美形态等范畴有着深层的内在的多方面的联系。基本特征则是特定审美理想的独特性质的主要的外在表现。本章拟在上文对秦汉审美文化生态全面系统考察的基础上,把秦汉审美文化放在中国古代审美文化的整体特别是古代前期审美文化的整体轮廓中,通过与先秦、魏晋南北朝、隋唐审美文化的宏观比较,揭示秦汉审美文化的"壮丽"审美理想和现实与浪漫的统一、繁富与稚纯的统一、凝重与飞动的统一及美与善的统一四大基本特征。

一　中国古代审美文化的整体风貌

(一)中国古代审美文化的整体风貌

　　总的说来,中国古代美学属于古典主义美学范畴,以和谐为审美

理想。和谐理想的产生,有着深刻的社会根源。就经济基础来说,自给自足的自然经济和个体生产方式,使人们对大自然有一种天然的依赖关系,任何对自然的抗拒都意味着人类的灾难,因而在古代中国,人与自然的关系就被自发地看做是和谐统一的关系。就社会结构而言,奴隶社会和封建社会,虽然存在着个体与社会的矛盾以及阶级之间的分裂对抗,但是,与古希腊不同,中国古代私有制的建立,并不是以彻底摧毁原始氏族公社的一切关系尤其是宗法血缘关系为代价的。中国古代奴隶制更多地保留着原始氏族社会的古朴风习,同时,由于商品经济极不发达,人与人之间的关系还没有发展到由金钱支配一切的地步,阶级的分裂和对抗,总体上看也没有发展到如近代社会资产阶级与无产阶级两军对垒的尖锐激烈程度,还没有突破古典社会的和谐圈。因此,人际关系的和谐就成为天经地义、不可动摇的原则。就思维方式来看,中国古代依据"执两用中"的朴素辩证思维,既承认事物有对立有差别,但又更强调对立双方的相互依存、相互渗透、相辅相成,强调和谐统一。这种朴素的辩证法思想,就成为古典和谐美的哲学基础。由于中国古典美学以和谐为审美理想,所以,概而言之,中国古典美学只有两个基本范畴:壮美和优美,亦即所谓阳刚之美和阴柔之美。

就整个古代社会的基本审美理想来说,它强调的是中和,即以和谐为美。但就审美理想具体的现象形式来说,它在强调均衡、统一的前提下又表现为壮美和优美,或者说阳刚之美和阴柔之美两大形态。作为古典的美,二者与近代崇高相比,都是在对立中强调和谐,但相对来说,壮美和优美又各有特点。壮美是在和谐的统一体中包含有某种对立冲突的因素,即在直观上表现出某种动荡、严肃、奇伟、巨大、豪放、刚正等不和谐的状态和形式,但总体上并不给人以压抑和痛苦,而是给人以自由、愉悦的感受。这就与近代崇高有着质的区别。壮美的深层内涵是主体对客体的渴望和追逐。主体要求在对象界实现自己,

但遇到来自对象方面的某种抗拒,产生一定程度的对立和冲突。由于在古典美学中,主客体在本质上是统一的,并不存在深刻的分裂,因此,来自对象的抗拒必然会被克服,主体在对对象的把握和占有中显示出自己刚强伟大的人格和力量。由于壮美是在外向性的主客关系结构中呈现出来的,这就规定了壮美的艺术必然是偏于模拟和写实的,是"诗在画中",即表现统一于再现。优美与壮美不同,它所强调的是矛盾双方的均衡与和谐,因而一切动荡、对立的不稳定因素都被化解在宁静整一的和谐体中,从而表现出委婉、圆润、娇小、清丽、淡雅、自然等感性特征。它给人的感受不是壮美感中那种亢奋高扬的情绪,而是一种单纯、平和、愉悦的享受。优美的深层内涵,乃是主体在内向静守中同对象形成的自由关系。主体不是通过外向的追求来实现对象的和谐统一,而是在内心的自省、直觉的感悟中达到物我两忘,意境相融的境界,亦即在对对象的超越(即不执著)中达到同对象的统一。优美的这一特点,规定了优美的艺术必然是以表情写意为主,是"画在诗中",即再现统一于表现。也就是说,审美和艺术不再为对象的感性特征如形象、色彩、体积等所制约,而是自由地超越着它们,在其具体性、有限性之外寻求无限的韵味。①

古典主义的美学和艺术,总是把再现和表现朴素和谐地结合起来,表现艺术中有再现、模拟、写实的因素,再现艺术中有表现、抒情、写意的成分。虽然再现与表现的和谐统一是古典美的艺术的共性,但由于古代西方尚真,以发现世界的本质为最高境界,偏于美、真统一,强调艺术的认识作用,因此其艺术是偏于再现的艺术。在古代中国,由于人们偏于追求主体世界的善,以人格的完善为最高境界,强调美善结合,偏重艺术的伦理教化作用,因此,中国古代艺术是偏于表现的艺术。

---

① 周来祥:《论中国古典美学》,齐鲁书社 1987 年版。

在以和谐为美,以表现为重的前提下,中国古典美学以中唐为界又可以分为前后两个时期,前期偏重壮美和写实,后期偏重优美和写意。由于秦汉属于中国古代社会前期,下面本书主要概括中国古代社会前期美学或审美文化的情况。

(二)中国古代前期审美文化的整体风貌

先秦两汉时期,受外向型思维的影响,审美关系偏于外向的和谐,强调人统一于对象。《尚书·尧典》中"神人以和"的命题,奠定了以"和"为美的古典美学理想的基本模式。"帝曰:夔,命女典乐,教胄子。直而温,宽而栗,刚而无虐,简而无傲。诗言志,歌永言,声依永,律和声。八音克谐,无相夺伦,神人以和。夔曰:於!予击石拊石,百兽率舞。"这段话的内涵极为丰富。第一,审美主体与外界自然(神)的和谐。"神人以和"就是指人通过原始的艺术形式"乐"达到与"神"的协调和谐。远古时期的"乐"是音乐、舞蹈、歌唱三者混然未分的艺术形式,从其起源来看,很可能是以巫术形态对有利于农耕生产的四时气候变化的模拟。"凡乐,天地之和,阴阳之调也"[1]。《吕氏春秋·音律》认为十二律的制定是以一年十二大节气之风为依据的,仲冬之风为黄钟,季冬之风为大吕,孟春之风为太簇,……同时又根据对不同风声的模仿而定五声。《吕氏春秋·古乐》还有"帝……乃令飞龙作效八风之音"和"质乃效山林溪谷之音以歌"的记载,揭示了以巫术观念为中介的音乐与节气之间的一种同构关系,孕育了中国特有的"天人合一"的哲学思想及思维模式。中国中唐以前美学和艺术对再现、模拟的偏重也可以从这里找到理论源头。第二,主体心理结构的和谐。"典乐"的目的就在于教育培养子弟,使他们耿直而又温和,宽厚而又威严,刚强而又不至于暴虐,简淡而不至于傲慢。这种持平仁厚

---

① 《吕氏春秋·大乐》。

的性格具有一种感人的强大的道德征服力量,并不借助外在的强力就会令人从内心钦服,它反对走极端,而是寓刚强于温厚,刚柔相济,以刚为主,已露出"中庸"的端倪。在此基础上产生的审美理想既不是偏于柔丽的优美,也不同于西方近代强调激烈的矛盾冲突的崇高,而是充满力度而又不失和谐的壮美,亦即阳刚之美。第三,艺术形式自身的和谐。一方面,在古乐中,歌唱、音乐、舞蹈要相互协调配合;另一方面,就"声"即现代意义上的音乐本身而言,也要"八音克谐,无相夺伦",各种因素协调有序,配合无隙。"神人以和"的心理基础是在原始氏族生产力极端低下和自然对人类生存的强大制约面前,人对神的敬畏,对天地自然的依恋,是一种承认客体压倒主体的绝对性从而祈求神灵福佑人间的被动心理,尽管形式上常常以意志幻想的主动形式出现,但正是在这里潜藏了后世得以充分展开的民族性格中忍辱负重,安贫乐道的软弱一面。

　　"神"是古人对不可理解的自然规律和社会规律的解释,兼有自然和社会两重属性。随着认识水平的提高,"神"被恢复了本来面目,"神人以和"的美学理想也便合乎逻辑地向两个方向发展:其一表现为儒家的审美理想,从孔子的"尽善尽美"论,孟子的养"浩然之气"论到董仲舒强调"天人合一"的"中和"之美,注重审美主体与社会的和谐,要求个体统一于社会,情感统一于伦理,造就积极入世的圣贤人格,讴歌人皆可以为尧舜的无限力量。即使欣赏自然也仍要回到社会伦理上来,以伦理道德相比附;其二则表现为道家的审美理想,从老子的"道法自然",庄子的"无己"、"齐物",到《淮南子》的"以内乐外",注重审美主体与自然的和谐,要求主体无条件地顺应自然,向自然回归;让有限的自我退化还原为自然,与自然合一达到无限的境界。这样,一方面主体对于外在自然对象、社会群体的服从,使得个性、主观心理的因素极为淡薄;另一方面,由于主体努力追求与外在对象的和谐,体现了主体的力量,表现出积极、亢奋、高昂的壮美风貌。主体内在的力

量通过外在的感性对象得以呈现。这种外向和谐反映在艺术形态上，就表现出偏重对象的再现、写实的倾向。无论是楚辞对客观必然和群体价值的推崇，《诗经》冷静理智的写实精神，秦始皇兵马俑的逼真塑造，还是汉大赋、画像、石雕对于自然对象感性真实的模拟，都体现出再现、写实的风格。

魏晋南北朝时期军阀混战，朝代革易频繁，"是中国政治上最混乱、社会上最苦痛的时代，然而却是精神史上的极自由、极解放，最富于智慧、最浓于热情的一个时代。因此也就是最富有艺术精神的一个时代。"①受玄学人格本体论和佛学心理本体论的影响，中国古典美学出现了大的转折。玄学家王弼以道家理论为基础，提出了"以无为本"说，但他的理论出发点和归宿仍然是儒家所关注的现实伦理社会，其基本理论意图就在于调和"名教"（社会）与"自然"（个体）的关系。他的"无"既是现象界的本体，更是理想人格"圣人"的内在本质。这样，主体对外部世界（自然和社会）就不再是一味崇拜、摹拟，而是"统无御有"、"崇本举末"，既内在地统摄、包容，又自由地观照和超越，在高扬人的主体精神的基础上实现"体用一如"的主客和谐。尽管如此，王弼以自然为本体去统一名教，其最终目的仍然是维护名教秩序。嵇康则更加深化了主体对于客体的能动关系，主张"越名教而任自然"，带有强烈的个性自由、个性解放的性质。如果说魏晋玄学的人格本体论将主客体关系由先秦两汉时期的重客体改变为魏晋时期的重主体的话，那么，魏晋时期佛学的心理本体论则将文学的重主体进一步发展为重主体的心理和精神。主张心为物本，物为心应，在心对物的绝对超越中达到物我两忘，主客合一的无限和谐与自由。这样，魏晋南北朝美学以辩证否定的形式刷新了先秦两汉的主导美学传统，审美理想从人统一于对象，在艺术实践上的外向和谐，逐步向对象统一于人的

---

① 宗白华:《美学散步》,上海人民出版社1981年版,第177页。

内在和谐转变,从外在实践性追求转向内在智慧性自守,审美形态则从外在感性世界的壮美转向内在理性人格的伟大。反映在艺术领域,则是个性价值论与情感表现论的崛起,艺术成为个体协调或摆脱同社会的直接冲突,从而满足和实现自己的独特方式。文论从曹丕的"文以气为主"经王弼的"圣人有情"说、嵇康的"声无哀乐"论到陆机的"诗缘情而绮靡"、钟嵘的"自然英旨"论;画论从顾恺之的"以形写神"经谢赫标举"气韵生动"导向宗炳的"畅神"说;书法从卫夫人的"多骨微肉"说经王羲之的"骨力"与"圆润"兼备到王僧虔的"骨肉丰润"说。在具体观念上则由卫夫人的"各象其形"说经王羲之的"转深点画之间皆有意"发展到王僧虔的"神采为上,形质次之"。从艺术实践看,诗歌从田园诗到山水诗和"言情"诗,绘画从人物画为主发展到以山水画为尚,书法从隶楷为主发展到以行草为妙,以及普遍对形式规范和韵味的追求等等。这一切都表明,审美理想正从重形象、重阳刚之壮美逐渐向重心理重神意之优美演变,表现出心对物,情对理的超越,并在超越之中达到心物两忘,情景交融的和谐境界。但是这种超越还不能在主体自身中实现,还没有达到直抒胸臆的程度。它仍然需要返回客体,通过再造和驾驭来实现。因此这一时期的表现论仍未脱离再现论。对优美理想的向往仍包含在实现主体壮美性格的总体系统之中。这一特点又正好体现在刘勰以刚为主体,刚柔相济的审美理想之中。刘勰高扬"风骨"旗帜,所谓"风"即是有伦理价值和教化功能的心理情感内容,他说:"《诗》总六义,风冠其首,斯乃化感之本原,志气之符契也。是以怊怅述情,必始乎风"①;所谓"骨"是一种偏于情感内容的合乎客观理性的表现方式,亦即合乎风教规范的内结构、内形式:"结言端直,则文骨成焉"、"沉吟铺辞,莫先乎骨。故辞之待骨,如体之树

---

① 刘勰:《文心雕龙·风骨》。

骸"①。因此,"风骨"就是指主体表现合乎风教规范的内在情感时,应当达到一种客观理性标准。由于主体要追逐和遵循某种客观的标准,必然会产生某种动荡、亢奋、高昂的色彩,体现主体人格的伟大力量和价值。这里所表现出来的仍然是以先秦以来以主体、个性、情感、自由统一于客体、社会、伦理、必然为基本特征的古典壮美理想。同时,刘勰也并不排斥优美,而是主张刚柔相济共存的。他说:"精理为文,秀气成彩"②、"丽辞雅义,符彩相胜"、"物以情观,故词必巧丽"③、"文之任势,势有刚柔,不必壮言慷慨,乃称势也"④。

在中国美学史上,唐代是壮美盛极而衰和优美理想确立的时代。唐前期作为封建社会的黄金时代,一方面,封建地主阶级正处于上升时期,表现出征服世界的勃勃雄心和敢做敢为的自信精神。另一方面,唐初统治者比较开明的政治经济政策,减轻了人民负担,缓和了阶级矛盾,国力日益强大。在这样一个充满着恢宏自豪、开朗奔放气氛的繁荣富强时代,文人士大夫们踌躇满志,充满自信,渴望建功立业。他们或者"十五学剑术"、"一射两虎穿"(李白)、"近来学走马,不弱并州儿"(岑参),向往征战沙场的壮烈生活;或者一掷千金,狂饮美酒,"五花马,千金裘,呼儿将出换美酒"(李白);或者走南闯北,出塞入关,买舟乘船,挟妓交游……总之,感到自己就是这个世界的主人,情不自禁地将全副身心投向外部世界,投入兴盛的社会和美的自然,整个时代心理的基调是开朗豪迈、热情外向、健康向上的。因而,审美理想便表现出对六朝美学的扬弃,对秦汉传统的复归,形成了偏重社会生活、偏重阳刚之美的"盛唐气象"。诗论从初唐四杰到陈子昂,书论从虞世南、欧阳询、李世民、孙过庭到张怀瓘,重扬风骨旗帜,确立了新

---

① 刘勰:《文心雕龙·风骨》。
② 刘勰:《文心雕龙·征圣》。
③ 刘勰:《文心雕龙·诠赋》。
④ 刘勰:《文心雕龙·定势》。

的壮美理想。①

　　盛唐诗人多以"建安风骨"为创作的楷模和审美标准。李白的放声歌唱,以无限的激情冲破了有限的形式,其诗多以七言为主而又常常打破这一格式;杜甫则在有限形式中开拓着无限的意境,形成雄浑深沉的品格;绘画方面,吴道子的作品笔力劲险,神采飞动;李思训的作品则色彩浓重,金碧辉煌。书法领域,张旭的草书酣畅淋漓,如行云流水;颜真卿的楷书则整肃严正,端庄雄伟。这一切都让人感觉到两种不同风格的壮美。此外,规模宏大的建筑,色彩艳丽的雕塑,热烈壮观的舞蹈等等,都表现出封建社会鼎盛时期那种史无前例的壮美风貌。至此,中国古典美学的壮美范畴发展到了它的极致,完成了正(秦汉)反(六朝)合(唐前期)的螺旋结构。不过,唐前期的壮美理想并不是对秦汉传统的简单回归,而是一种螺旋上升,那种萌芽于六朝时期的优美理想并没有销声匿迹,而是融合于壮美理想之中,以种种方式表现出来,这就使得唐前期的壮美理想和写实倾向同汉代相比,内在地包含了更多的柔婉成分和主体意味。

二　"壮丽":秦汉审美文化的审美理想

　　由上文粗线条的勾勒可以看出,虽然魏晋南北朝大体可归入优美并成为中国古代美学后期优美理想的前奏或序曲,但就总体来看,壮美是中国古代前期美学或审美文化的审美理想。然而,除魏晋南北朝外,中国古代社会前期至少包括先秦、秦汉和隋唐(中唐以前)几个大的历史阶段,既然这些历史时期都属于壮美的历史范畴,那么,它们的总体联系和区别何在? 这是我们要进一步探讨的问题。我们认为,就

---

　　①　周来祥主编:《中国美学主潮》,山东大学出版社 1993 年版。

审美理想的内在精神和外在表现形态的总体而言,它们审美理想的同异大体可用先秦"壮朴",隋唐"壮浑"和秦汉"壮丽"来概括或表述。下面我们就此分别论析。

(一)先秦"壮朴"

1. 先秦对"大"的阐扬和表现

我们不一般的笼统地把先秦审美理想视为壮美。但我们又不能不看到,战国中后期,随着大一统走向的逐步明朗,儒道两家在各自坚持自身基本立场的前提下,又表现出诸多趋同的倾向,其中,最明显的就是对"大美"或对壮美理想的共同强调。

(1)先秦道家论"大"

道家学派创始人老子对"大美"的强调,主要体现在他为了论证道的至高无上和无限性而提出的一系列惊世骇俗的"大"字号命题上。如"大白若辱","大方无隅"①;"大成若缺","大盈若冲","大直若屈、大巧若拙、大辩若讷"②,"大器晚成"等等。其中直接论及"大"的有"大音希声",③"大象无形"④,"大巧若拙"等等。老子对道的特性的描述,客观上为以后庄子对大美的阐释与发挥,留下了广阔的天地。

庄子与老子既有明显的血缘关系,又表现出一些不同。其中之一,就是对体现道的天地素朴之美和无限之美的大美的强调和张扬,达到了更高的境界。

庄子曰:"天地有大美而不言,四时有明法而不议,万物有成理而不说。是故至人无为,大圣不作,观于天地之谓也"⑤,"夫天地者,古

---

① 《老子·四十一章》。
② 《老子·四十五章》。
③ 《老子·四十一章》。
④ 《老子·四十一章》。
⑤ 《庄子·知北游》。

之所大也,而黄帝、尧、舜之所共美也。"①这种与自然之道合一的素朴之美无处不在,为了说明这种大美的无限性,庄子描绘了大量自然事物。如在《秋水篇》里,借海鳖之目,对东海大乐的描绘:河伯见大海之浩瀚而顿觉河水之渺小,井中青蛙囿于一方浅井之乐,惊诧于"夫千里之远,不足以举其大;千仞之高,不足以极其深"②,形象地展现了一种深广不可测的永恒的无限的大和美。至于《逍遥游》里那背"不知其几千里","怒而飞,其翼若垂天之云","水击三千里,抟扶摇而上者九万里"的大鹏,更是尽人皆知的高举慕远的象征。庄子还特别推崇那种"天地与我并生,而万物与我为一"的雄浑宏大、天人合一的物化境界,认为达到这种境界就是与大道合一,与天地为常,"相总以生,无所终穷"③,就可以"入无穷之门,以游无极之野。吾与日月参光,吾与天地为常"④,揽天地自然于胸怀,俯视尘埃,纵身大化。这种与日月同辉,与天地共有的境界,是人生的最高境界,也是审美的最高境界。庄子笔下体现其人格理想的各种神人、圣人、真人,或"乘云气,御飞龙,而游乎四海之外"⑤,或"大泽焚而不能热,河汉冱而不能寒,疾雷破山,飘风振海而不能惊"⑥,或"上窥青天,下潜黄泉,挥斥八极,神气不变"⑦,追求的都是这种囊括宇宙,牢笼天地,高逸超拔的人生境界。尤其是庄子的创作本身就是大美的生动表现。那汪洋恣肆,雄奇博大,"磅礴万物,挥斥八极"的雄浑风格和宏大气魄给后世浪漫型的壮美极为巨大深远的影响。

　　(2)先秦儒家论"大"

---

① 《庄子·天道》。
② 《庄子·秋水》。
③ 《庄子·大宗师》。
④ 《庄子·在宥》。
⑤ 《庄子·逍遥游》。
⑥ 《庄子·齐物论》。
⑦ 《庄子·田子方》。

第三章　秦汉审美文化的审美理想和基本特征

但是,由于庄子(包括老子)在人生观上都存在着某些消极出世、避世的因素,在哲学、美学上都主张"虚静"、"无为"("贵柔"、"守雌"),所以先秦时期真正大量地从"阳"、"刚"方面积极倡导、阐发"大"的意义的,主要表现在儒家的言论著作之中。

比如孔子,他对社会人生常常持积极、进取、乐观的态度,在他那里,就很少有消极无为的东西出现,所谓"发愤忘食,乐以忘忧,不知老之将至"①,"知其不可为而为之",就是最好的注脚。特别是他在《论语·泰伯》里讲的"大哉,尧之为君也!巍巍乎,唯天为大,唯尧则之。荡荡乎,民无能名焉,巍巍乎,其有成功也,焕乎,其有文章。"就更充分地体现了他的"大"的阳刚的人生观、社会观,也体现了其对壮美的理解和高扬。这里,我们姑且不说孔子连用了两个"大",两个"巍巍乎"来赞美尧之为君,是何等的崇敬,单是从原文的本义:"尧作为天下的君主真是伟大呀!真是崇高呀!只有天最大,只有尧能效诸天那样的崇高。他的功德广大,以至百姓简直不知道用什么语言来赞美他。他创建的功绩真是十分伟大!他的典章制度真是光辉灿烂啊!"来看,它就不仅说明"大"的特点是崇高、广大又有光辉,而且这种"大",又包含了"大"的"无限性"。这便是孔子对尧之为君赞扬和肯定的实质。虽然,这种赞美从尧的品德和功业成就方面着眼,基本属于一种道德范畴;但是,孔子用"巍巍乎"、"荡荡乎"、"焕乎"来阐释、形容"大"的含义,这"大"却又包蕴了丰富的美学内涵。

孔子的这些充分肯定人的精神力量和人格美的思想,虽然有其特定的时代内容和局限性,然而他对人的自由力量本质的最高的赞赏,却对铸造我们伟大的民族精神,对于发展文艺创作,都起到了不可估量的作用。屈原和他的《离骚》、岳飞和他的《满江红》、范仲淹和他的《岳阳楼记》,以及文天祥和他的《正气歌》的出现,都是受了儒家这种

———————————

① 《论语·述而》。

"大"的启迪和鼓舞,因为孔子的"大"毕竟是积极的,震撼人心的,它存在了两千多年,只不过其内涵,更侧重于社会人生领域里的壮美而已。

继孔子之后,把"大"作为一个审美范畴加以发展了的,当然首推孟子。孟子说:"可欲之谓善,有诸己之谓信,充实之谓美,充实而有光辉之谓大。"①虽然他没有把"大"放到最高的层次,但焦循说得好:"'充实'即'充满其所有,以茂好于外,应该说'大'比美更高一层,是达到了'充实而有光辉'的'至大至刚'境界的雄奇或伟大。"②所以孟子的"大"实际上也具有崇高的品格。至于他有关"浩然之气"的论说:"其为气也,至大至刚,以直养而无害、则塞于天地之间。其为气也,配义与道。"《公孙丑上》以及《滕文公下》里所说的"富贵不能淫,贫贱不能移,威武不能屈,此之谓大丈夫。"那就不仅说明了他所崇敬的"大丈夫",实际上是指人里面真正的人,高尚的人,是个体人格精神的伟大之具体体现,而且还强调了人的伦理道德的修养,是必不可少的,只要人们专心致志,用正确的方法进行修养,就会在体内充满那浩然之气———一种把道德的自觉和个体自由相结合的、显示了个体无所畏惧、巍然屹立的精神品格或涵养。所以孟子伦理学中的个体自觉的努力,包括他"人皆可以为尧舜"的主张,"舍生而取义者也"的气魄,不仅能够唤起对道德的敬重,而且可以引起人们的惊赞的审美感,这一点是和孔子的"杀身成仁"的思想,一脉相承且又有所前进的。

(3)《易传》论"大"

《易传》是对《易经》进行了改造后的一部哲学著作,它一向被看作儒家的经典,但是由于长期的积累、发展和丰富,它不仅吸取了儒家许多著名的哲学、美学观点,而且吸取了道家的宇宙起源论和朴素的

---

① 《孟子·尽心下》。

② 焦循:《孟子正义》卷二十八,中华书局 1987 年版,第 995 页。

辩证法,吸收了阴阳、五行、八卦等论说,实际上已经构成了一个"弥纶天地,无所不包"的宇宙模式和体系,因此《易传》美学的哲学基础和对"大"的论说,比老庄或孔孟,都更为深刻、丰富而且系统,是对"大"的发展和形象的概括。

比如"乾元用九,乃见天则。乾元者,始而亨者也。"以及"乾始能以美利天下,不言所利,大矣哉! 大哉乾乎! 刚健中正,纯粹精也。"①就是一例。

首先,我们从《文言》连续使用了"大哉"、"大矣哉"两个感叹赞美之词来称颂"乾",就不难看出"乾"的特点是大。而《易传》里的"大",正好指的是"乾"能够达到刚健中正,恰到好处而又纯粹精细的境地。当然《易传》本身有其唯心因素,它也受到其时代的局限,但就其美学意义来看,这种天的刚健,毕竟又是从自然现象观察而来的。天在不断地运动,有着强大的永不止息的力量。"乾"之用九的"九",是阳爻之名。作为万物之始的"乾",本由阳爻构成,六个阳爻循次位上升,恰如阳气循时序上升一样。它就可"见天则",即可以见出整个自然,以至人事的普遍规律。作者在这里赋予"乾"以极其突出的地位。

其次,"元者,大也。"亨者"嘉之会也。"嘉有美意,即人事中一切顺利和谐,无灾无难之意。而且"始而亨"是说最初天生成了万物之美,但它自己却不说,不居功自表,所以,这又是"乾"的伟大之所在。

在《易传》阐释乾卦时,多次提到了"龙"。它或飞在天,或入于地,或见诸田。最后又提到"六爻发挥,旁通情也。时乘六龙,以御天也。云行雨施,天下平也。"②这些论述除了对"乾"的高度赞颂之外,也对"龙"这个我国古代的图腾,做了富于美学色彩的描绘。龙是一种神奇伟大力量的象征,它是否与先秦人们其时对于壮美的认识有关

---

① 《易传·乾·文言》。
② 《易传·乾·文言》。

呢？如果我们不把《易传》对乾卦的描绘和阐释截然分割、对立起来，答案显然是能够找到的。因为《易传》对乾卦的阐释，是从哲学、社会、道德方面来说明事理的，然而它对"乾"的上述描绘，却恰恰是从形象上给人以直观的美的感受。试想，在浩瀚的宇宙之中，云在飞驰，雨在飘洒，万物在蓬勃向上生长，日月星辰在不停地运行，龙——民族强大力量的象征，在自由飞翔出没，这不正是一幅雄浑、壮美的图景么？因此我们认为，在一定意义上，乾卦本身就是壮美的象征和标志。当然除乾卦之外，《大壮》、《震卦》和《系辞》等处，对此还有确切而丰富的表述，足见《易传》推崇的"大"，的确是宏伟而壮观的。

易传《大壮》曰："大壮，大者壮也。刚以动，故壮。"说的就是宇宙间的事物，阳刚为大，阴柔为小，其特点是强而有力，才叫大壮。至于象曰："雷在天上，大壮。"那就明显地描绘了一幅雷在天上，声威赫赫，震动百里的壮美图景了。《说文解字》说："壮者，大也。"《易传》讲"大者，壮也。"可见大壮连用，是指大而又大的事物，这种事物"可参天地"，阳刚而强大，自然也就含壮美之意。

虽然《象传》以震（雷）比刑，有令人恐惧的一面，但《系辞下》在解释此卦的拟象时，却说："上古穴居而野处，后世圣人易之以宫室，上栋下宇，以待风雨，盖取诸大壮。"高亨也说："《大壮》（䷡）是上震下乾。《说卦》曰：'震为雷，乾为天，为圜。'人自下观之，天体穹隆似圆盖，覆于地上……雷雨不能侵入也。"[1]所以雷震虽声威很大，《象传》又比之为刑，是很厉害的，但人在屋里观看，雷在天上，闪电轰鸣，又有何惧哉！顶多像清代魏禧所说的"惊而快之"，或"且怖且快"罢了。

所以"雷在天上，大壮"，是一种非常壮观的景象。只有雷打到地上来，如《震卦》中的"九四，震遂泥"或"震来厉，乘刚也"，那才真正地易遭雷击，使人处于纯惊惧的境地！反之，若"六五，震往来，厉，意无

①　高亨：《周易大传今注》，齐鲁书社1998年版，第424页。

丧有事",那么巨雷虽往来频繁,势若将击人,但并不造成灾害,无损于人,结果还是一种恐骇中的快感。

不过还应当指出的是,《易传》看到了壮美与优美、阳刚与阴柔之间的区别和审美心理的不同反映,给予了高度的重视和肯定,但它并不认为壮美的事物是单行道,越刚越好,如乾卦"秃",六爻全是属阳,文中说"亢龙有悔,与时偕极",就是讲事物发展到了极点,便会壮极必衰,龙由亢而悔是与时偕极的缘故。在《坤卦》里,它又讲"坤至柔而动也刚","为其嫌于无阳也,故称龙焉"。也就是高亨所说的"上六乃极盛之阴,其势力等于阳也"①,所以才称龙。

由此可见,《易传》的柔能胜刚,"柔变刚也",不仅包含了老子的辩证法,而且还发展了老子没有明确说出来的阴阳、刚柔、壮美与优美之间相互渗透、相反相成这些美学思想。

(4)先秦文艺作品对"大"的艺术表现

先秦理论家关注和阐扬的"大",在感性形态的文艺作品中也得到较充分的表现。我们在先秦的青铜器、建筑和文学作品中,都可以寻觅到它的身影。

比如"饕餮吃人的周鼎",西周前期的"伯矩"鬲,就既是其时君权、神权合一的象征:神秘、森严、恐怖;同时又具有人类尚处于童年时期的那种伟岸怪谲拙稚古朴的美,能使人们感受到一种审美的愉悦。其中尤其是春秋时期著名的莲鹤方壶,更具有令人"惊而且快"或"且怖且快"的特点。一方面"它全身均浓重奇诡之传统花纹,予人以无名的压迫、几可窒息",另一方面其莲瓣中央复立的清新、俊逸的白鹤"翔其双翅单其一足","睥睨一切、践踏传统于其脚下,而欲作更高更远之飞翔"②。

---

① 高亨:《周易大传今注》,齐鲁书社1998年版,第68页。
② 郭沫若:《殷周青铜器铭文研究》,载《郭沫若全集·考古编》第四卷,科学出版社1982年版。

可爱、可敬且使人振奋。所以先秦时代几乎所有青铜器的一个共性，就是造型和文饰的浑然一体，表现了一种幻想与现实交织的凶残而恐怖的力量，体现了其时的理想、情感和审美观念。青铜器为何是我国甚至世界美术史、美学史上壮美的奇迹，其原因恐怕也在这里。

此外，在文学作品中，《诗经》里的《崧高》、《常武》，《楚辞》里的《国殇》也都表现了"大壮"的雄奇、强大、勇敢刚强和不可凌辱的英雄气魄。特别值得大书一笔的，在先秦莫过于屈原的巨作《离骚》。因为在作品中，作者以自己为原型，塑造了一个执著追求光明，有着远大的抱负、炽热的情感、不懈的斗志的纯洁、高大而完美的主人公形象，他不仅仅反映了那个时代人们的崇高意识，同时也体现了屈原毕生追求的崇高的理想和美学主张。所以司马迁在《史记》里评论屈原时说："其文约，其辞微，其志洁，其行廉，……濯淖污泥之中，蝉蜕于浊秽，以浮游尘埃之外……虽与日月争光可也。"①王逸在《楚辞章句序》里讲："今若屈原，膺忠贞之质，体清洁之性，直若砥矢，言若丹青，进不隐其谋，退不顾其命，此诚绝世之行，俊彦之英也。"②这些评价中肯、确切之至。屈原死后"楚人高其行义，玮其文采，以相传教。……所谓金相玉质，百世无匹，名垂罔极，永不刊灭者矣。"③更说明屈原的人品、文品的"大壮"的确已传之后世，达到百世无匹的地步了。

先秦时期提出和阐发的"大"及"大"论，主要是以儒道两家的著作作为基础，融合了阴阳、五行、八卦等论著的研究成果，从而形成的一种东方模式。它较之西方古代的贺拉斯、朗吉努斯的《论崇高》都是毫不逊色的。概括起来，其特征主要有：第一，这种"大"，一方面是可参天地的事物，同时它又具有伟大、崇高、光辉的特点。它可大到不能

---

①　司马迁：《史记·屈原贾生列传》。
②　王逸：《楚辞章句序》。
③　王逸：《楚辞章句序》。

用语言来形容,没有具体的形式,也就是大到了"无限"。第二,这种"大",主要指社会人生的伟大刚强,是对人的理想和"大丈夫"式的人格美的肯定和高扬。在自然领域里则与人的理性观念相联系,故又是一种"比德"的状态。第三,这种"大",肯定艺术领域里的崇高,因为一方面它强调自然的"天籁"之美,如"大音希声"、"大巧若拙";另一方面它又追求气势和力量之美,像《庄子》一书那样的"瑰玮"、"弘大"。第四,这种"大",有很强的形象性、可感性。它所论述的力和量的巨大,都大多体现在诸如"岁寒然后知松柏之后凋"或"雷在天上,大壮"那样壮美的景象之中。①

　　2. 先秦之"朴"

　　迄至战国中后期,各家都在自己基本立场的基础上,越来越突出壮美,而且在这种壮美中,也有丽的表现和因素,在个别地域文化、艺术种类及其艺术家的创作中还占据了比较重要的地位,并成为秦汉壮丽的渊源之一。但与秦汉比较,从总体上看,先秦的壮美只能概括为"壮朴"。关于这一点可以从先秦儒道墨法诸家对文质关系的基本观点中得到印证。

　　在文质关系上,以对"文"的态度为核心,先秦诸家大体可分为否定论和肯定论。

　　道家主张道法自然,复归于朴,追求自然朴素之美,因而反对任何人工雕饰。老子站在理想的原始朴素自然的社会立场上,否定文饰之美,反对追求五官感受的快乐和美感享受,"天下皆知美之为美,斯恶矣"②,"五色令人目盲,五音令人耳聋,五味令人口爽。"③"信言不美,美言不信"④,

---

　　①　童汝劳:《大者,壮也——试论先秦美学中的崇高》,《人文杂志》1991 年第 2 期。
　　②　《老子·二章》。
　　③　《老子·十二章》。
　　④　《老子·八十一章》。

要求人们"见素抱朴,少私寡欲"①。庄子虽然不像老子那样对美一概否定或一般地否定美,但由于他在审美理想上主张美道同一,审美亦即得道,在社会理想上主张回到淳朴自然的远古至德之世,所以虽然在形而上最高层次上给美留下了极为可观的地盘,但对于感官层次的美感、外在形式的文饰和人为加工却与老子一样是持根本否定态度的。他将五官之乐放逐到否定的荒漠。他说:

> 且夫失性有五:一曰五色乱目,使目不明;二曰五声乱耳,使耳不聪;三曰五臭熏鼻,困惾中颡;四曰五味浊口,使口厉爽;五曰趣舍滑心,使性飞扬。此五者,皆生之害也。②

他坚持认为:"文灭质,博溺心,然后民始惑乱,无以反其性情而复其初"③;他大声疾呼"绝圣弃智","擢乱六律,铄绝竽瑟,塞瞽旷之耳","灭文章,散五采,胶离朱之目"④。他推崇自然朴素之美,曰:"朴素而天下莫能与之争美"⑤,"淡然无极,而众美从之"⑥,"使天下无失其朴",⑦"既雕既琢,复归于朴"⑧。他对人工雕饰持完全否定的态度。如"纯朴不残,孰为牺尊!白玉不毁,孰为珪璋……五色不乱,孰为文采……夫残朴以为器,工匠之罪也。"⑨对于人的美,庄子也是不重外貌长相如何,而是强调人的美在于朴素自然的天性。他不仅把人的精

---

① 《老子·十九章》。
② 《庄子·天地》。
③ 《庄子·缮性》。
④ 《庄子·胠箧》。
⑤ 《庄子·天道》。
⑥ 《庄子·刻意》。
⑦ 《庄子·天道》。
⑧ 《庄子·山木》。
⑨ 《庄子·马蹄》。

诚、至德之美都归于自然之美,而且通过一大批形体丑陋心灵美好的形象的塑造,表达了对人的内在精神美的重视和追求。

墨子则从下层劳动者的物质实际利益出发,以富国安民为宗旨,以节用为原则,主张"非乐",不仅反对文饰,就连审美活动也主张取消。

> 子墨子言曰:仁之事者,必务求兴天下之利,除天下之害;将以为法乎天下,利人乎即为,不利人乎即止。且夫仁者之为天下度也,非为其目之所美,耳之所乐,口之所甘,身体之所安,以此亏夺民衣食之财,仁者弗为也。是故子墨子之所以非乐者,非以大钟、鸣鼓、琴瑟、竽笙之声,以为不乐也;非以刻镂华文章之色,以为不美也;非以刍豢煎炙之味,以为不甘也;非以高台、厚榭、邃野之居,以为不安也。虽身知其安也,口知其甘也,目知其美也,耳知其乐也;然上考之,不中圣王之事,下度之,不中万民之利。是故子墨子曰:为乐非也!①

由上述引文看,墨子并非不知道审美对象给审美主体带来的美感享受价值,但他决定行止的标准是:是否利人。目之所美,耳之所乐、口之所甘,身体之所安等等虽然能有审美价值,但它们上不中圣王之事,下不中万民之利,加重社会灾难,浪费人力物力,误国害民,因此必须坚决取缔。虽然墨子也提出:"食必常饱,然后求美,衣必常暖,然后求丽;居必常安,然后求乐,为可长,行可久,先质而后文"②的著名看法,但这些闪光的思想却淹没在连篇累牍的对审美价值的实际否定之

---

① 《墨子·非乐》。
② 《墨子·墨子佚文》。

中。这种观点的产生固然有深刻的社会历史根源，但绝对地排斥审美、艺术则不能不说是小生产者的狭隘。既然连艺术审美的存在都成为完全没有必要的，那就更无从谈起文饰了。

　　韩非虽为荀子的学生，却把老师重外在功利的倾向发展到极端，成为法家的代表人物之一。他从性恶论出发把人与人的关系看成尔虞我诈、争权夺利的利害关系。因而主张以阴谋权术和严刑峻法治国。在这样一种极端功利主义的眼界里，不可能有审美的地位，导致他对审美和艺术绝对否定的态度。在审美与功利的关系上，韩非绝对崇尚功用，唯功用是求。在他看来一件东西如果没有实用性，无论怎样精美好看，那也毫无意义。即使"千金之玉卮"，如果底漏而不能盛酒，那就连一个"至贱"的"瓦器"都不如①。美和艺术不仅无用，而且对直接实用功利有害。所谓："文学者非所用，用之则乱法"②，"不务听治，而好五音不已，则穷身之事也"③；"儒以文乱法，侠以武犯禁，而人主兼礼之，此所以乱也"④。他还以"买椟还珠"为例，说明追求美观使人本末倒置，必然妨害功利目的的实现，他甚至把"好五音"与"耽于女乐"相提并论，从根本上否定艺术审美的价值。这种唯实用功利是求表现在文与质的关系上，就必然导致重质轻饰、以质否饰。韩非说：

> 礼为情貌者也，文为质饰者也。夫君子取情而去貌，好质而恶饰。夫恃貌而论情者，其情恶也；须饰而论质者，其质衰也。何以论之？和氏之璧，不饰以五彩，隋侯之珠，不饰以银黄，其质至美，物不足以饰之。夫物之待饰而后行者，其质

---

① 《韩非子·外诸说上》。
② 《韩非子·五蠹》。
③ 《韩非子·十过》。
④ 《韩非子·五蠹》。

不美也。是以父子之间,其礼朴而不明,故曰:"'礼薄也'。
凡物不并盛,阴阳是也。理相夺予,威德是也。实厚者貌薄,
父子之礼是也。由是观之,礼繁者实必衰也。"①

这里把质美与文饰绝对对立起来,认为质美者无待文饰,而文饰者必
定质衰,文饰只能成为掩盖真情的虚伪的东西,真正有用的东西是与
文饰无缘的。这就根本否定了文质统一的必要性和可能性。可以说
韩非在对艺术审美独立价值和文饰的必要性的否定上,比墨子更为彻
底,走得更远。

肯定论主要是指儒家。儒家代表人物孔子、孟子、荀子及经典《易
传》,在人的美、文与质的关系上,都不约而同地肯定了文饰的必要性,
肯定了人的内美与外美,文与质的统一。

儒家创始人孔子是主张善与美、内与外、文与质的统一的。他以
"尽善尽美"作为最高审美理想,作为统摄内容与形式、内美与外美、文
与质、礼与乐的核心。所谓"善"就是符合周礼所规定的一套上下有
别、贵贱有等的秩序。所谓"美"也就是这种要求的外在形式表现。善
与美的统一即内容与形式,质与文的统一。孔子既反对单讲内容不讲
形式的倾向,他说:"言之无文,行之不远";又反对脱离内容仅重形式
的偏颇。在文与质的关系上也同样如此。子曰:"质胜文则野,文胜质
则史。文质彬彬,然后君子。"②要求质充于内,文现于外,二者相互配
合相得益彰,可谓"君子"。"文质彬彬"是孔子尽善尽美原则在主体
人格上的体现。孔子虽善美共提,文质并称,但并非把它们同等看待,
在根柢里,孔子认为善高于美,质胜于文。孔子关于"绘事后素"的论
述也表达了这一思想:

---

① 《韩非子·解老》。
② 《论语·雍也》。

子夏问曰:"'巧笑倩兮,美目盼兮,素以为绚兮。'何谓也?"子曰:"绘事后素。"曰:"礼后乎?"子曰:"起予者,商也,始可与言《诗》已矣!"①

关于绘事后素的解释多种多样,但我们认为,各种解释的共同点就是质是本质的,文饰是附丽的,文饰虽然能起到增强效果的作用,但在根本上还是服从于质,决定于质,为质的表现服务的。这种思想还表现在孔子对贲卦的慨叹上。汉代刘向《说苑·反质》记载:

孔子卦得《贲》,喟然仰而叹息,意不平。子张进,举手而问曰:"师闻《贲》者吉卦,而叹之乎?"孔子曰:"《贲》非正色也,是以叹之。吾思夫质素,白正当白,黑正当黑,夫质又何也?吾亦闻之,丹漆不文,白玉不雕,宝珠不饰,何也?质有余者不受饰也。②

据陈良运先生解释:孔子为什么叹息?"原来是从尚质的审美角度而言的,山间景物经火光照耀,原有的色彩被火光所染,就再不是'正色'了,火光干扰了原物的'质素',此种外加的文饰是否有必要?孔子认为,本质美的不需要人为地文饰,如丹漆、白玉、宝珠,它们本身质地纯洁就是一种美——本色美。"③宗白华先生也认为,孔子这里表达的认识是:"最高的美,应该是本色的美,就是白贲"④。

孟子的基本观点也是以质统文。他直接论文质关系的言语不多,

① 《论语·八佾》。
② 刘向:《说苑·反质》。
③ 陈良运:《文与质·艺与道》,百花洲文艺出版社1992年版,第7页。
④ 宗白华:《美学散步》,上海人民出版社1981年版,第38页。

重要的有："说《诗》者,不以文害辞,不以辞害志"①。他还说过："言近而指远者,善言也;守约而施博者,善道也"②,已论及言语辞令之文的重要作用,开诗文追求含蓄蕴藉之美的先声。他关于文质关系的看法更多地表现在对人的美的理解之中。有两段话比较典型:《离娄》章云:"存乎人者,莫良于眸子,眸子不能掩其恶。胸中正,则眸子瞭焉;胸中不正,则眸子眊焉"。《尽心上》云:"君子索性,仁义礼智根于心,其生色也晬然,见于面,盎于背,施于四体,四体不言而喻。"前一段话言及眼睛是人的心灵的窗户,能表现出一个人的内在精神,为绘画上传神写照理论的出现提供了思想营养。后一段话则论及有质美充实于内,自然会有文美生色晬然勃发于外。这些论述,都反映了孟子强调人格之美,重视内在之美的美学思想特点,是他的"充实之谓美,充实而有光辉之谓大"的美学观和文质统一观的具体表现。

荀子是儒家学派中的一个特殊人物。他虽在性善性恶等问题上与孔孟有重大分歧,但仍强调礼乐的重要作用,要求欲望的满足不能超过礼义的规范。在文质观上他反对非乐、轻文等观点,主张在以礼为规范的"化性起伪"的基础上,在情理结合,美善相乐,文质统一中最大限度地符合社会的功利目的。他说:

> 文理繁,情用省,是礼之隆也。文理省,情用繁,是礼之杀也。文理情用,相为内外表里,并行而杂,是礼之中流也。故君子上致其隆,下尽其杀,而中处其中。③

主张质与文"相为内外表里",特别强调文饰对于"质"的调节与显现

---

① 《孟子·万章上》。
② 《孟子·尽心下》。
③ 《荀子·礼论》。

的作用,把"礼之中流"视为文质适均,完满统一的典范。他还站在统治阶级立场上,明确强调了"文饰"对于统治阶级统治的重要意义,将文饰的政治功利作用推到了极致:

> 为人主上者不美不饰之不足以一民也;不富不厚之不足以管下也;不威不强之不足以禁暴胜悍也。故必将撞大钟、击鸣鼓、吹笙竽、弹琴瑟,以塞其耳;必将雕琢刻镂、黼黻文章,以塞其目;必将刍豢稻粱、五味芬芳,以塞其口。①

这里直接把文饰看作统治阶级威加天下的政治要求,将文饰视为统治者的一种治人之术。这种思想较强烈地影响了秦汉统治者的文饰观,我们在萧何、何晏等人的言论中,都可以找到这种文饰观的影子。在这里我们已经看到了由先秦向秦汉转变的趋向。

(二)盛唐"壮浑"

众所周知,盛唐无论社会形态,文化状况,审美和艺术创造,几乎都达到了中国古代社会圆满、成熟、无以复加的历史巅峰。

就社会形态而言,唐代是我国古代社会发展的最为辉煌灿烂的鼎盛时期。它疆域辽阔,极盛时势力东至朝鲜半岛,西北至葱岭以西的中亚,北至蒙古,南至印度支那。"前王不辞之土,悉清衣冠;前史不载之乡,并为州县。"②它以开明的胸怀与多样化的怀柔、羁縻手段,造成多民族归附。唐天子不仅是汉人的皇帝,而且被"诸蕃君长"尊为"天可汗",成为各民族的最高共主。它的军事力量强大,府兵制的实行,使兵农合一,"无事时耕于野","若四方有事,则命将以出,事解辄罢,

---

① 《荀子·富国》。
② 《太宗遗诏》,载《唐大诏令集》卷十一。

兵散于府,将归于朝。"它的行政机构完备,三省制的推行,造成各具特定职能的门下省、中书省、尚书省相互运作,既能"相防过误",①又能在一定程度上制约君主独断。它的法律制度严密,律(法律)令(对国家各种制度所做的规定)格(有关各部门行政的诏敕)式(有关行政机构具体事务处理的细则)互为补充,构成完备的律令制度体系。它的经济繁荣,杜甫诗云:"忆昔开元全盛日,个邑犹藏万家室。稻米流脂粟米白,公私仓廪俱丰实。"②虽不免有理想化之嫌,但与时人多方记载相证照,基本上是真切的社会生活写照。

就思想文化来说,唐代大大完善了封建帝国传统的大一统文化组织,展现出中国古代社会空前绝后的开放性和包容性。它的学校制度已相当完备,中央直系学校和深入乡里的地方学校相辅相成,专业教育开始确立,教育机构往往集教育、研究、行政三者为一体。它沿袭传统文官制度,设立史馆,以重臣统领,聚众修史,把握史权。沿袭传统官天文研究制度设立太史局,规模远迈前代。它设立太医署,分科细密,组织完备,使其兼具行政、教育、研究的职能,在卫生保健上取得突出成绩。

唐代也是一个文化政策开明的时代。在文学创作上,唐代帝王及儒生官僚大多积极鼓励创作道路的多样性,推动文学艺术生动活泼的发展。在意识形态上,唐太宗奉行三教并存政策,虽然有唐一代对三教时有偏重,甚至偶有极端之举,但总体来看,道教风行,佛教兴旺,儒学昌明,儒释道既分立又合流,不仅有力地促进了三者相互吸收,而且造成一种开放的文化心态。

在中外文化交流上,广为吸收外域文化。南亚的佛学、历法、医学、语言学、音乐、美术;中亚的音乐、舞蹈;西亚和西方世界的袄

---

① 《贞观政要·论政体》。
② 杜甫:《忆昔》。

教、景教、摩尼教、伊斯兰教、医术、建筑艺术及至马球运动等等,如同"八面来风",从大唐帝国开启的国门一拥而入,汇入盛唐文化,成为其有机组成部分。另一方面,大唐帝国又通过陆地丝绸之路上的驼队和海上丝绸之路的帆船,把中华文明远播域外,产生世界性的影响。此外,如同汉代开拓了"丝绸之路"一样,唐人则开拓了所谓"陶瓷之路"。当时唐代文化的整合融通,兼收并蓄不仅在中国历史上是史无前例的,而且在当时世界上也是首屈一指的。

以强盛的国力为依据,以朝气蓬勃的世俗地主阶级知识分子为主体,唐文化体现出来的是一种无所畏惧、无所顾忌的兼容并包的大气派,一切因素、一切形式、一切风格,在唐文化中都可以恰得其所,与整个时代相映生辉。

就艺术形式而论,以唐诗为中心,各种艺术形式的审美创造,几乎都达到了历史的最高峰。

比如诗歌。这是一个诗歌创作空前活跃的时代,是一个诗家辈出的时代,是一个全民族诗情勃发的时代,是一个被闻一多称为"诗的唐朝"的时代。就整个时代而言,诗歌创作波诡云谲,云蒸霞蔚,形成了为文学史家每每称道的"盛唐气象";就流派来看,千姿百态,气象万千;就个人风格而言,唐代主要诗人在形式体制和风格上各有擅长,而又往往诸体兼备。杜甫就是最有代表性的一位全能大师。他"在山林则山林,在廊庙则廊庙,遇巧则巧,遇拙则拙,遇奇则奇,遇俗则俗,或放或收,或新或旧,一切物,一切事,一切意,无非诗者。"[①]因此,他的诗作既有"感时花溅泪,恨别鸟惊心"的沉郁顿挫,又有"儒术于我何有哉,孔子盗跖俱尘埃"的豪迈多气;既有

---

① 张戒:《岁寒堂诗话》,载丁福保辑:《历代诗话续编》(上),中华书局1983年版,第464页。

"两个黄鹂鸣翠柳,一行白鹭上青天"的清丽,又有"自去自来堂上燕,相亲相近水中鸥,老妻画纸为棋局,稚子敲针作钓钩"的澹泊自然。诚所谓"精粗、巨细、巧拙、新陈、险易、浅深、浓淡、肥瘦,靡不毕具"①;"千汇万状,兼古今而有之"②。光是壮美就有壮而宏大,壮而高拔,壮而豪宕,壮而硕婉,壮而飞动,壮而整严,壮而典硕,壮而浓丽,壮而奇峭,壮而精深,壮而瘦劲,壮而古淡,壮而感怆,壮而悲哀等十多种,壮之美其包罗万象表现众多,不仅反映为高拔、豪宕、飞动,且反映为壮中之古淡。有人说"诗至杜甫,无体不备,无体不善",此话无论就杜甫本人,还是就整个时代而言,都是名副其实的。可以说源远流长的诗歌艺术发展到唐代,百花齐放,万紫千红,无论就内容、形式、风格和技巧都臻于炉火纯青的化境,成为后世不可企及的范本。以至鲁迅说:"我以为一切好诗,到唐已被做完"。③

又如建筑,如果说汉长安城追求的主要是宏大的规模的话,唐长安城追求的则是宏大规模与众多细部精缜布局的统一。唐人已经能够用建筑形式更加自觉自如和充分地表现伦理观念和政治思想。

再如书法,在唐代也达到了不可再现的高峰。书法在唐代是最为普及的艺术。周以书为教,汉以书取士,晋置书学博士,唐则全面采取了这些措施。唐代也是书法全面成熟的阶段。这一时期,篆书圆劲,阳冰篆法为后世所多循;草书飞动,"颠张狂素"将狂草引至巅峰;行书纵逸,李邕、颜真卿的"麓山寺碑","争坐位帖"最为书林所重;楷书端整,欧(阳询)、虞(世南)、颜(真卿)、柳(公权)楷书四大家将唐楷导向顶点,在这高峰迭起的背景上推出中国书法的宗师——颜真卿和柳公权。诚如苏轼所言:"至唐颜、柳,始集古今笔法而尽发之,极书之变,

---

① 胡应麟:《诗薮》内编卷四。

② 《新唐书·杜甫传赞》。

③ 鲁迅:《致杨霁云》,载《鲁迅书信集》下卷,人民文学出版社1976年版,第699页。

天下翕然以为宗师"①。

唐代绘画灿烂求备,也是极盛时期。这一时期的画坛,题材广大而深厚,风格多彩多姿,绘画批评空前活跃,各画科也生气勃勃:人物画辉煌富丽,豪迈博大;山水画金碧青绿、交相辉映;花鸟画登上画坛,规模初具。整个画坛充满生命活力。唐人张彦远概括这一时代绘画特征时指出:"近古之画,灿烂而求备"。

即使被美学史家一贯认为相对薄弱的审美和艺术理论,也硕果累累。这里有开一代诗风的陈子昂的诗论,有作为中国古代美学前后期转折理论标志的司空图的《诗品》,有皎然的《诗式》……此外,盛大欢腾多姿多彩的乐舞,起于八代之衰、影响深远的散文等等,限于篇幅就难以一一尽述了。

总之,全方位的文化融会,任意驰骋的辽阔空间,看不完、说不尽的万千美色,横绝百代的天才群星,熔铸成一个极度成熟、无以复加的辉煌时代。对此苏轼曾发高论:

> 智者创物,能者述焉,非一人而成也。君子之于学,百工之于技,自三代历汉至唐而备矣。故诗至于杜子美,文至于韩退之,书至于颜鲁公,画至于吴道子,而古今之变,天下之能事毕矣。②

对此,王毅先生也曾出妙语:

> 雄豪壮阔、气势磅礴、神意淋漓、情韵飞动既不是盛唐风

---

① 苏轼:《书黄子思诗集后》,载《苏轼文集》(全六册),中华书局1986年版,第2124页。

② 苏轼:《书吴道子画后》,载《苏轼文集》(全六册),中华书局1986年版,第2210页。

格的全貌,也不为盛唐文化所独有。那么,什么是盛唐文化更本质的特征呢?应该说是全面的成熟。"诗至杜甫,无体不备,无体不善";其实又何只是诗呢,对于盛唐文化来说,几乎没有什么境界是陌生的,也没有什么境界力不可及。一切因素,一切形式,一切风格,不论它们在前人那里如何参商相悖,如何觇觎不安,但在盛唐文化中都可以恰得其所,都可以与整个时代的风格相映生辉,这不正是一种全面成熟的文化独有的博大吗?所以秦汉人的力量更多地表现为开拓的热望,而盛唐人的力量则更多地表现为掌上观文的自信;秦汉人的恢宏更多地表现为席卷宇内的气概,而盛唐人的恢宏则更多地表现为经纬天地的心怀;汉代更多地确立了中国古代文化的外延,而唐代则更深地确立了它的内涵。①

如果把他们对盛唐评价的内容一词以蔽之,我们认为就是"壮浑"。"壮"者,大也。"浑"者,圆也,满也,全也。"壮浑"根据字面直解即所谓大圆、大满、大全;根据字面含义和深层内容加以理论提升,"壮浑"即壮美在自己的历史和逻辑发展过程中所能达到的那种极度全面、成熟、圆满、登峰造极、无以复加的浑化圆融的至高无上的境界或形态。

(三)秦汉"壮丽"

有比较才有鉴别。在相对的意义上,秦汉审美文化的审美理想或总体审美风格、性质、风貌是什么呢?20世纪初,鲁迅先生曾提出"闳放"和"深沉雄大"的看法②,闻一多先生则作了"凡大为美"或"以大

---

① 王毅:《园林与中国文化》,上海人民出版社1990年版,第135—136页。
② 鲁迅:《坟·看镜有感》,载《鲁迅论文学与艺术》(上册),人民文学出版社1980年版,第144页。

为美"的概括①,近年来,学界又先后提出了"现实主义"说②、"浪漫主义"说③、"厚朴"说④、"粗豪"说⑤、"丽"说⑥等等观点,都从不同侧面丰富和深化了对这一问题的认识。但笔者认为,这些观点尚未全面合理地概括秦汉审美文化的审美理想,相对于先秦"壮朴"、盛唐"壮浑",秦汉审美文化的审美理想或总体性质、风貌应是"壮丽"。

需要特别说明的是,关于秦汉审美文化之"壮",自鲁迅先生提出"深沉雄大"和闻一多先生提出"以大为美"以来,学界多沿用此说,所论已极其充分,而且鲜有歧论,关于这方面本书将在论及秦汉审美文化的基本特征时详说,故在此处不再赘论。而秦汉审美文化之"丽"特别是其与"壮"之联系,以往则鲜有学者进行较全面系统的探讨,而这实际上是秦汉审美文化总体上区别于先秦和盛唐的关键性内容。因此,笔者拟从秦汉审美文化理论形态的美学思想、感性形态的文学艺术和生活形态的行为风尚三方面对此重点论析。

1. 秦汉审美文化理论形态对"丽"的确认

(1)汉赋理论对"丽"的确认

丽不仅是汉赋的审美特征和汉人的审美情趣,而且也是汉赋理论的一个主要概念。汉赋理论之争说明,丽成为汉代文学理论的热点和焦点,并被赋予强烈的观念形态色彩。在丽的问题上,不管是否定论还是肯定论,都把丽作为艺术形式美的观念加以认可和运用。扬雄作

---

① 郑临川:《闻一多论古典文学》,重庆出版社1984年版,第65页。

② 李浴:《中国美术史纲》上卷,辽宁美术出版社1984年版,第361—362页。

③ 李泽厚:《美的历程》,中国社会科学出版社1989年版,第67页。

④ 尤西林:《有别于美学思想史的审美史——兼与许明商榷》,《文艺研究》1994年第5期。

⑤ 李珺平:《汉代审美精神的底蕴是什么?》,《湛江师范学院学报》1994年第1期。

⑥ 王钟陵:《中国中古诗歌史》,江苏教育出版社1988年版,第24—25页。

为辞赋大家和理论家,在对赋的概括性评价中提出了"诗人之赋丽以则,辞人之赋丽以淫"①。不论是"丽以则"还是"丽以淫",都以丽为审美概念,作为形式审美的指称而加以认定。丽不但突出了感性审美色彩,而且呈现出理性美学品格。扬雄以"雾縠之组丽"②的璀璨生辉来比喻赋的文采美。这种半透明的华丽织锦,云蒸霞蔚,炫人眼目。丽追求鲜明强烈的审美感觉而使人心旌神摇,犹如桓谭在《新论》中所喻示的"五色锦屏风"之美。司马相如高度赞赏丽的美感,"合纂组以成文,列锦绣而为质,一经一纬,一宫一商,此赋之迹也"③。这里,以锦绣为质地,以艳采(鲜艳花纹)为文饰,质文整体如经纬宫商那样交错辉映和谐统一,锦上添花更突出耀艳灿烂的绮丽之美,并指明这是赋体艺术美的形态特征和辞赋创作的必由之路。司马相如这段话的潜在意义是说明内容与形式都是美的观照和呈现。丽不仅以美物相喻,而且以美人相喻。扬雄就说"女有色,书亦有色",把辞赋的文采之美与女色之美相比拟。这种大胆而恰当的比喻正是抓住了两者之艳丽的共同点,表现出敏锐的审美眼光。丽的艺术形式美与美人的丽质艳色的感性体态美同样使人感到审美愉悦。丽是一种强烈地诉诸感官的美,具有感性的鲜明性和愉悦性。作为形式美属性,有着人工创造性和主观追求性。丽包含着大美,形态上要求气势浩荡、气概雄浑和气象万千,有空间开放感。丽又包含着精美,质感上要求精美绝伦、精致灵巧和精微超妙,有错综彪炳感。大美和精美的整合圆融,正是"沉博绝丽",美仑美奂。丽的审美概念基于"目观"为美的审美意识,以视觉审美对象的崇高华采为美。"赋家之心,苞括宇宙,总揽人物"④。赋家艺术观照时吞风云、包诸所有的开放感扩张感,把"目观"意识推

---

① 扬雄:《法言·吾子》。
② 扬雄:《法言·吾子》。
③ 《西京杂记·百日成赋》卷二。
④ 《西京杂记·百日成赋》卷二。

向"流观"意识,游目流观,乘物游心,丽也具有动态特征和超越感。丽作为纯粹意义上的美,促进了人们对于文学审美规律(特别是形式审美规律)的认识。

丽的"则"与"淫"问题,不仅涉及文学的内容与形式的关系问题,而且牵涉到儒家政教功利观与文学内部规律的关系问题。扬雄重视形式美,把"无文"提到"无以见圣人"①的高度。在他看来,非丽不辞,非丽不文,但更重要的是丽而宗"经",丽而为"德",着眼于丽的道德价值。他主张文采璨然的形式美必须披载儒家的经义道德,服务于政教功利目的。丽则就是合乎经义法度,丽淫就不合乎经义法度。扬雄把赋分为两类:"诗人之赋"和"辞人之赋"。认为诗赋含有讽谕之义,辞赋则没有讽谕之义,要求赋成为讽谕工具。这与他强调"威仪文辞"与"德行忠信"相结合的文质观是一致的②。扬雄还说:"女恶华丹之乱窈窕也,书恶淫辞之淈法度也"③。所谓"则"和"法度",就是指儒家经义典则,也就是《诗大序》所系统总结的政教功利说和讽谕工具论。汉代经学极盛,靡然向经,以经学为根本学问,把文学看作经学附庸。当时万事以经学为准则,也以经学解诗,注入政教伦理意义,并且以经义评赋,要求辞赋崇经宏道。文学成为雕虫小技,而且对艺术内部规律的探求也往往被政教说讽谕论所遏制和屏蔽。扬雄痛感于辞赋的曲终奏雅,劝百讽一,达不到讽谕目的,因而由嗜赋善赋到否定作赋为"雕虫篆刻"、"壮夫不为",并舍赋就经,皓首著《太玄》,钻进崇经宏道的死胡同。他以儒家的美刺讽谏说对丽加以规范和评判,诋毁丽淫的非"经"、非"法度"。他批评景差、唐勒、宋玉、枚乘等人辞赋"淫"而无"益",并说孔子之门没有贾谊、司马相如之赋的位置。他指责司马相

①　扬雄:《法言·先知》。
②　扬雄:《法言·重黎》。
③　扬雄:《法言·吾子》。

如之赋"文丽用寡"、"过以虚"、"华无根"。王充贬斥"文丽而务巨,言眇而趋深",视"为弘丽之文"为非①,并批评司马相如《大人赋》和扬雄《甘泉赋》徒使皇帝"惑而不悟",欲讽反谀,未达到讽谏效果②,要求辞赋应有劝善惩恶的风教功用。班固宣扬"作赋以风",斥责宋玉、唐勒、枚乘、司马相如、扬雄之赋"竞为侈丽闳衍之词,没其风谕之义"③。就连司马迁也批评司马相如"《子虚》之事,《大人》赋说,靡丽多夸"④。尽管理论批评上这种"虽丽非经"的言论喧嚣一时,但在创作实践上,汉大赋波澜壮阔的发展把丽推向极致形态,以奇丽壮观的形式美弘扬了文学本身所具有的审美特征和美学价值。在汉赋理论对赋体文丽用寡、虽丽非经的批评中,不得不承认辞赋的文采繁茂辞章华美,不得不肯定其艺术形式美的高度成就,对丽为"润色鸿业"所表现的穷极富丽之美的追求并未完全否定。

汉赋的壮丽之美,是盛汉气象的艺术表征,它的"焱焱炎炎,扬光飞文"不但反映出中华民族对辉煌灿烂的壮美的追求,发展了以大为美的传统意识,而且折射出我们民族作为历史主体涵盖一切的磅礴精神。这种磅礴精神包括吐纳万方的浩荡气魄、积极开拓的进取心理、深远宏通的开放意识以及民族生生活力、创造能力和未来指向。因而丽的艺术之美突破了"润色鸿业"的褊狭功利思路而与民族的磅礴精神同在,走向超功利性的审美时空。虽然丽美因铺陈夸饰过分而缺乏艺术分寸感,产生造作、虚浮的流弊,隐含着单纯追求形式美的端绪,但是,它最重要的意义是开始自觉地以美来规定文学自身,引发了寻求文学本身审美特征、美学价值和摆脱儒家风教说讽谕论束缚的努力,丽的审美概念开启了艺术本体问题的美学思维路向,导向重视艺

---

①　王充:《论衡·定贤篇》。

②　王充:《论衡·谴告篇》。

③　班固:《汉书·艺文志》。

④　司马迁:《史记·太史公自序》。

术形式美的合法地位,促进了对艺术的内容与形式关系的认识,并使对内容和形式关系的审美认识开始摆脱儒学善与美关系规范(即以善代美、重善轻美)的制导。可以说,在汉代丽作为审美概念已经受到普遍重视,作为纯粹美学意义的观念形态得到理论确认。

(2)其他艺术理论对"丽"的确认

虽然秦汉时代文艺各艺术形式还没有彻底分化,且达到全面成熟,但有些类别已走向自觉。除赋论、书论、诗论、乐论已有专门的理论著作外,舞论、画论也在描绘艺术形象时表达了作者对文艺的精辟见解,从不同角度、在不同程度和意义上,普遍表达了对"丽"的确认。对于文学,王充《论衡·自纪》说:"辩言无不听,丽文无不写。"王符《潜夫论·务本》指出:"今学问之士,好语无之事,争著雕丽之文。"对于宫殿建筑,汉初萧何说:"天子以四海为家,非令壮丽,亡以重威,且亡令后世有以加也。"①东汉王延寿《鲁灵光殿赋》在描绘灵光殿的高大巍峨雄伟壮观时说:"迢嶤倜傥,丰丽博敞","何宏丽之靡靡。"对于皇家苑囿,司马相如《上林赋》说:"君未睹夫巨丽也,独不闻天子之上林乎?"对于书法,蔡邕《九势》说:"藏头护尾,力在字中,下笔用力,肌肤之丽。"②用"丽"或"肌肤之丽"形容书法,颇为奇怪。对此,沈尹默先生作了精辟的分析:"这两句话,乍一看来,不甚可解;但你试思索一下,肌肤何以得丽,便易于明白。凡是活的肌肤,它才能有美丽的光泽;如果是死的,必然相反地呈现出枯槁的颜色。有力才能活泼,才能显示出生命力。这是不言而喻的事实。"③沈先生是从书法表现力的美,生命之美的内在要求揭示"肌肤之丽"的美学内涵,我们认为蔡邕所以用"丽"来表达书法美学思想,明显地受到汉代崇丽的时代氛围

---

① 班固:《汉书·高帝纪》。

② 蔡邕:《九势》,载《历代书法论文选》,上海书画出版社1979年版,第6页。

③ 《沈尹默论书丛稿》。

的重要影响。对于音乐、舞蹈,《淮南子》说:"不得已而歌者,不事为悲;不得已而舞者,不矜为丽。歌舞而不事为悲丽者,皆无有根心也。"①"耳听《滔朗》、《奇丽》、《激抮》之音"。② 傅毅《舞赋》描绘舞女服装时说:"姣服极丽",在描述完精彩绝伦的舞蹈表演后写观者的感受评价时说:"观者称丽,莫不怡悦。"

2. 秦汉审美文化的感性形态(艺术)对"丽"的表现

(1)汉赋及其他文学样式对丽的表现

丽是汉赋的根本审美特征。楚辞的丽美直接影响到汉赋。"汉之赋颂,影写楚世"③;"祖述《楚辞》,灵均余影,于是乎在"④。汉大赋的丽美是一种强烈的巨丽、宏丽、靡丽、遒丽之美。它的最突出特色是繁富铺陈,恢宏瑰玮。这一特色又与其"润色鸿业"、歌功颂德的宗旨紧密相连。帝国大一统胜利的骄矜而雄夸,"富有之业莫我大"的张扬而炫耀,因而"以靡丽为国华"⑤,表现出阔大胸襟、开放眼光和沉雄气概。它用铺陈扩张和高度夸饰的表现手法,追求饱满充沛、酣畅淋漓的艺术效果,于深莽风貌和遒劲动势中洋溢着郁勃生气和进取精神,汉大赋在恢宏壮观、繁饰多彩、富丽堂皇中透出外在涂饰意味和空间思维路向,描写宫苑、游猎注意空间结构;甚而从东西南北上下铺陈夸艳、矜奇炫博,在引申、触类、排列、比托中加以包诸所有、淋漓尽致的描绘,如司马相如《子虚赋》对云梦的描写即是如此。在铺张扬厉中,追求形色之美和感官的审美满足,铺锦列秀,流丹溢彩,刻镂雕绘愈益侈靡,色彩装饰趋于繁富,"光彩炜炜而欲然,声貌岌岌其将动"⑥。汉

① 刘安:《淮南子·诠言训》。
② 刘安:《淮南子·原道训》。
③ 刘勰:《文心雕龙·通变》。
④ 刘勰:《文心雕龙·时序》。
⑤ 张衡:《西京赋》,载费振刚等辑校:《全汉赋》,北京大学出版社 1993 年版,第 421 页。
⑥ 刘勰:《文心雕龙·夸饰》。

大赋的丽美又带有汉代观念体系中神话巫术传统和谶纬迷信所影响的神秘色彩。由于汉大赋是以体物为主,因此,它自觉地追求语言美和形式美。它基于"润色鸿业"的歌颂宗旨,从对客体对象的观照和再现到对外在异己力量的揄扬和歌颂,有时忽视情感的贯注和抒发,丽而失虚,颂而乏情。汉大赋这种情感空乏的致命弱点为抒情小赋所扭转。两汉抒情小赋直接继承楚辞的丽美与抒情相统一的优良传统,在追求形式之美的同时重视主体的情感抒发。如贾谊的《吊屈原赋》、司马迁的《悲士不遇赋》、司马相如的《长门赋》、班婕妤的《自悼赋》、张衡的《定情赋》、赵壹的《刺世疾邪赋》等等,无论是述怀、吊亡、刺世、幽怨、恋慕等,都抒发了真情实感,其清丽特色与抒情特征相结合。在抒情手法上,这种小赋短制不同于楚辞那种美人香草的托喻手法,而是直抒胸臆,不管是激愤而悲歌还是戚怨而哀思,都充满了浓郁深沉的抒情意味。

　　丽的这种繁富浓艳,夸丽堂皇的形色之美,不但突现了汉大赋的主导审美特色,即"沉博绝丽"、"侈丽巨衍"、"弘丽温雅"、"靡丽多夸",而且反映了汉人的审美情趣。"极丽靡之辞"①,是汉人的审美情趣和审美风尚。"巨丽"、"弘丽"、"靡丽"、"奢丽"、"富丽"、"侈丽"、"辩丽"、"文丽"等等,都离不开丽。丽成为"楚艳汉侈"的根本性审美特征,昭示着文学开始用美来规定自身,同时也标志着丽本身作为一个美感形态已经形成。丽的审美特征的形成具备了两个基本条件:一是大汉帝国经济繁荣国力强盛提供了追求艺术形式美的时代契机;二是楚汉文学本身长足发展对探索艺术内部规律的必然要求。除此之外,两汉时期文质统一论的发展对丽也有直接影响。文质关系具体在文学领域被视为内容与形式的关系,丽作为感性形式美是对"文"的要求的具象化。两汉时期普遍重视文质关系,《淮南子》及扬雄、王充等

① 班固:《汉书·扬雄传》。

人都强调文质相胜,并具体涉及艺术形式问题。《淮南子》以毛嫱西施美人打扮为例,说明天然之美加上人为文饰能使美质更美①;以木材加工雕镂美饰为例,强调人工创造形式美的重要性②。扬雄则认为不丽不成辞,不丽不成文。"玉不雕,王与璠不作器;言不文,典谟不作经"③。汉代文质观的申扬和发展必然引起对丽的审美特征的关注和重视。我们看到,楚辞的丽美带有自发性特点,而汉赋作为一种艺术体式取得了空前绝后的成就,尚丽成为它的自觉的审美追求。从丽美角度来说,表明了文学开始重视本身的审美价值,显示出文学自觉的发展。

对于汉赋的"丽"美,目前几乎已无人否认。但对秦汉文学的其他种类样式如诗歌、散文等却极少有人确认有丽的表现。如对汉代诗歌,人们长期停留在"班固《咏史》,质木无文"④的理解上。其实,汉代诗歌、散文也表现出较明显的丽的特征。如对刘邦《大风歌》,朱熹曾万般赞叹:"千载以来,人主之词,亦未有若是之壮丽而奇伟者也,呜呼雄哉!"⑤对汉武帝的《秋风辞》,鲁迅先生极为嘉赏,称其"缠绵流丽,虽词人不能过也。"⑥对汉代等五言诗,刘勰曾以"五言流调,清丽居宗"⑦评之,明确指出了其"清丽"的总体特点。在对汉乐府作品评价时他还指出:"暨武帝崇礼,始立乐府,总赵代之音,撮齐楚之气,延年以曼声协律,朱马以骚体制歌。《桂华》杂曲,丽而不经,《赤雁》群篇,靡而非典,河间荐雅而罕御,故汲黯致讥于《天马》也。"⑧《桂华》、《赤

---

① 刘安:《淮南子·修务训》。
② 刘安:《淮南子·俶真训》。
③ 扬雄:《法言·寡见》。
④ 钟嵘:《诗品·序》。
⑤ 朱熹:《楚辞集注·楚辞后语》。
⑥ 鲁迅:《汉文学史纲要》,人民文学出版社 1976 年版,第 28 页。
⑦ 刘勰:《文心雕龙·明诗》。
⑧ 刘勰:《文心雕龙·乐府》。

雁》在汉乐府中并不是代表性佳作,刘勰竟认为它们"丽而不经"、"靡而不典",嫌它们丽靡。明代徐祯卿在评论汉代诗歌时也说:"《安世》楚声,温纯厚雅,孝武乐府,壮丽宏奇"①。显而易见,汉代的诗歌已经显示出"丽"的特点了。关于散文,刘勰及后代论者也多次指明其对丽的表现。刘勰在论秦代文章时说:"至于始皇勒岳,政暴而文泽"②,论李斯散文时说:"李斯自奏丽而动,若在文世,则扬班俦矣"③。意谓李斯的奏章富于文采而又颇具感人力量,如果活跃在重文之世,其文章可与扬雄、班固相提并论。这不仅指明了李斯奏章"丽而动"的特征,而且给予其很高的评价。此外,评《淮南子》时有"《淮南》泛采而文丽"④的美言,论班固《汉书》有"赞序弘丽,儒雅彬彬"的赞语⑤。刘勰《文心雕龙·杂文》篇除认为枚乘《七发》有"夸丽风骇"的特点外,还特别指明了他在汉代文学史上的地位:"观枚氏首唱,信独拔而伟丽矣。"不过,对汉代散文尤其是西汉散文丽的特点概括得最明确的还是柳宗元。柳宗元说:"文之近古而尤壮丽,莫若汉之西京。……殷周之前,其文简而野;魏晋以降,则荡而靡。得其中者汉氏。汉氏之东,则既衰矣。"⑥

这些评价大体覆盖了秦到两汉的主要历史阶段,由此可以看出,除汉赋外,秦汉文学的其他种类样式,也不同程度地表现出丽的特征。

（2）其他艺术对丽的表现

宫廷建筑是为显示皇权尊严和皇室特权而修建的高大宏伟的房屋群体。它是中国古代等级最高、成就也最高的建筑。宫殿的基本功

---

① 徐祯卿:《谈艺录》,学海类编道光本。
② 刘勰:《文心雕龙·铭箴》。
③ 刘勰:《文心雕龙·才略》。
④ 刘勰:《文心雕龙·诸子》。
⑤ 刘勰:《文心雕龙·史传》。
⑥ 柳宗元:《西汉文类序》,载《柳河东集》卷二十一。

能是供君王举行大典、接见臣僚、决策大事和君王后妃太子公主居住以及祭祀先祖等,故其取地最广,位置最佳,用材最精,造价最贵,尺度最巨,品位最高。秦宫建筑承前启后,既吸收了春秋战国各国争奇斗艳的殿堂特点,又融合发展了各种建筑的优点,从而形成了大屋顶、高台基、木结构、平面铺开、左右对称等中国传统的建筑特点,因此有论者认为,秦宫廷建筑简直是不可思议得精美绝伦和雄伟壮观。

宫廷作为帝王生活的舞台,它既是专制王朝行政最高权力的统治中心,同时又是历代帝王及其家族居息游宴的场所。每个王朝更迭,新登上帝王宝座的统治者,都要大兴土木、构筑雄伟的都城,修建豪华的宫廷建筑,以显示自己的高高在上和不可一世。皇室家族在这里颁布政令,决策大事,举行庆典,吃喝玩乐,享受着既豪华奢侈又带有几分神秘色彩的生活。高高的围墙,深深的庭院象征着统治者的富有和强大。所谓"天子以四海为家,非令壮丽亡以重威,且亡令后世有以加也"。

秦宫殿建筑的一个重要特征就是建在高大的夯土台基上,而且高低参差不齐,显得异常巍峨壮观。如雍城宫殿遗址、咸阳宫殿遗址、阿房宫遗址、辽宁绥中、秦皇岛秦宫殿遗址等等,都明显地表现出这一特征。总的说来,这是因为秦人好大喜功,"高台榭,美宫室",因而其建筑不仅高大壮观,而且富丽堂皇。著名的阿房宫"规恢三百余里",气势磅礴,据载其"上可以坐万人,下可以建五丈旗",这也是吸收先秦时期高台建筑的优点而来的。

至于室内的具体布置及装饰材料,史书及考古发现也为我们提供了资料。史载秦宫殿内"木衣绨绣,土被朱紫",阿房宫"以木兰为梁,以磁石为门",可见其内部必是流光溢彩,分外艳丽的。

高大的建筑是同高超的建筑技术分不开的。战国铜器上的楼阁图形为我们提供了重楼广宇的实例,使我们对这种建筑有了初步直观的印象。秦地凭着优越的地理条件、优美的自然环境建筑了诸多令人

称奇的建筑。经发掘的咸阳一号宫殿遗址,夯台高起,周环回廊,上设露台,具有四阿屋顶,而且对室内的排水、储藏、取暖、采光、通风等都有周到的安排。由高台底部四围设居室,自下而上到顶部分为三级。空间大小、坐落位置都安排得极为合理,整个房屋疏密有致、排列灵活。尤其是凌空飞檐上施以朱绘的各式瓦当,更显得华丽高耸,气势不凡。这样豪华气派的宫殿样式,目前已无法欣赏,但我们却能从文献记载的字里行间及考古发掘的出土遗物中遥想该建筑当年的风姿。

宫殿除了满足人们居住、挡风、遮雨的基本要求外,还应有观赏、审美等更高层次的功能。自古以来,人们就懂得居室的美化。秦汉之际华贵的建筑的柱子椽子上也绘有云气龙蛇等图案,并由于广泛使用帷帐作为建筑物室内的屏蔽物,因此一些绫锦织纹图案也用于建筑彩绘上。秦始皇陵地宫,据史书记载其顶部绘画或线刻日月星象图,当是始皇生前居住宫殿形式的真实模拟,可以想见其宫室顶部或墙壁、地面等处也是有彩色图画的。

色彩艳丽、图案各异的建筑彩画起源于房室木结构件防腐的要求,最早是在木材表面涂刷矿物质以及桐油等物,以后发展成彩绘图案及图样,成为中国古典建筑中最具特色的装饰手法。

建筑装饰可分为室内装饰即室内顶部、墙壁、地面的装饰以及室外装饰即室外建筑物件上的装饰两类。秦人当时的建筑墙壁多为土木结构,官府和贵族一般多在墙上悬挂锦绣,用以装饰墙壁。据《西都赋》记载,当时"屋不呈材,墙不露形",由此可见当时是非常注意室内外装饰的。春秋战国时期,帷帐、锦绣类物品只是挂在墙上某一个部位。到了秦代,演变成一种大型墙衣,直接贴在墙上,凡大型的宫殿内几乎都贴上了这种墙衣。

考古工作者在秦都咸阳一号宫殿遗址多处发现有环钉,估计当时内壁张挂锦绣帷帐,以此饰壁。另外在陕西洛南祝塬秦宫殿遗址调查中,发现室内建筑地面为淡红色,墙壁有白、淡紫两种颜色,这与史书记

载秦始皇兴修的离宫别馆中"木衣绨绣，土被朱紫"可以印证。这一做法到了汉代据《盐铁论·散不足》记载，贵宦富豪的居处"井干增梁，雕文槛楯"，"黼绣帷幄，涂屏错跗"，极尽雕琢堆砌之能事。《汉官典职》所言"以丹漆地，或曰丹墀"，即指以红漆漆地。《西都赋》所言"玄墀扣砌"，则是用的黑漆。墙壁饰以蛤灰。《周礼·掌蜃》郑注："饰墙使白之，蜃也。今东莱用蛤，谓之义灰。"而温室则"以椒涂壁"，后宫也被称为"椒宫"，皆取椒多子之吉利。宫中壁柱多为铜制而涂金，大者有数围。墙壁上部露出的横木，则往往饰以金、珠、宝石，故谓之壁带。《汉书·外戚传》曰："壁带往往为黄金钉，函蓝田璧，明珠翠羽饰之。"

秦朝短命，关于秦宫殿内详情史书记载过少，但我们可以从汉代宫殿内装饰推测，秦代宫殿内也是金碧辉煌、光彩照人的。杜牧《阿房宫赋》中虽有夸张修饰之处，但其的确反映了当时宫殿中的色彩艳丽和不同凡响。史家多言汉承秦制，且有一些宫殿是秦宫汉葺，应是汉人在秦宫基础上的进一步加工和美化。如在春秋时代的秦国宫殿中，就已使用了铜质构件，汉时继续向精巧发展。屋顶覆以瓦，前沿檐端的椽头之上饰有瓦当，始于战国，当时多为半圆形，而秦渐改为圆形，汉因秦未改。秦瓦当多为图像画或图案画，如奔鹿、子母鹿、双虎、双獾、朱雀三鹤、四雁、四兽、夔纹、虺纹、碧鸡、葵纹、雷纹等，有文字者绝少。汉代在此基础上又有所发展，使瓦当不仅实用，而且具有观赏价值。

从考古发现遗物看，秦人对建筑装饰是非常讲究的，无论是地面上的宫殿，还是地下的陵墓，都装饰得异常华丽。考古出土的秦代动物、植物、云纹瓦当及龙凤纹空心砖等，每一件都是精美绝伦的艺术品。①

汉代宫殿建筑也同样展现着壮丽的风采。虽然我们现在已难觅其巍峨辉煌的身影，但汉大赋对其时宫室建筑的描写，至今还为遥远的后人展现着一个流光溢彩的世界："窈窕之华丽，嗟内顾之所观，故

---

① 田静：《秦宫廷文化》，陕西人民教育出版社 1998 年版，第 21—22 页。

其馆室次舍,采饰纤缛,裹以藻绣,文以朱绿,翡翠火齐,络以美玉。流悬黎之夜光,缀随珠以为烛。金釭玉阶,彤庭辉辉"①。请看:藻绣朱绿,金釭玉阶,美玉明珠,彤庭辉辉。一片多么璀璨的光和色……在汉人的审美享受中,不是充溢着一种对于视觉美的追求么?《汉书》对于汉成帝时昭阳殿亦作此种描写:"其中庭彤朱,而殿上漆,切皆铜沓(冒)黄金涂,白玉阶,壁带往往为黄金釭,函蓝田璧,明珠翠羽饰之"②。汉代宫殿以漆涂地,或为赤色,或为黑色。墙壁之中有横木,以金珠宝石饰之,称为壁带,殿屋正中顶上有藻井之饰。门首有金银环,称为金铺、银铺。椽头饰以金碧,窗牖则多嵌琉璃。门户墙壁多有彩画。明光殿省中,用胡粉涂殿,以青紫色分界,图画古代烈士,并书以赞辞。这不是一个五彩缤纷的世界么? 赤色、黑色、金色、彩色,到处是光、色、图画,黄金涂,白玉阶,明珠翠羽,金璧宝石,那样的富丽,那样的侈靡,那样的在视觉上令人餍足。

汉乐亦于音乐表现形式上追求一种宏大的音响与声势,所谓"撞万石之钟,击雷霆之鼓,作俳优,舞郑女"。③ 鼓吹仪仗中,李延年据胡曲创作仪仗军乐二十八解,其中《出关》、《入关》、《出塞》、《入塞》诸曲至魏晋尚有留存。山东沂南汉画像石刻有七盘舞乐表演形象,仅为此舞伴奏的乐队就有十七人,其中歌者五人,另有排箫、埙、笙、瑟、建鼓、钟、磬、铙等乐器演奏员。班固《东都赋》曾描写当时乐队"陈金石、布丝竹、钟鼓铿鍧、音弦烨煜",均反映汉代乐舞表演对宏丽音声气势与文采的追求。另外,就像汉赋具有一种广博宏丽、玮奇华采的艺术风格那样,在汉乐中,也时常表现出一种绮丽华美的艺术品貌。扬雄曾以汉代织锦霞蔚般的美丽来比喻汉赋之宏丽,而在当时,汉人也曾以

---

① 张衡:《西京赋》,载费振刚等辑校:《全汉赋》,北京大学出版社 1993 年版,第 414 页。
② 班固:《汉书·外戚传下》。
③ 班固:《汉书·东方朔传》。

同样的方式来类比音乐。《汉书·王褒传》有云："女工有绮縠，音乐有郑卫，今世俗犹皆以此虞悦耳目。"同书又称宫廷中"内有掖庭材人，外有上林乐府，皆以郑声施于朝廷。"司马相如把当时上林乐府中演出的荆、吴、郑、卫之声描写为"所以娱耳目而乐心意者，丽靡烂漫于前，靡曼美色于后"，足可见当时音乐艳丽风格之一斑。

与汉赋竭力追求华丽富美的特色相同，音乐上的绮丽风格，在当时可以说是摆脱先秦礼乐观中音乐作为伦理教化工具和附属品的意识影响，而在艺术审美活动中获得现实娱乐精神解放的一个表征。汉代乐府的音乐创作虽然不可避免地带有歌功颂德的成分，但是在其音乐曲调的运用上，却可以清楚地看到，它并不拒绝郑卫夷俗之乐。就像李延年采西域胡曲写新歌并自创声曲，上林乐府也纳用郑卫音作乐声，它们共同的原因就是因为这些世俗之乐更适合于表达人的自由情感，由此创造了一种夺人耳目、沁人肺腑的艳丽之美。这在对音乐形式美的追求、促进人的音乐审美听觉能力的培养和内在情感心灵的丰富等方面，无疑是具有积极作用的。

古代用来在车制上反映等级的彩饰主要是所谓的黼画组就之物。黼即黼黻文章，是古代织绣的一种专有名称。组就在这里是专门的色彩装饰名称。色丝为组。色成为就，或曰色备为就。黼画组就之物在古代乘车上，按照文献记载主要有鈘顁之设、繁缨之施以及络头等。

《墨子·辞过》云："当今之主……饰车以文采，饰舟以刻镂。"古代车乘制度是统治阶级礼仪中最受重视的部分之一。因而反映统治者威风、豪华和严格的等级差别的车具装饰也就纷繁而细微。作为一国之君，"饰车以文采"，即以彩色的丝锦织物来装饰乘舆车辆，就是"礼"所当然了。古文献中所谓容、帷裳、盖衣、衣蔽等繁多的名目，多是指这种丝锦织物类乘御设备和装饰。

关于车马装饰，据《后汉书·舆服志》云："乘舆、金根、安车、立车，轮皆朱班重牙，贰毂两辖，金薄缪龙，为舆倚较，文虎伏轼，龙首衔

辀,左右吉阳筩,鸾雀立衡,檐文画辀,羽盖华蚤,……像镳镂(锡),金(鋈)方釳,插翟尾,朱兼樊缨,赤罽易茸,金就十有二,左纛以氂牛尾为之,在左騑马辀上,大如斗,是为德车。五时车,安、立变皆如之。"这里说的是汉代的乘舆情况,秦王朝乘舆的装饰怎样,文献缺载。但从秦陵铜车马看来,有许多与汉制相似,如轮上朱绘,车舆通体彩绘,大量金银饰物,车盖上覆盖丝物(但不是翠羽),右骖马头上有纛(不在左骖马辀上)等同样是非常豪华的。

按古之记载,安车当有盖衣。今见二号铜车车顶的丝帛残片实物,即是所谓盖衣的一部分。二号铜车的盖衣设施不止一层,其盖顶丝帛下又绘有象征织物的边饰图案,说明盖衣在两层以上,当类古之"复帐"。安车又当有裳帷,这可从与之最接近,形似而类同的巾并车形制推知。除此而外,该车四周被称为车轐的地方,还有既作为布施裳帷的屏蔽,又作为承托车盖的竹编成的屏蔽。该物既坚实又轻便,内外再衣以绚丽的锦绣裳帷,方尽得炫耀始皇帝的至高无上和无比威风。

铜车马是借助彩绘纹饰来表现有关盖衣、裳帷及轼茵门窗所铺设的锦绣绫绮织物的。这即所谓帝车上有衣蔽衣饰。车辆衣蔽是指以织物作出的屏蔽,衣饰是指织物类装饰。秦陵铜车马艺术地表现了车上的衣蔽衣饰。艺术匠人未用真实的织物材料,而是大胆地进行了艺术的再造。其方法是舍弃用真实手法表现衣蔽,代之以彩绘的形式。其中最明显的地方是轼衣和车茵。一号车轼衣图案的花纹为菱格状四方连续排布,花纹组织特征极似古代的斜纹织物。织物的四周,是当时流行的织锦边缘,时代气息浓郁。二号车轼衣图案花纹仍以变化较多的菱花为主体图案,四周是几何纹边缘装饰,其织物种类与一号车略同。一、二号铜车车茵也是一种非常高级的织物。一号车车茵从后边看异常真切,似乎可以从车舆中拉出来一样。在车后拖出来一段,向下耷拉悬垂着,其图案花纹比较简单,呈一般织物的纹样。二号

车车后室的车茵图案花纹,因皇帝享用而显得完美而豪华,车茵是重茵,下部可能是茵褥,看起来比较厚重敦实。最上部是较薄的织物。前室是方格纹的朱红茵褥,等级虽然低了许多,但在绘饰上仍作了细致的表现。高大的车盖是车辆最醒目的部分,自然要装饰得隆重华丽。秦御车车盖覆以什么织物已无从考知,不过从铜车车盖的艺术表现中可以领略出它的几重织物的贵重和华丽。该车伞盖的主体纹饰是变形夔凤纹,边纹与轺衣和车茵的几何纹边饰相同。

一、二号铜车马通体彩绘,成功地再现了始皇乘舆富丽堂皇的风姿。铜车马的图案设计非常完美。设计者娴熟地把握了整体风格的创造,从而把一辆形体大、零件多、结构复杂、彩绘量大、容易产生零乱现象的御车,装饰得色彩绚丽和谐,图案完美大方,风格统一又富有变化,显示出高超的彩绘技艺。从这辆装饰得五彩缤纷、绚丽多姿的帝王御车中,可以遥想当年始皇銮驾的风采。从斑斓和谐的彩绘中,可以了解始皇御车当年诸种装饰工艺的部分风貌。我们在感叹帝王御车豪华精美的同时,也深深地佩服秦代艺术匠人高超绝妙的创造才能。①

需要特别论证说明的是秦始皇陵兵马俑和汉代画像石、砖的“丽”的问题。

我们可以肯定地说,青灰冷峻的基调,并非兵马俑的本来面目;还其本色,则是一派盛妆的灿烂彩绘。

彩绘原是我国雕塑艺术史上一种古老的传统技法,即对烧制后的物体表面施彩描画。如果要追溯这彩塑的渊源,那么,新石器时代以器物为主的彩陶文化已成涓涓先河。如此说来,彩塑的历史比文字的历史还要悠久。即便是彩绘陶俑,至少在商周时代,就已广泛地作为殉葬品了。秦祚短暂,但其历史作用却不容低估,因为它在许多方面

---

① 田静:《秦宫廷文化》,陕西人民教育出版社1998年版,第120—122页。

都完成了对几百年战国时代的总结、融合和升华,以至出现一个在形态与机制上都具有全新意义的大一统帝国。所以,如果承认兵马俑的发现是终于衔接起从战国到两汉间雕塑艺术史的一个重要跨越,那么其本身再现的色彩,也应该说是正好填补了这一重要跨越的彩绘技法空白。因为,兵马俑所具有的无比的权威性和代表性实在是毋庸置疑的。

"三分雕塑,七分彩绘",这大概与俗话所说的"三分长相,七分打扮"的道理是一样的。对于秦始皇陵兵马俑来说,其雕塑与彩绘之间的关系,以及彩绘艺术所具有的魅力和功用,也正好由此得以形象地概括。

兵马俑入葬后不久,便惨遭人为的劫难,火的焚烧,坑的毁埋,加之两千多年的水土浸渍,致使俑身的彩绘脱落殆尽。所幸还有那么一部分,或未被烧及,或浸蚀较轻,包括兵俑、马俑以及战车,乃至铜车马等,仍或多或少地保存着原有的鲜艳色彩,这是颇令考古工作者与艺术家们惊喜不已的。从已经发现的颜色来看,其种类包括原色、间色及各种调配过渡色等,不少于 20 种。这当中有红、黄、蓝三原色,有橙、绿、紫、黑四间色,还有更为多彩的许多调配过渡色,如朱红、枣红、淡红、粉红、粉绿、深绿、粉蓝、浅蓝、粉紫、深紫、中黄、赭石,以及白色和褐色等,真是绚丽异常。化验表明,这些丰富的色料都属于矿物质染料。仅就色彩的丰富性一点与战国时期的彩塑相比,便不能不承认兵马俑的创作确实是空前的彩塑典范。

那么,兵马俑彩绘的具体表现和艺术效果究竟是怎样的呢?经过观察比较,可以发现各种俑体的色彩配置稍有差异,并不是千篇一律地某一部位必须用某种颜色,或者至少说是由几种不同的服饰而导致了色彩的变化。不过,一般说来兵俑大多是红色上衣配绿色或蓝色下衣,而绿色或蓝色下衣则配红色上衣,手和脸多用粉红,衣袖衣领多用绿色或赭石色,铠甲的甲钉多用黑色,连接甲片的线多用红色;马俑大

多为通体枣红色,黑色的鬃,红色的口舌,白色的牙齿与蹄甲,以及白睛黑瞳等等。比如铠甲俑就可以大致分为两类。一类身穿绿色短褐,衣领和袖口押紫花边,披黑色铠甲,白色甲钉,黄色甲扣,紫色连甲线,下身穿深红色短裤,赭黑色鞋子,系橙色鞋带,面、手、足等肤色为粉红,白眼黑珠,眉、发、须均为黑色。另一类身穿红色短褐,衣领和袖口押浅蓝花边,披暗褐色铠甲,红色或粉绿色甲钉,橙色连甲线,蓝色或绿色短裤、赭黑色鞋子,肤色粉红。

这里,我们不妨再从二号坑中举出几个典型的形象加以详细描绘,以略窥秦俑本来面目之一斑。请看第1方中的一位御手俑和两位车士俑:御手俑身着绿色长襦,披赭色铠甲,缀朱色甲带,嵌白色甲钉;下身穿粉紫色长裤,赭黑色鞋,系朱红鞋带;戴白色巾帻,上配红色发带,帻上又著赭色长冠,冠带为粉紫色;面、手、足为粉红色,白眼黑珠,眉、须用墨线勾勒。御手俑右边的车士俑穿朱红色长襦镶有粉绿色衣缘,蓝色短裤,粉红色套裤;铠甲、鞋子、巾帻的颜色与御手俑相同。御手俑左边的车士俑则穿绿色长襦,粉紫色短裤,行縢(裹腿)上截为白色,下截为深紫色;其余部位的颜色与御手俑相同。再请看第9方中的将军俑:红色上衣,绿色长襦,朱色长裤,赭色的履和冠。尤其绚丽的是铠甲部分,赭色甲片上嵌缀着红色甲钉和甲带,甲衣的前后胸及四围边缘绘着精致的几何形彩色图案花纹,双肩与前后胸还有8朵用彩带扎起的花结。又如第12方中的骑士俑,身穿镶着朱红色衣缘的绿色上衣,束赭色腰带,下穿粉紫色长裤,赭色短靴,系朱红色鞋带,赭色小帽上绘着梅花形的散点或花纹,铠甲的颜色与御手俑相同。

另外,彩绘的表现范围并非仅仅局限于军阵中的兵俑与马俑,甚至并不局限于陶质的俑体,那些战车,那马厩坑中出土的跽坐俑,还有那两乘青铜质地的铜车马乃至车上的一面青铜盾牌,也都是以彩绘作为最后一道补充与完善的工序。就拿铜车马来说,所用颜料有朱红、粉绿、天蓝、黑、白等。其中,以白色用得较多。四马通体为纯白色,车

舆上的花纹有的以白色为底,一些图案花纹也以白色勾勒。鉴于在青铜质地上施彩的文物至今尚不多见,所以这彩绘的铜车马,就无疑成了古代彩铸艺术的代表和菁华,而且为研究青铜器物的彩绘技法提供了弥足珍贵的原始资料。

通过前面列举的具体表现,可以看出秦俑彩绘的三大特点:一是绚丽的色调;二是强烈的对比;三是厚重的颜料。前两个特点是外在的,它造成了雕塑对象明快、华艳的风格基调,使整个军阵的容貌平添了几许威武、雄壮而又热烈的气息,从而冲淡了作为守卫陵墓者的阴冷与肃杀,并更加显示了秦帝国军队昂扬蓬勃的精神。通过这些色彩的具体表现,还可以了解秦人的审美观念,比如秦人尚黑的意识在兵马俑的身上表现得就并不那么明显和强烈,《史记·秦始皇本纪》:"衣服旄旌节旗皆上黑。"《封禅书》也说:"色上黑。"只不过是浅亮的颜色稍少而深重的颜色稍多罢了。另外,可借以研究秦军乃至秦人服饰及车舆在当时现实生活中的配色与彩绘制度。第三个特点是内在的,它牵涉到兵马俑的彩绘技法问题,更具体地说就是前面所讲的"三分雕塑七分彩"的问题。塑与绘的关系是互为补充、互为配合的,之所以将塑与绘的艺术比例作三七开,目的在于强调作为最后一道工序的彩绘对于雕塑本身具有重要的艺术效用。比如古代雕塑技术中有一个重要原则,就是眼睛(凹陷部位)要塑得小一点,鼻子(突起部位)要塑得大一点。为什么呢? 原来小眼睛的目的是为了给彩绘留下余地,当小眼睛在施彩时被加上一圈黑色,再绘上白睛黑珠,便马上变得大而有神了。这一原则,如今在兵马俑的形象上得到了真切的印证。又比如彩绘的方法都是平涂,在彩色上显不出浓淡、阴阳的变化,要借助立体造型的凸凹起伏的体面与线条来表现。然而,1号坑出土的陶马中有四匹是在受光面涂了枣红色,背光面(如腹、颈下及四肢内侧等)涂了深绿色。这种施彩方法虽不普遍,却可以由此揣测秦俑的制作者,或许是在企图解决如何运用颜色来表现明暗、凸凹等层次变化的

问题。再比如兵马俑的大部分部位是涂一层色,但在面部(特别是双颊、眼皮、眉骨、鼻梁、前额及下颏等隆起块面)以及手、足部位,为了表现出皮肤的色泽与质感,便往往施敷二层色,这样不仅在肤色的表现上更显得真切准确,而且在质感上也更为圆浑、温润。这二层色表现为介于朱红与粉红之间的过渡色,并富有一种晕染的效应,这是很值得重视的。在追溯后世晕染法渊源的问题上,秦兵马俑或许正开其先河。

事实上,兵马俑彩绘技法也就是"三分雕塑七分彩"的关键,还在于厚重的颜色这个基本特点上。没有厚重的颜色,就难以收到独特的艺术效果,尤其是聚现着气韵神态的面部的颜料层,更要比其他部位厚得多,甚至可以形成一个完整的"壳"。以前面所列举的将军俑为例,秦俑博物馆北展室陈列了这个将军俑的石膏模彩绘标本。厚涂颜料之前,将军俑的细部显得过分夸张,如胡须、头发,贴塑显得突出;额上皱纹明显、刻露。厚涂颜料之后,额上纹线隐约而含蓄;眉毛、胡须、头发较为机械的刻线也显得熨帖了;脸上不仅保留了肌肉感,而且更增添了皮肤特别是眼皮与嘴角的鲜活感。再以铜车马为例,整个铜车的彩绘也是以厚重作为成形的补充手段。特别是那些力图表现车舆上铺垫物质感的部件,上面的颜料往往堆砌填充,组成突起的图案,使人更易于感觉到这些部件原本是绒绣制品。

1999年4月秦始皇陵兵马俑2号坑发掘新发现的色彩鲜活艳丽,形象栩栩如生的两尊带彩跪姿弩兵俑,更加科学雄辩地证明了,秦始皇陵兵马俑是一支鲜艳炫目的威武之师。据报载,新出土的带彩跪姿弩兵俑,在世界文物中尚属首次发现。2号坑发现的带彩兵俑颜色中的紫色有明显的硅酸铜钡的非矿物质成分。据专家分析,硅酸铜钡这种化学成分,是近代研究加工超导体才发现的副产品。两千多年前的带彩陶俑就已运用,可谓是世界科技史上的一个奇迹。由于目前尚无有效的保护色彩不被化解的手段,现在2号坑已停止挖掘。中央电视

台已将秦俑彩塑拍成科普片，向世界宣扬秦俑的成就。我们相信，与真人大小相近、艳丽鲜活的秦兵马俑军阵，很快会以本来的面目展现在世人面前。

总之，兵马俑厚重的彩绘，显然是被雕塑者视作了人体或物体表现的一个重要层次，当成了雕塑技法的补充手段，而且是不可或缺的臻于完善的最后一道工序。这种表面打底、绘以重彩、以彩补塑的技法，显然直接影响了两汉时期的彩塑艺术，并为汉、唐及其后大量出现的佛、道、儒塑像技艺源远流长地延续了下来。另外，从秦俑丰富的彩绘中还可以反映出这样一个历史事实：即秦人在服色上是崇尚艳丽的，这种艳丽的服色也是"与民无禁"①的。世界是丰富的，同时也是多彩的。欲壑难填的秦始皇不仅把丰富的世界拥入了自己的陵穴，而且也不忘让多彩的世界永远辉映在自己的周围，这才是"事死如事生"观念的最完全的体现。②

至于独步艺坛、蜚声中外的汉画像石、砖，在当时也几乎都是上色赋彩的。很多专家指出了这一点。如有的从汉画像石的制作方法上指出：

> 汉画像石的制作方法是先由画师在打制好的石板平面上绘出线勾的图画底稿，然后由石工按画稿加以雕镂刻划，最后还要由画工再加彩绘。许多地区出土的汉画像石，其细部往往保留着画工打底稿时留下的黑线勾痕，一些画像石出土时还清楚地显示着以红、黄、白、绿等颜色施彩的色调。因此，汉画像石表现出的整体艺术效果，与其说是石刻，毋宁说

---

① 《西汉会要·舆服志》。

② 袁殊一：《秦陵兵马俑研究》，文物出版社1993年版，第300—302、327—328页。张文立：《秦俑学》，陕西人民教育出版社1999年版。王学理：《秦俑专题研究》，三秦出版社1994年版，第508—530页。

更近似于绘画。①

　　有的从造成今日状况的原因角度说："画像砖原来都是绘有彩色的,只是由于在墓中埋了一千多年因受潮而脱落,然而有些局部仍保留着红、绿、白等色。将这种彩绘的画像砖砌在用花砖组成的美丽图案的墓壁上,装饰的效果是很好的。"②

　　王建中先生则列专题、专节系统研究了汉代画像石彩绘的分布、特点、技巧、在汉画像石总体风格中的地位及对后世的影响等诸多问题。他指出："我国发现汉代画像石的历史很早,但多系散存之石,或石阙、祠堂之材。由于年代久远的原因,人们不仅看不到当年某些石刻上的彩绘,甚至连石刻上的朱、墨线勾勒的轮廓遗迹也都没有发现。新中国成立后,越来越多的考古发掘材料证明,山东、河南南阳、陕北等地相当一些画像石并非呈原状石色,而是根据物象的需要平涂有朱、绿、黄、橙、紫等多种颜色,使其成为彩绘画像石。"我国出土汉画像石的地区,大部分出土有彩绘画像石,它具有分布地域广大,出现时间较早,主要施彩于墓门,具汉壁画特色等等特点。王建中认为："彩绘是画像石艺术风格的表现之一,一幅成功的画像,在收刀之后施以彩绘,无疑是一种锦上添花之举。"而"汉代画像石构图、造型、雕刻与彩绘的统一,本质地反映了汉代、汉民族、汉文化、汉艺术家的思想观念与审美意识等内在特性的外部印证,从而形成了独特的艺术风格。"而且彩绘也是奠定汉画像石独特历史地位的主要因素之一,"以石为地,以刀代笔的汉代画像石,不见于我国历史上的战国,也不大量延续于我国历史上的魏晋南北朝,作为东方文化艺术之光的艺术,它集中了中国先秦绘画艺术之大成,开辟了中国古代线描、雕刻、彩绘艺术于一

---

　　① 《中华文明史》(秦汉卷),河北教育出版社 1994 年版,第 606 页。
　　② 冯汉冀:《四川的画像砖墓及画像砖》,《文物》1961 年第 11 期。

体的先河,形成了一部绣像汉代史,从而揭示了中国绘画的民族性特征,奠定了中国传统绘画的坚实基础。"①

显而易见,秦汉审美文化的典型形态原本展现的是一个色彩斑斓的绚丽世界,只是由于时代的推移和时光的剥蚀,我们才难识很多珍品的庐山真面目,才难睹很多佳作的昔日风采。

3. 秦汉审美文化的生活形态对丽的崇尚

在秦汉社会生活中,"丽"也被广泛地使用,成为汉代普遍而时髦的观念。翻开汉代史书、文学作品和其他著作,用丽形容美和其他有关事物的例子极多,俯拾即是。如在社会生活中,都市里是"攒珍宝之玩好,纷瑰丽以奢靡"②;上层社会的婚丧文化,也是"嫁娶送终,纷华靡丽"③;对于伦理,在汉人那里善往往不是和美为伍,而是与丽结缘。《汉书·东方朔传》云:"时天下侈靡趋末,百姓多离农亩。上从容问朔:'吾欲化民,岂有道乎?'朔对曰:'……以道德为丽,以仁义为准,于是天下望风成俗,昭然化之。'"汉代形容人的美,丽用得更多,可谓比比皆是。如形容女子貌美的"端丽"、"淑丽"、"姣丽"、"妙丽"。罕见的是,汉代形容男子之容貌美也往往用"丽"字。《汉书·公孙弘传》描写公孙弘用"容貌甚丽";《汉书·佞幸传》云:"哀帝立、(董)贤随太子官为郎。二岁余,贤传漏在殿下,为人美丽自喜,哀帝望见,说其仪貌。"魏晋以后形容女子貌美仍用"丽"字,却很少再用"丽"形容男子,并沿袭至今。在汉代的著述中,由"丽"作词素构成的词语也特别多:宏丽、巨丽、雄丽、崇丽、神丽、梦丽、华丽、奢丽、夸丽、侈丽……以至于有学者认为:繁富靡丽是汉代文艺美学风貌的主要特征,如果

---

① 王建中:《汉代画像石通论》,紫禁城出版社2001年版,第472—477、493—494页。

② 张衡:《西京赋》,载费振刚等辑校:《全汉赋》,北京大学出版社1993年版,第419页。

③ 范晔:《后汉书·安帝纪》。

我们试图用一个词来概括汉人的审美情趣的话，那便是"富丽"，或曰"靡丽"，更简洁地说就是一个字——"丽"。"丽"正是汉人审美情趣最简练的表述。"丽"的观念在汉人心目中具有突出的地位。① 这里，把汉代审美趣尚的总特征概括为"丽"有失偏颇，因为相对于丽而言，秦汉更重要的是"壮"，壮比丽更内在、范围更广。

总之，秦汉时期关于"丽"的词汇的高频率、大范围、多层次使用，说明"丽"作为审美特征和审美情趣，得到了普遍认同，是秦汉时期人们的审美情趣和审美风尚，构成了时代的审美风潮。正如吴功正先生所说的："两汉曾经出现过'丽'的膨胀时期。它有两个层面的内容：一是用'丽'来描述对象世界，成为感性的符号载体；二是'丽'成为审美范畴，用以进行审美评价和判断。""汉代已经出现'丽'泛滥的失控现象……，'丽'在汉代的失控，其惯性运行延伸到六朝，就使其美学也以'丽'作为感性标志。"②

（四）"丽"与"壮"融

与中国古代前期审美文化在审美整体上有"丽"的特征的时代比较，秦汉的特点在"壮"，或曰"丽"与"壮"不可分割，"丽"与"壮"融。

中国古代社会前期在时代审美整体上有丽的特征的大致有两种类型。

一种是虽有"丽"的审美表现，但"丽"在该时代的总体审美特征中不占主导地位，或仅为其中一部分，或只是多种审美元素中的一个元素。

就时代整体特征来说，先秦虽处于古朴的审美阶段，但对"丽"已有一定的认识和表现。如《战国策·齐策》："宣王曰：……且颜先生

---

① 王钟陵：《中国中古诗歌史》，江苏教育出版社 1988 年版，第 24—25 页。
② 吴功正：《六朝美学史》，江苏美术出版社 1994 年版，第 313—314 页。

惕与寡人称,食必太牢,出必乘车,妻子衣服丽都。""邹忌修八尺有余,身体昳丽。朝服衣冠窥镜,谓其妻曰:'我孰与城北徐公美?'其妻曰:'君美甚,徐公何能及公也。'城北徐公,齐国之美丽者也。"宋玉《登徒子好色赋》:"玉为人体貌闲丽。"《庄子·徐无鬼》:"君亦必无盛鹤列于丽谯之间,无徒骥于锱坛之宫。"唐颜师古《汉书》注:"楼一名谯,故谓美丽之楼为丽谯。"

以屈骚为代表的楚辞,更是在形式上集中地体现出丽艳的特色。"惊采绝艳"是对楚辞形式审美特征的总体概括和高度评价。楚辞强烈地表现出对丽美的欣赏和追求,如"繁饰"之"缤纷"(装饰美),"姱服"之"华采"(服装美),"长发"之"陆离"(发式美),"五音"之"繁会"(音乐美),"五色"之"炫耀"(色彩美),不仅浓重渲染了艳丽夺人的形色,而且着力描绘了光华炫目的美人。《离骚》还表现出作者的爱洁"修能",好修为常,注重"浴兰沐芳"的修饰美。楚辞的丽美是一种鲜明而浓郁的瑰丽、富丽、明丽、妙丽之美,具有原始风味的强烈生命感,高度重视感性的自然生命之美,凸显出对官能审美感受的满足和自然生命力的赞美。丽与生命运动的结合,充满着力的遒丽之美,而其激情怨思与神话传说、巫风色彩相结合所展现的奇幻境界,又洋溢着迷狂怪诞的诡丽之美。楚辞"惊采绝艳"的丽美特色,受到南方文化系统(特别是楚民巫术文化)的深刻影响,既不同于儒家那种蔑视形色的端庄峻质之美,也不同于道家那种超越形色的自然朴素之美。楚辞的丽美又是与抒情特征紧密结合的。"惜诵以致愍兮,发愤以抒情"①。抒情调质与作者自身的遭际命运及思想主张密切相关,所抒发的个人怨愤和悲世情怀昭示了个体生命的价值意义和独立人格的发展趋向。楚辞表现出对自然生命的热爱,而生命与情感直接相连,则抒情化特色同对自然生命的热爱和追求生命感性之美相结合,炽

---

① 屈原:《九章·惜诵》。

热、深沉的情感表现充满着奇丽浪漫的想象。这样,抒情特征与"惊采绝艳"的丽美交相辉映,相得益彰,形成"恻芳芬"的审美特质。"情质"①与"异采"②相结合,激越的情感色彩与瑰丽之美相统一,情的精灵与美的丽采相交融,也就是"朗丽以哀志"、"绮靡以伤情"③。班固《离骚序》谓屈赋"弘博丽雅",王逸《离骚经序》"嘉其文采",推崇其善鸟香草、灵修美人、虬龙鸾凤、飘风云霓等色彩缤纷的奇丽幻美的意象。刘勰在《文心雕龙》中高度赞扬其彪炳发采:"屈平联藻于日月,宋玉交彩于风云"④,其"艳逸"、"瑰诡"、"炜烨"、"朗丽"、"耀艳"、"深华"的文采美,给后世创作以深远影响,"效《骚》命篇者,必归艳逸之华"⑤。

然而就整个先秦时代而言,屈骚之丽美和零星地用"丽"描述审美对象毕竟只是极小的一部分。这与秦汉之丽美几乎呈现于各个层次、各个方面显然无法相提并论。而且,先秦之丽,包括屈骚之丽基本上是自发的,而秦汉之丽则是自觉的追求。

初盛唐的审美文化虽然不乏壮彩更不缺丽色,而且"丽"在广阔的领域中得到了多种多样的呈现。这里有色彩斑斓的唐三彩,有绚丽多姿的妇女服饰,有金碧辉煌的绘画,有气象万千的盛唐诗歌,有光彩夺目的隋唐乐舞,有宏伟壮丽的宫殿建筑,可以说是五彩缤纷,花团锦簇。然而同样需要指出的是,由于盛唐是中国古代审美文化的前期壮美理想达于巅峰的历史时期,几乎每一个方面、每个元素都在壮美的主导面上,达到了史无前例、无以复加的全面成熟的程度。"丽"也就随着其他因素地位的上升,而成为构成盛唐壮美诸多美因中的一个因

---

① 屈原:《九章·惜诵》。
② 屈原:《九章·怀沙》。
③ 刘勰:《文心雕龙·辨骚》。
④ 刘勰:《文心雕龙·时序》。
⑤ 刘勰:《文心雕龙·定势》。

素,因而难与秦汉之丽在秦汉审美文化几占半壁江山的重要地位并驾齐驱。

在中国古代社会前期审美文化中,唯一具有时代整体普遍性的是魏晋南北朝之"丽"。它在当时审美文化的理论形态、艺术形态上都有极为突出的表现。

在审美理论上,对于"丽"的强调和阐扬占据重要的地位。

曹丕《典论·论文》明确提出"诗赋欲丽",把汉代已有的这一思想表达得更加鲜明。陆机《文赋》随后强调:"或藻思绮合,清丽芊眠。炳若缛绣,凄若繁弦。必所拟之不殊,乃闇合乎曩篇"。"游文章之林府,嘉丽藻之彬彬。""诗缘情而绮靡,赋体物而浏亮"。西晋葛洪《抱朴子》则说:"五味舛而并甘,众色乖而皆丽,虽云色白,弗染弗丽,虽云味甘,匪和弗美。故瑶华不琢则耀夜之景不发;丹青不冶,则纯钩之劲不在。"强调只有经过人为雕饰才能色彩浓丽,强化美的感性表现效能。颜之推《颜氏家训》云:"文章当以理致为心胸,气调为筋骨,事义为皮肤,华丽为冠冕。"刘勰《文心雕龙》更是对丽作了多方面的论述。如"雅义以扇其风,清文以驰其丽"。[1] "夫铅黛所以饰容,而盼倩生于淑姿;文采所以饰言,而辩丽本于情性。"[2]"情以物兴,故义必明雅,物以情观,故词必巧丽"[3],揭示了丽与情的关系,认为丽之根本在于情性。刘勰还把"丽"概括为清丽、高丽、壮丽、绮丽多种类别,体现了人们对丽范畴认识的精细化和系统化。

在审美创造上,从大的方面来看,有永明体的绮丽和宫体的靡丽。在具体创作中,且不说以瑰丽意象所写的《江赋》(郭璞撰)、以绮丽意象所写的《雪赋》(谢惠连撰)、以清丽意象所写的《月赋》(谢庄

---

① 刘勰:《文心雕龙·奏表》。

② 刘勰:《文心雕龙·情采》。

③ 刘勰:《文心雕龙·诠赋》。

撰）、以壮丽意象所写的《登大雷岸与妹书》(鲍照撰)，清词丽句，缤纷多姿，即以直接的"丽"语言符号出现的，亦所在众多。刘宋时鲍照《芜城赋》："东都妙姬，南国丽人，蕙心纨质，玉貌绛唇。"《宋书·隐逸传论》："故知松山桂渚，非止素玩，碧涧清潭，翻成丽瞩。"萧统《夹钟二月》："花明丽月，光浮窦氏之机；鸟哢芳园，韵响王乔之管。"谢灵运诗更以"丽"为其主格调。宋代《敖陶孙诗评》曾评之为："如东海扬帆，风日流丽"，明代钟惺《古诗归》亦称："灵运以丽情密藻，发其胸中奇秀"，"能丽能密"。"丽"是六朝审美范畴、概念，又是审美风格、格调，它们互为前提，共同体现着一种美感心态。

"丽"还表现在审美鉴赏上，成为鉴赏的标准。如钟嵘《诗品》品谢灵运："名章迥句，处处间起；丽典新声，络绎奔发。"评《古诗》："文温以丽，意悲而远"，评何晏等："季鹰'黄花'之唱，正叔'绿蘩'之章，虽不具美，而文彩高丽，并得虬龙片甲，凤凰一毛。"评沈约："虽文不至，其工丽亦一时之选也。见重闾里，诵咏成音。"在绘画美学鉴赏上，南朝姚最《续画品》说："赋采鲜丽。"凡此种种，不一而足。真可谓丽染文苑，色重词坛，繁词竞出，浮艳大张。

正因为"丽"在六朝有如此丰富和突出的表现，所以有学者认为"六朝时期，尚丽成为一种社会思潮和文化心态"，"六朝美学的总体状貌、特征可以一言以蔽之：丽。"①虽然魏晋六朝审美文化也有"高丽"、"雄丽"、"壮丽"之类的理论概括和艺术创造表现，但无可否认的是，受当时阴柔内敛的时代总体特点的制约，六朝更侧重的是"清丽"和"绮丽"，它在总体格调上属于阴柔之美或优美。初唐陈子昂提倡汉魏风骨，直接针对的就是齐梁纤弱香艳、彩丽竞繁的绮丽的文风。李白"自从建安来，绮丽不足珍"的诗句，同样表达出对六朝绮丽的贬斥。

---

① 吴功正：《六朝美学史》，江苏美术出版社 1994 年版，第 318 页。

而秦汉之丽在总体上则是与"壮"联系在一起的。上述所举秦汉建筑、汉赋等例子都是明证。有学者将丽的风格形态概括为以下12种：宏丽，偏重于气魄阔大，恢宏壮观，呈现为壮美色调。雄丽，着重于沉雄激越，遒劲豪健，呈现为劲美色调。富丽，侧重于繁富众多，丰厚致密，呈现为华美色调。瑰丽，偏重于瑰奇环玮，璀璨夺目，呈现为奇美色调。秀丽，着重于秀逸曼倩，轻灵俏妙，呈现为秀美色调。流丽，侧重于圆美流转，爽利飘逸，呈现为逸美色调。浓丽，侧重于彩艳秾华，沉郁厚实，呈现为艳美色调。明丽，着重于明媚鲜妍，开朗浏亮，呈现为鲜美色调。清丽，侧重于清新自然，俊逸淡雅，呈现为净美色调。婉丽，偏重于优柔婉曲，含蓄蕴藉，呈现为幽美色调。工丽，着重于精工奇巧，规整圆融，呈现为精美色调。巧丽，侧重于尚巧妙造，务奇追新，呈现为新美色调。在这丽的12种主要类型中，宏丽、雄丽、富丽、瑰丽、浓丽5种大体可以归入壮丽的范围，实际上，汉代使用的与"丽"配合的词汇早已大大超过了这些类型。如前文已提到的：壮丽、宏丽、弘丽、巨丽、侈丽、端丽、妙丽、清丽、辩丽、朗丽、神丽等等。无可否认，汉代也有秀丽、明丽、清丽、婉丽等风格的表现，但占时代潮流的主导地位并产生广泛影响的还是种种与"壮"联系在一起的风格类型。

三　秦汉审美文化的基本特征

"壮丽"是秦汉审美文化的审美理想，秦汉审美文化的基本特征则是这一特定审美理想内在根本规定和独特性质风采的主要外在表征。与秦汉审美文化的"壮丽"审美理想相表里，秦汉审美文化呈现出现实与浪漫的统一，繁富与稚纯的统一，凝重与飞动的统一和美与善的统一四大基本特征。

173

（一）现实与浪漫的统一

1. 有学者认为秦汉文艺是"现实主义"①，有学者则认为是"浪漫主义"②。我们认为秦汉文艺既不是现实主义，也不是浪漫主义，而是古典主义，或者说是以外向和谐的壮丽为总体时代特色的古典主义③。

秦汉审美文化的壮丽理想表现在现实与理想的关系上，就是现实与浪漫的统一。秦汉时代的各类艺术如文学、绘画、雕塑、舞蹈等都极为鲜明地显现出这一特征。

汉赋是整整一代文学的典型代表。它以铺采摛文的方法，达到体物喻志（写志）的目的，表现出强烈的写实精神。在大赋作家的笔下，我们看到汉大赋又不完全拘泥于眼前实景的描写，而能驰骋空灵豁达的神奇想象巧构瑰丽之幻境，以表现大美思想。祝尧《古赋辨体》卷三评大赋云："取天地百神之奇怪，使其词夸；取风云山川之形态，使其词媚；取鸟兽草木之名物，使其词赡；取金璧绨缯之容色，使其词藻；取宫室城阙之制度，使其词庄。"这种艺术效果的取得，是汉赋由体物写实之整体结构向艺术想象之整体结构的升华，其间写实与想象浑然一体。如枚乘《七发》写江涛浩渺、天水相连之景观云："秉意乎南山，通望乎东海。虹洞兮苍天，极虑乎崖涘。流揽无穷，归神日母"；相如《上林赋》描绘宫室楼台之雄姿云："俯杳眇而无见，仰攀橑而扪天；奔星更于闺闼，宛虹拖于楯轩。青龙蚴蟉东箱，象舆婉僤于西清，灵圉燕于闲馆，偓佺之伦暴于南荣"；既有平远寥廓之旷视，又有高耸空际之雄势。这种创造性想象的体现，既是赋家采用的艺术夸张手法之结果，又是其体物写志之笔力所在。它在现实之境上巧构出神幻之境，展示出具

① 李浴：《中国美术史纲》上卷，辽宁美术出版社 1984 年版，第 361—362 页。

② 李泽厚：《美的历程》，中国社会科学出版社 1989 年版，第 67 页。

③ 周来祥：《周来祥美学文选》，广西师范大学出版社 1999 年版。

有浪漫情采的大美。而此现象在大赋艺术中的出现,尚有三个原因:一是《楚辞》浪漫精神的影响;二是神话传说的渗透;三是天人合一观念的表现。前两种因素在如贾谊《惜誓》幻想脱离尘俗抽身远藆的描绘中已存在,而以此两种因素融入第三种原因,则是相如《大人赋》、东方朔《七谏》、王褒《九怀》之巧构幻境的价值取向。如《大人赋》,据《史记·司马相如列传》载,是相如奏《上林赋》后以为"未足美也,尚有靡者",从赋中描写看,相如是把《上林赋》"视之无端,察之无涯"的巨丽进一步扩至包括宇宙的无限世界:"世有大人兮,在于中州。宅弥万里兮,曾不足以少留。悲世俗之迫隘兮,揭轻举而远游。……下峥嵘而无地兮,上寥廓而无天。视眩泯而亡见兮,听敞恍而亡闻。乘虚无而上遐兮,超无友而独存。"就艺术创造而言,其描写确已超越了儒家文学尚用规范,有着"大象无形"、"苞裹六极"的境界;然而就现实意义而言,此所表现的又是大文化精神。因为在楚辞和汉初骚体中,虚构幻境是自身心志的表现和内在痛苦的发泄,而这里相如一方面为了迎合帝王奢美的需要,以其"大美"使之"大悦",达"飘飘有凌云之气,似游天地之间"意,一方面又寄寓了具有现实针对性的深沉讽意。正是幻境与现实的相交互叠,才构成了汉大赋繁富、神奇、遒劲、整体的审美图景。可以认为汉大赋创作表现的"体国经野,义尚光大"的大美和"赋家之心,包括宇宙"(相如)、"游精宇宙,流目八眩"(冯衍)的理论总结,无不反映出当时社会的物质繁荣状况与雄奇夸饰的审美风尚,而其对后世文学思想的影响,则又衍化为"精骛八极,心游万仞",(陆机)"思接千载"、"视通万里"(刘勰)的艺术创作理论。①

再如乐府神仙诗本应是浪漫虚幻的,但却具有极其写实的精神。葛晓音先生在《论汉乐府叙事诗的发展原因和表现艺术》一文中分析乐府诗中的"仙境"的写实特点及其现实蓝本时说:乐府游仙诗和汉人

---

① 许结:《汉代文学思想史》,南京大学出版社 1990 年版,第 118—119 页。

画像石一样,在艺术上大都表现得非常天真。在这些诗里,神人鸟兽杂陈交错,人间仙境就在于泰岳华山。它所描绘的虽是非现实世界,但充溢在浪漫幻想中的却是极其写实的精神。文章还论到这种仙境与汉代宫馆祠坛建筑的拟仙境是相类似的。如果我们对汉代社会的神仙文化进行过全局性的考察,就能更深切地感觉到这类作品产生的丰厚的文化土壤,乐府神仙诗的写实性正要放在这样广阔的背景上理解才行。求仙作为汉人生活的一项内容而存在,所以他们与仙的关系十分亲近,甚至是一种人间性的关系。

即使刚成雏形的小说也反映出这一特征。汉代小说处于中国古代小说从先秦孕育到魏晋南北朝正式形成的过渡阶段,这个阶段小说虽然蓬勃兴起,但它的形态还带有孕育阶段许多鲜明的"胎记",其构成还融合着多种文体的因素,或者说它还融合在多种文体形态中,与多种文体还合为一体。汉代小说还有其他多种文体的印记,甚至还需要借用其他文体的形式来表现自己的内容,这是汉代小说形态构成的特点。从内容上看,汉代小说与子书、史书、神话、传说相互交叉融合,从形态上看,汉代小说还附在子、史、神话、传说的形态中,而没有完全从这些形态中分离出来,所以把汉代小说分成两大类:子史故事类小说与神怪故事类小说。前者如《列女传》、《新序》、《说苑》、《越绝书》、《吴越春秋》、《燕丹子》、《西京杂记》等;后者如《列仙传》、《神仙传》、《洞冥记》、《十洲记》、《括地图》、《神异经》、《汉武帝故事》、《蜀王本纪》等。子史故事类小说以子、史形式出现,内容上侧重于反映历史与现实的真实,艺术手法以现实表现手法为主,但也不排除夸张、想象甚至神魔怪异;神怪故事类小说多以神话、传说的形式出现,以浪漫表现手法为主,体现了人们对美好理想的追求与对未来的幻想,但也有现实生活的真实细节描写。两类小说既相互区别各有侧重,又相互联系相互渗透。正是在汉代子史故事类小说与神怪故事类小说的基础

上,魏晋南北朝才发展为志怪小说与志人小说。①

秦汉画像石、画像砖同样以独特的艺术语言表现了现实与浪漫统一的特征。让我们先较为详细地考察一个祠堂——山东孝堂山郭氏祠:

> 石室是用大石块建筑的单檐硬山式建筑,从其内部测量,东西宽为 3。805 米,南北深为 2.08 米,由地面至顶高约 2 米,前檐之中央有八角柱,柱头大斗至后墙有三角石梁直承屋顶将石室分为两间。画像即雕刻在石室内部的东、西、北三个墙面与石梁的两面之上。
>
> 北壁画像分上下两层,上层刻王者车马出行行列,其东部有导骑两两相对共十四匹,二马驾车两乘,每车有御者一人乘者二人,西部也有导骑十六匹,另有鼓乐车一乘和四马盖车一乘,鼓车之内有四人在奏乐,中央树一健鼓在车盖之上,左右各一人从手执拊击鼓……下层并排刻有三座殿宇,殿宇为双层单檐庑殿顶,左右两阙也是双层建筑,殿顶、阙顶各有凤凰、禽鸟和猿猴异兽作装饰,殿宇之内各有朝拜参谒图像,楼上各坐人物一排。
>
> 东壁石墙上部之三角部分,是属于神话题材之画像。有人身蛇尾持矩的伏羲氏与持弓坐于屋下的东王公以及吹奏乐器、挽车、顶物等等人物;其下有轺车、骑乘、步行持戟以及迎迓人物等。其中值得注意的是,有二人骑骆驼和三人骑一象的场面……此图之下一排人物为历史故事,其中有"周公辅成王"图,再下为庖厨、舞乐杂技、车猎等图。庖厨图中有井灶、宰杀禽兽、各种腥味的悬架等等;杂技有击鼓、弄丸、载

---

① 赵明主编:《两汉大文学史》,吉林大学出版社 1998 年版,第 64—65 页。

杆等等,骑猎有渔猎、车马人物、禽兽、鱼鳖之属俱在。

西壁也分三区:上部三角部分也是神话题材,有蛇身人首持规的女娲氏、西王母以及其他人物与禽兽。中间一区(三角墙之下)的上部有两列车骑出行图,下部有一带人物,当也是历史故事之类。最下一区为战争图,有步战与马战,双方对阵攻击极激烈。值得注意的是,这个《战争图》中,在战场之后有一个二层楼殿建筑,内中坐一王者,其前后各有拜谒人物,殿前空地上有一人跪坐,背题"胡王"二字;胡王之前有三个被绑跪的人物,当是战俘,又有一个斧架,架上悬着两个人头……①

郭氏祠对整个汉代画像具有典型意义:汉代画像基本都是这种从上到下的神话、历史、现实的画面结构;都是由神话人物、历史人物故事和现实生活的事件构成三大系统。纵观整个汉代画像,这三个系统的具体成分很容易排列出来。

神仙灵异系统有伏羲、女娲、东王公、西王母、青龙、白虎、朱雀、玄武、山神海灵、奇禽异兽、风伯雨师、仙童羽人。神话系统具有多重意义。第一,它是世界人类的本原。这特别由伏羲、女娲、东王公、西王母表现出来。第二,它仍是现代的主宰。如天上的青龙、白虎、朱雀、玄武及山神海灵都要具象可见,因此它们构成世界的深层秩序,并时常通过征兆、示吉和惩戒的方式与现实相关联。山东武梁祠里神异动物的题榜就透出这点,如"白虎,王者不暴虐,则白虎至仁,不害人","玉马,王者清明尊贤则至","赤黑,仁奸明则至"等等。

历史系统包括:第一,古代帝王,如神农、黄帝、颛顼、帝喾、尧、舜、

---

① 李浴:《中国美术史纲》上卷,辽宁美术出版社1984年版,第338—341页。

禹、文王、武王;第二,古代圣贤,如周公、仓颉、老子、孔子、七十二贤;第三,孝子系统,如曾参、闵子骞、老莱子、丁兰、韩伯瑜、邢渠、董永、朱明、卫姬等;第四,节妇系统,如梁节妇、齐义母、京师节女、无盐丑女、梁高行、秋胡妻、鲁义姑、楚真妻、李善等;第五,忠系统,如管仲、蔺相如、程婴、苏武、齐侍郎等;第六,义系统,曹沫劫齐桓、专诸刺王僚、荆轲刺嬴政、要离刺庆忌、豫让刺赵襄、聂政刺韩王等。历史系统显示了历史运转的基本规则和支柱,同时又是现代社会政治伦理日常生活的典范。

社会生活系统,包括日常生产的狩猎农事,日常起居的楼阁人物,日常享受的庖厨宴饮,日常娱乐的车骑出行、田猎、舞乐百戏,当代事件的胡汉战争等等。社会生活系统是当时生活方式的主要方面,仍在世上循环运转,又具体为墓中人生前生活记录的典型化,同时包含着其在地下仍继续这种生活。因此是历史(墓主人的历史)、现在(仍存的生活模式)和未来(墓主人的地下生活)的统一互渗。

以上三个系统构成了汉画像内容和生成机制的题材库。每一祠堂的墓室则根据自己空间的多少,尺度的大小,按照三层的基本架构,从题材库里选取题材并根据题材库的机制加减一些,画像就产生出来了。这样当我们观看各个祠堂的时候,既有总的统一感,又有具体的差别。墓室的空间格式如与祠堂相仿,那么其画的布局也相仿,如沂南画像石墓,如空间格式不甚相同,那么其布局基本如董旭先生所述:"墓门柱绘有执戟小吏——看门人,很像后来的门神——秦琼敬德之类。墓门绘有铺首衔环——镇邪辟妖,消灾避难。进门后的甬道两侧多绘有墓主人的生活:主人尊严至上,恣意欢乐,宾客佣人,唯命是从;府阙宅第高大宽阔,粮食用具丰富繁多,牛马牲畜膘肥体壮。卷顶多绘有升仙与打鬼:方相打鬼,方士引路,作羽成仙……"

汉代画像的三个系统共生于一壁或几壁,构成了时空合一,天上地下共存,过去现在未来互通的囊括宇宙的风貌。这种共存合一要反

映在一壁之中,汉画像一是用了纵向的层级分隔,这样神话、历史、现实有一个相对的秩序,但又由共存一壁而带来互通;二是用了横向的并置,人物的并置,故事的并置,分可为一个个的单独形象,合又可为整体的系列形象。纵向层级与横向并置可以具体为多种不同的手法,但又都是为了达到一个艺术目的,以"我"(墓主人)为主线,尽可能表现在世界中的多层联系,尽可能多地表现一种"容纳万有"的思想。宇宙之大,万物之众,而祠墓有限,按宇宙模式进行典型总括和依"我"之特性予以加减在所必需。①

汉代,人们情感生活的特点是对神仙世界的幻想和现实生活的玩味。这种社会心理情感通过舞蹈表现出来时,便形成了舞蹈在内容与形式上的两大类别:神仙世界和现实人间。神仙意识,是汉代的一种社会意识。这种意识是汉代艺术表现的主体。如羽人的形象在汉代画像石上就比比皆是。王充《论衡·无形篇》有"图仙人之形,体生毛,臂变为翼,行于云则年增矣,千岁不死。"《道虚篇》言"好道学仙,中生毛羽,终以飞升。"因此汉代的舞蹈,充满了神仙幻想和丰富奇异的想象。那由象人(戴假面、著假形的专职艺人)表演的歌舞《总会仙倡》就是原始图腾的奇异想象和远古神话幻想的复现。《西京赋》写道:

> 华岳峨峨,冈峦参差,神木灵草,朱实离离。总会仙倡,戏豹舞罴。白虎鼓瑟,苍龙吹篪。女娥坐而长歌,声清畅而蜲蛇,洪涯立而指麾,被毛羽之襳襹。

这是一个多么浪漫、多么富于幻想的神话场面啊!仙、兽、人、神同歌共舞;豹子嬉戏,熊罴欢舞,白虎鼓瑟,苍龙吹篪(一种竹管乐器)。

---

① 彭吉象主编:《中国艺术学》,高等教育出版社 1997 年版,第 30—40 页。

娥皇、女英清展歌喉,身披羽衣、象征羽化登仙的三皇时伎人洪崖在欣然指挥。这难道不是一个"神人以和"的意象世界,难道不是一个仙凡杂处、人兽同乐的理想王国吗? 这与楚地原始祭神歌舞多么相似! 屈原《九歌》所展示的楚地祀神歌舞,就充满了原始活力的浪漫想象。不过,《总会仙倡》的神仙世界,"已不是原始艺术中那种具有现实作用的力量,毋宁只具有想象意愿的力量。人的世界与神的世界不是在现实中而是在想象中,不是在理论思维中而是在艺术幻想中,保持着直接的交往和复杂的联系。原始艺术中的梦境与现实不可分割的人神同一,变而为情感、意愿在这个想象的世界里得到同一。它不是如原始艺术请神灵来威吓、支配人间,而毋宁是人们要到天上去参与和分享神的快乐。"①所以,《总会仙倡》创造的是一个积极向上、开朗乐观、朴实纯真的神仙境界,表现了人们对古代风味的浪漫王国的追求,折射着汉代人对人生永恒的希冀。

与《总会仙倡》的浪漫幻想共同体现远古遗风的是那些展示原始活力的舞蹈。你看,那骁勇雄健的《巴渝舞》,那威武冲锐的《干戚舞》,其气势与力量,不正折射着原始舞蹈狂放、炽热、剧烈的运动情态么? 我们从人与神、神话与历史的纷然一堂、丰满铺陈的场面中,从熊虎相斗、猿猴攀嬉、怪兽徜徉、海鳞化龙的"曼衍之戏"中,从挥刀举铖、勇猛雄浑的舞蹈中,确实看到了"一个想象混沌而丰富、情感热烈而粗豪的浪漫世界"②,感受到了"以综合性的形态动员生命,以律动性的本质表现生命"的原始的艺术精神。

与充满原始活力想象的浪漫世界形成鲜明对比的是丰富多彩、情态各异的现实人间。人间的情感生活在汉代的舞蹈中占了相当的比重。从模拟农业劳动生产的《灵星舞》,到纯舞性质的"翘袖折腰";从

---

① 李泽厚:《美的历程》,中国社会科学出版社1989年版,第70页。
② 李泽厚:《美的历程》,中国社会科学出版社1989年版,第68页。

诙谐滑稽的《沐猴与狗斗》，到抒发个人情怀的即兴舞、礼节舞，无不充满现实的生活气息和现实的社会情感。

显而易见，秦汉文艺总体上是现实与浪漫的统一，是不争的事实。正如有学者指出的："两汉文学艺术，存在着一个奇怪的现象：一方面是极力强调文艺为政治教化服务，充满儒家的现实主义精神。另一方面却'荀驰奇饰'，虚幻荒诞，充满了神灵仙怪，飘风云霓的浪漫主义气氛。这种现象既是矛盾的，又是统一的，这种既矛盾又统一的整体，才是两汉文学艺术的全貌。"①

2. 从横向静态看，秦汉审美文化各个时期都不同程度地表现出现实与浪漫结合的特征，都包含着现实与浪漫这两个相互联系、相互渗透的侧面。但从动态发展来看，随着审美文化生态的发展变化，秦汉审美文化中现实与浪漫的结合，在不同的历史阶段所占的地位和比重则有所不同，呈现出由秦代重现实，到西汉重浪漫，再到东汉重现实的重心转移。

现今所发现的秦壁画，以黑色为主色；秦代的漆器彩绘，写实的意味极大地增强了，以至有静呆之感；画像砖也表现出鲜明的严正质朴的中原写实风格，人物比例准确，神态庄重。但是，最能表现秦代艺术风貌的还是秦兵马俑。

大约是随着秦始皇宣扬政治统一的需要，雕塑这一艺术形式变得非常发达。秦始皇"收天下兵，聚之咸阳，销以为钟，金人十二，重各千石，置廷宫中"，可惜这十二件具有纪念性、政治性的巨型圆雕，销毁于董卓等人之手。幸运的是，皇陵厚土之下，仍保存着数以千计的兵马俑，它们不仅依靠群雕的整体气势、宏伟的气魄显示了秦王威震四海的业绩，而且依靠多样的人物形象，展现了秦军的威武。

兵马俑坑共 3 个，方位是南 1 北 2，均坐西面东。编号分别为第 1、

---

① 曹顺庆主编：《两汉文论译注》，北京出版社 1988 年版，第 10 页。

2、3 号坑。后两个坑东西相对,都在前坑的北侧 20 多米处。已发现的三个兵马俑坑的总面积近两万平方米,据专家们估计三个坑的武士俑有 7000 个左右,陶马 100 多匹,驷马战车 100 多辆。有关专家根据现已出土的兵马俑排列状况推测认为,3 号坑是象征统一三军的指挥部;2 号坑是一个由弓弩手等四个小军阵组成的以战车和骑兵为主的曲形军阵。1 号坑最大,是步兵、战车相间排列的长方形军阵,其中有 200 多名弓弩手以三列横队形式组成这个长方形军阵的前锋,其后是由 38 路步兵及驷马战车组成的军阵主体。这是一支庞大的守卫秦皇陵的地下御林军。

秦兵马俑最重要的特色就是写实。这首先表现为人马的形体如真人般高大。俑人高约 1.85 米,马高约 1.7 米,这是秦以前的陶俑未曾有过的,也是秦以后的陶俑未曾有过的。更重要的是整体所形成的大。近万尊高大的塑像构成一个宏大的整体,其气势之磅礴,也只有万里长城和秦汉宫殿才能与之相比。具有 1500 多年历史的敦煌莫高窟,现存的塑像才 2400 多尊;而秦仅 15 年历史,在创造了一系列惊天动地的地上奇迹的同时,还创造了这一地下奇迹:一个世界上最庞大的地下雕塑群。秦以前的雕塑与画像一样,带有一定的"写意"成分。这从其对人物躯干特别是腰部的绘与塑可以很明显地看出,秦以后的汉俑与汉画也与秦以前同调。而秦俑则采用了更接近于现实的写实手法。这不但体现在丰富的面部表情上,也体现在束起的发髻上,微微上翘的小胡子上,战袍的甲钉上和裹腿布的层叠纹路上。既体现在马的比例适度,肌肉骨骼筋脉清晰,更体现在对头部各部位,辔头和神态的塑造上。对于秦俑的个性特色和类型特征,专家们已有众多的描述:

> 这批陶塑,所塑造的人物形象是活生生的。雕塑家采用
> 了种种描写手段,或从容貌、姿态等外部特征去刻画他们,或

从内心的思想感情、心理特征去刻画他们。有的从静止状态去刻画他们,有的从行动上去刻画他们。通过这些正面侧面的描写手法,为的是把每个战士的个性展现出来。例如强调形体的厚重感和简单明快的体态,是为了衬托战士的沉着而威武的英勇气概。为了更好地突出生气勃勃的斗争风貌,因此那挺胸矗立、目视前方的战士,显得刚毅勇猛,那虎背熊腰的战士,显得雄壮威武。在表现人物性格的时候,关键性的细节是十分重要的。例如两片髭须作微动的状态,都十分写实而洗练地表现出来。关键的夸张也是十分重要的。作者为了强调战士不畏强暴,机智勇敢的性格,就合理地夸张战士的浓眉大眼,阔口宽腮的特征。抓住表情的活动来表现性格,也是一种极其重要的描写手法,作者抓住微笑的神态,以表现战士充满信心的乐观主义精神或从开朗的容颜中,表现战士生气盎然、活泼爽朗的性格。修长的面孔和低头沉思的神态,是要表现战士足智多谋的内心状态。双唇紧闭,圆睁大眼,凝视前方,是为了突出他久经战争锻炼,沉着勇敢的性格……①

这是侧重于强调秦俑个性特色的描述。

秦俑的面容有的是方圆脸,大颧骨,浓眉,阔鼻,厚唇,整个造型统一于"浑厚";有的是圆润的脸,弯弯的眉,流畅的鼻轮廓线,颇带韵味的嘴角,整个造型统一于"柔润";有的则是长脸,尖下巴,薄弓眉,窄鼻梁,薄嘴唇,整个造型统一于"单薄"……

这是侧重于总结秦俑的类型特征。

令人吃惊的是,这些陶俑所表现出的高度写实能力,比之以前任

---

① 张光福:《中国美术史》,知识出版社 1982 年版,第 63 页。

何时代的作品,确实有了一个巨大的飞跃。人物外形准确、精细,并能体现出不同的品貌和性格;尤其是战马的塑造,其写实水平完全可以和同期的希腊、罗马雕塑相媲美。这个伟大的雕塑群展现的意象,使我们领略到当时中原艺术的极高水准,同时也可以推测到当时的绘画风貌是理性的、静态的、写实的。然而总的来说,秦俑的"写实"主要是与秦以前和以后的塑俑相比较而鲜明地凸显出来的。如果放在世界雕塑的范围,特别是与西方雕塑相比较而言,它仍具有很强的中国特色。一是讲究整体性而不管各局部的精确比例。这特别表现在人俑的身躯结构的体形特征和各部分的比例和交结点不清上。无甲兵俑尤为明显。二是画意突出。着装的很多笔触明显带有画的线条痕迹,而略少雕塑的立面意味。而且秦俑是上了色彩的。雕塑上色的功能之一,就是以绘画的色彩线条来弥补雕塑的立体造型之不足。这两点一直是几千年来中国雕塑的特点。这两点与中国的整个审美情趣相联系,自有其独具的情韵。因此,如果要用"写实"一词来形容秦俑的话,是在于:只有用近于真人比例的高大人马才脱离艺术的玩赏而进入现实威慑的似真之境,只有用如此众多的真人般高大的兵马汇成的庞然整体才真正地显出了秦王朝的巨大的力量和宏伟的气势。

如果说秦兵马俑以细致的刻画、写实的风格和整体的气势显出了秦汉精神,那么西汉霍去病墓的石雕则以一种与秦俑完全相反的方式——简略的笔画、写意的手法和象征的氛围——表现了秦汉气魄。

霍去病墓是汉武帝墓茂陵整体景观的一部分。茂陵从汉武帝即位的第二年(前139年)开始修建,历时53年始成。这也是秦汉的一个伟大创造。"如果把陵土堆成高宽各一米的长堤,就可以绕西安城八周。""陵墓室里的金钱财物,鸟兽鱼鳖牛马虎豹生禽,凡百九十物,尽瘗藏之。以至到武帝死的时候,再也放不进东西了。"①和秦皇陵一

---

① 　罗哲文、罗扬:《中国历代帝王陵寝》,上海文化出版社1984年版,第60页。

样,茂陵园内建有祭祀的便殿、寝殿,以及宫女、守陵人员居住的房屋。茂陵的周围是 20 多个大大小小的陪葬墓,多为武帝及西汉其他时期的功臣、将领、外戚、后妃之类。霍去病墓就是其中之一。霍去病是武帝时的大司马骠骑将军冠军侯,他 18 岁统帅军队,先后 6 次出兵塞外,立下赫赫战功。24 岁病故。为纪念其生平勋绩,墓的封土上用天然石块堆积,象征祁连山,并雕刻各种大型动物石像,置于墓前及墓冢上。霍去病墓就像霍去病本人的生平一样本就是秦汉席卷天下,并吞八荒精神的一种体现。因此当这种精神用一种象征的艺术手法表现出来的时候,就给墓冢中的石雕带来了一种空前绝后的境界。

我国的石雕艺术源远流长,在殷墟中就有石虎、石人出土。秦汉时期,石雕已为普遍运用。但其功能,仍主要是由神转为帝之后,动物形象作为帝王朝廷雕塑体系的一种组成部分,在官邸和陵墓前增其威慑和雄伟的效果。其杰作,一般是用写实的手法镂写想象中的怪兽。洛阳出土的石辟邪和咸阳出土的类似狮虎混合的石兽,都可称为东汉时期墓前护卫兽的典型。其韵味明显不同于霍去病墓的石雕。再把霍去病墓石雕放入整个汉代雕塑环境,如与甘肃威武出土的青铜奔马、汉中勉县的陶独角兽、四川的陶说书俑、江苏铜山县的双舞俑等并观,虽可以感到有汉一代的整体风格,但其独特性依然显而易见。

霍去病墓石雕现存 17 件,分别为马踏匈奴、跃马、卧马、牡牛、伏虎、野猪、蟾、石鱼、卧象、蛙、怪兽吃羊、猿与熊(一说野人吃熊)、石人等。这些石雕数量虽少,却构成了一个对祁连山这一奇特环境的象征系统:通过陆地动物系列(虎、牛等)和水中动物(鱼、蛙)象征了祁连山的基本成分:山与水。蛙这种水陆两栖动物象征了山与水的互通;通过温顺动物系列(马、牛、羊)和凶猛动物系列(虎、熊、野猪)象征了生命的两种基本形态,一阴一阳之为道;通过中土稀少动物(象)和带有神性的动物(蟾)象征了异域的神秘情调;通过单个的动物的自在存在(如伏虎、鱼、牡牛)和两类动物厮斗一体的雕像象征了世界的两种

基本的生存状态：和平和斗争。遗憾的是现在已经无法得知这些石雕在墓冢上的原初位置。不然就可以将其整体布局与汉代帛画、画像砖石进行比较以使其象征结构更准确地显示出来。石雕作为象征祁连山的墓冢的部分，大概为了与其整体的象征风格相一致，从而达到了汉代艺术写意的极致。几乎所有石雕都是从大处着眼，以意选石，因石立意，循石造型，使其神态毕肖，生动异常。石雕蛙，仅在石头的尖端以线刻法刻出蛙嘴和眼睛就完成了点石成蛙的杰作。它不屑精雕细镂，不愿谨毛失貌。跃马石雕堪为典范，仅抓其大轮廓，在关键处施以斧凿，抬起头部，突出前腿的前跃之势，其动态就跃然而出了。跃马石雕是马，但马颈项下的石料并不剔去，而让其保存，既增加了跃马的动态，又加深了古拙之韵味。在所有石雕中，马踏匈奴是主题的核心。它既象征了霍去病传奇的生平和惊人的功绩，又象征了刘汉王朝囊括宇宙的气概。有了这一石雕，就使所有石雕有了统帅的核心。这座石雕运用了多重的对比来叙述主题：形体上，马的大与人的小的对比；位置上，马在上方与人在下方的对比；力量上，马的强大与人的衰老弱小的对比；神态上，马的自如安详与人的惊恐凶态的对比。虽然表现的是征服，但显示的是信心和力量。[1]

　　汉代雕塑由浪漫到现实的重心转移，可以从两个最有代表性的作品得到说明。汉代前期侧重浪漫，以霍去病墓石雕群为代表。霍去病墓石雕群的创作动因是极为现实的，群雕也有部分写实因素，但大巧若拙，大气磅礴，内在精神气质和整体艺术表现洋溢着浪漫气息，充分显现了汉代鼎盛时期那种空前气魄。后期以马踏飞燕或青铜奔马为代表。该作品的整体立意构思显然是浪漫的。你看那奔马三腿腾空，一足踏燕，似闪电驰击长空，如流光风驰电掣。多么浓郁的诗意！多么瑰丽的想象！具体造型虽有写意的因素，如对飞燕的表现，仅雕出

---

① 彭吉象主编：《中国艺术学》，高等教育出版社1997年版，第35—37页。

其形态轮廓,仅能看出是鸟而已,至于到底是什么鸟,则没有准确的写实细节能够确证。也正因为此,至今对该作品的诠释仍存在着是乌鸦、是燕、是隼的争论,但对雕塑主体部分,奔马的造型,则是以写实为主。奔马的形态,身体比例,细部刻画均绝对准确。除形体大小有别外,与真马形象实在难分伯仲。在写实的准确逼真上,实在是超过了秦陵兵马俑的骏马形象,更不要说西汉的塑马形象了。也正因为此,有学者认为该马具有极重要的科学价值,因为它是当时用来作为鉴识好马标准的马式。① 究竟是否马式尚待进一步探讨,但无可否认的是这个作品名副其实地达到了现实与浪漫的高度融合,至今在构思、立意造型上似乎无出其右者,因而该作品被当之无愧地从中华几千年无数艺术瑰宝中精选出来,作为向全世界展示的今日中国旅游的标志,成为中国古代文化艺术的象征。与西汉霍去病墓石雕相比,该作品现实写实的因素毕竟更为突出,展现出与汉赋和汉代绘画从浪漫到现实的相同的重心转移轨迹。

汉代绘画也经历了相似的历程。从现有文献和考古实物来看,西汉绘画总体上侧重浪漫幻想,表现驱邪成仙的主题。如作为西汉前期绘画代表出土的西汉初3幅帛画,画面展现为天上、人间、地下3部分,表现的是引魂升天的主题。西汉中晚期的绘画如卜千秋墓壁画组成一幅死者升仙图,形象地表达出当时人们希图死后升仙的幻想。比这座墓时代稍迟的另一座西汉空心砖壁画墓中,虽然仍以驱邪、升仙为基调,但出现了新的题材,象征天空的画面没有仙人神兽,而是绘出流云中的星宿,可以辨认出"北斗"和"二十八宿"中的一些星宿,虽然仍属示意性质,但由此可以了解西汉时人对星座的认识。还有"二桃杀三士"、"孔子师项真"等历史故事画。表明了壁画主题由虚幻的驱

---

① 危铁符:《奔马·"袭乌"·马式——试论武威奔马的科学价值》,《考古与文物》1982年第2期。

邪升仙逐渐向现实的人间情景的转变。进入东汉时期,作为西汉壁画基调的驱邪升仙图像,日益减弱,而表现死者生前官位和威仪的画面,占据了墓壁的主要位置。成群的属吏和盛大的出行车马仪卫,簇拥着端坐帐中或车内的墓主,以及描绘家居宴饮、舞乐杂技的豪华场面,成为东汉墓室壁画最流行的题材。尘世的威仪和享乐压倒了企望死后升仙的幻想,那些与升仙联系紧密的神兽羽人,常常被另一类表现"祥瑞"的禽兽或植物图像所取代。当人们将目光从升仙的幻景,移向描绘现实社会中的车马骑从或宴饮舞乐,乃至宅院庄园的时候,自然导致创作墓室壁画的画师们更加重视写实手法,从而将汉代绘画艺术推向新高峰。

　　汉代这种由浪漫到现实的重心转换也充分地体现在赋这一汉代文化全息缩影的文学体裁上。汉赋经历了一个由西汉的浪漫夸饰到东汉的现实描绘的重点变化。西汉的浪漫夸饰以司马相如为代表。司马相如认为"赋家之心"可以包容整个宇宙,这种创作思想在《子虚》、《上林》赋中得到了充分的体现。他充满热情和豪情面对外部世界,充满昂扬向上的热情去赞颂宇宙万物之美,体现了面向外部世界的倾向。他强调"赋家之心"的巨大作用,实际上是指出在赋的创作中,艺术家的心灵要有一种能够驰骋于上下古今的强大的想象力,要使自己的心胸开阔广大到能够容纳整个宇宙万物和人类历史,使之分明地浮现在自己的意象之中。这种不局限在一个狭窄范围内的强大的直观和想象的能力,正是一切伟大的艺术家所具有的一个重要特征。司马相如这个说法完全符合于汉赋要求无所不包、穷形极相、淋漓尽致地描写宇宙万物的艺术形式的特征,表现了如司马相如所说的那种"崇论闳议,创业垂统","驰骛乎兼容并包,而勤思乎参天贰地"的时代特点。"包括宇宙"的"赋家之心",体现在这两篇赋的创作中,首先表现为审美上的宏观视角和整体意识。无论是写云梦、写齐国苑囿,还是写天子的上林苑,司马相如都是从宏观的视角出发,把自己放

置在一个全知全能的"全知"视点上,用一种尽收宇宙万物于眼底的从高而下的目光来观照客体,审视万物。所谓"笼天地于形内,挫万物于笔端",正是这种视角的特点和作用。作者好像是在太空中俯视大地万物,先从宏观的角度把握了要表现的事物的特征。而整体意识,则是指相如的赋中表现事物时,努力从上下左右四面八方来抓住其一切方面,一切内容,一切特征。例如写"盖特小小者耳"的云梦时,从"其山则……其土则……其石则……其东则……其南则……其西则……其北则……"各个方面来叙写,就是为了写出云梦的整体,而不是某一方面的特征。而在写各种事物时,又都是为了表现整体而服务的。从赋中所写的阔大的苑囿中我们可以看到,整个汉帝国的审美倾向几乎就是"大",要求笼盖宇宙中的一切于审美的乾坤中。这种精神气魄,正是中华民族的骄傲。司马相如这两篇赋是想象虚构艺术的自觉化。设定子虚、乌有、亡是,自己承认赋的虚构性,正是为了人们注意赋的本身。"虚构是人类得以扩展自身的创造物"①,是人类精神探索世界、创造世界的伟大能力。司马相如的赋中所展现的虚构想象能力,在具体的描写中更加鲜明地表现了出来。赋中所展现的艺术世界,充满了神奇宏丽的色彩,充满了天下极致的事物,表现了中华民族在扩展自身的生活世界和精神世界上的无穷的力量。在艺术的形态上,则表现为层出不穷的比喻和夸张。

鲁迅先生称赞司马相如"不师故辙,自摅妙才,广博闳丽,卓绝汉代"②,正是指上述特点而言的。扬雄说"长卿赋不似从人间来,其神化所至邪!"③其实正是就《子虚》、《上林》为代表的赋作而说的。刘熙

---

① [德]沃·伊塞尔:《走向文学人类学》,引自拉尔夫·科恩主编:《文学理论的未来》,程锡麟等译,中国社会科学出版社1993年版,第279页。

② 鲁迅:《汉文学史纲要》,人民文学出版社1976年版,第57页。

③ 扬雄:《答桓谭书》,载严可均校辑:《全上古三代秦汉三国六朝文·全汉文》卷五十二,中华书局1958年影印本。

载在《艺概·赋概》中说:“相如一切文,皆善于架虚行危。其赋既会造出奇怪,又会撇入窅冥,所谓‘似不从人间来者’,此也。至模山范水,犹其末事。”正是就司马相如在赋中所表现的杰出的想象虚构能力而言的。“架虚行危”,虚构想象的神奇险怪也。“造出奇怪”,“撇入窅冥”,都是指想象力的无拘无束,大胆狂放。所以刘熙载十分精辟地指出:“赋之妙用,莫过于‘设’字诀,看古作家无中生有处可见。如设言值何时、处何地、遇何人之类,未易悉举。”①更为具体地强调了虚构想象在赋中的作用,介绍了虚构的方法和特征。

这种想象虚构的夸饰之风,到东汉班固则明显地向现实描绘转换。班固是一代赋家,更是一位历史学家。他的赋较之前人又有所发展。历史意识的沾濡浸润改变了赋风。虽然他自己说司马相如、枚皋之属“朝夕论思,日月献纳”,“或以抒下情而通讽谕,或以宣上德而尽忠孝”,赋的意义可比雅颂,所以“赋者,古诗之流也”,然而他也专心致志地去描摹宫室羽猎的盛美:“其宫室也,体象乎天地,经纬乎阴阳……后宫则有掖庭、椒房、后妃之室。合欢、增成、安处、常宁、茝若、椒风、披香、发越、兰林、蕙草、鸳鸾、飞翔之列。昭阳特盛,隆乎孝成,屋不呈材,墙不露形。裛以藻绣,络以纶连。随侯明月,错落其间。金釭衔璧,是为列钱。翡翠火齐,流耀含英。悬黎垂棘,夜光在焉。于是玄墀釦切,玉阶彤庭,碝磩彩致,琳珉青荧,珊瑚碧树,周阿而生。红罗飒纚,绮组缤纷。精曜华烛,俯仰如神。后宫之号,十有四位,窈窕繁华,更盛迭贵。处乎斯列者,盖以百数,左右廷中,朝堂百僚之位。萧、曹、魏、邴,谋谟乎其上。”以下则完全转入了一种人文的、历史的叙述:“佐命则垂统,辅翼则成化。流大汉之恺悌,荡亡秦之毒螫。故令斯人扬乐和之声,作画一之歌。功德著于祖宗,膏泽洽于黎庶。又有天禄、石渠,典籍之府,命夫谆诲故老,名儒师傅,讲论乎《六艺》,稽合乎同异,

① 刘熙载:《艺根·赋概》。

又有承明、金马,著作之庭……"①。若将司马相如的《子虚》、《上林》等赋拿来与《两都赋》作一对比,《两都赋》不仅在文字上远远及不上司马相如的艰涩,在描绘上似乎也缺乏一种恢宏之气。更值得注意的是司马相如的赋完全沉湎于一种描绘,一种发自内心中的赞美,那种细露迷迷的讽谏意味也早已被前面倾盆大雨般的文辞所湮没;而班固始终有一种历史学家的沉静,《东都赋》的末尾犹不忘"将喻于五篇之诗"。

班固在赋史上的重要意义是将目光更加集中于人文景观的描绘。任何一篇大赋,都倾注了赋者的灵魂。班固的才力并不是不能与司马相如、扬雄相比,这从他的丰富的著作中可以见出,但是他却不再与他们在相同的方面竞赛了。自屈骚而降,开大赋创作先河的是枚乘,他首先将目光扬起,以卓异的凌越之姿,欲将人的心灵洗沐在一种崇高的光辉之下,所以《七发》创格的重要意义更在于一种精神的觉悟和升华;司马相如、扬雄继之,赋家之心,包揽宇宙,穷物尽类,穷奇极变,赋以富丽宏伟、穷极描绘之能事而卓立于文坛。这些作品,既展现了人们的想象力,更体现了人们对语言表现的追求,相如子云都有语言学的专著流传。待后来者如班固、张衡面对他们创造的世界时,他们必将寻求另一种超越,那就是一种对人文景观的观照和对人类文明的思虑。

班固若想与司马相如、扬雄竞胜,唯一的办法是另辟蹊径。实际上,班固当时并没有这么想,虽然他赞美过他的前辈,诋毁过他的前辈,他还得去学习模仿他们,只不过模仿得并不太像,反倒将他自己写出来了。因为他不能照搬司马相如与扬雄写宫室羽猎的写法,他的想象力也难得胜过司马相如,所以将目光转向了现实世界的描写,渗入

---

① 班固:《西都赋》,载费振刚等辑校:《全汉赋》,北京大学出版社 1993 年版,第 314 页。

了人文的气质,既然写史,免不了用一些旧事,这样,他的才学也更容易表现,例如他写道:"尔乃食举《雍》彻,太师奏乐,陈金石,布丝竹,钟鼓铿锵,管弦晔煜。抗五声,极六律,歌九功,舞八佾,《韶》《武》备,太古毕。"提到许多上古的舞名舞礼。又如谈论读书习文:"今论者但知诵虞、夏之《书》,咏殷周之《诗》,讲羲、文之《易》,论孔氏之《春秋》,罕能精古今之清浊,究汉德之所由。"①这与西汉赋的内容是完全不同的。他描写宫室,似乎只是一个静态,不像司马相如那样富于动感,因为想象是无际的,沉思是静默的,而理想是悠忽的,现实是冷峻的。班固这种转变,肇始于扬雄,扬雄的某些篇章中也流露出许多议论的痕迹,班固则具体化了,描写的事物更实在了,这在后来张衡的《二京赋》中仍有发展。

张衡是继司马相如、扬雄、班固之后的又一大赋家。他的《二京赋》用了 10 年时间写成,也写的是长安和洛阳。前面说过班固的《两都赋》,张衡的作品就是通过模拟班固做成的。然而《二京赋》的篇幅却比他的前人们更长,文字上却平易多了。扬马之作,在乎纯粹的描绘,内容却不是太复杂的,比如《上林赋》只描写一座园林所能激发的联想,而《二京赋》的生活内容却广泛得多,这一点是继承了班固,因为从班固开始,可以明显看出他转向现实了,而张衡更加深密、甚至将长安表现为一个繁华的市镇,描绘那时候街市的热闹情景:

> 总会仙倡,戏豹舞罴,白虎鼓瑟,苍龙吹篪。女娥坐而长歌,声清畅而蜲蛇。洪涯立而指麾,被毛羽之襳襹。度曲未终,云起雪飞。初若飘飘,后遂霏霏。复陆重阁,转石成雷。礔砺激而增响,磅礚象乎天威。巨兽百寻,是为曼延。神山

---

① 班固:《东都赋》,载费振刚等辑校:《全汉赋》,北京大学出版社 1993 年版,第 216—217 页。

崔巍,欻从背见。熊虎升而挐攫,猨狖超而高援。怪兽陆梁,大雀踆踆,白象行孕,垂鼻辚囷,海鳞变而成龙,状蜿蜿以蝹蝹……①

　　这哪里是汉代的市集呢?宛然是宋代的瓦肆了。张衡少年时游历长安洛阳,给他不少生活体验目睹许多生活场景,所以才会写出大都市。全景式的恢宏场面和种种细节,与西汉的大赋相比,这绝不可能凭空想象出来,所以大赋的转变是从想象向观察的转变,从浪漫情思向现实生活的转变。而它们的铺陈之质有所不同,西汉的铺陈成为一种夸张的想象,到了东汉,则成为如何把生活的场面记录下来了。这也许是张衡的这篇《二京赋》的重要价值所在。从整个汉代的大赋看,即使是"劝百而讽一",我们都很难找到更多的寄寓,京都的东移,国势的衰退,赋者的思虑越发深沉了,他们在铺张扬厉的同时也虚化了自己,热情冷却,他们再也难以做出盛汉时那种气吞万里、笼罩天地的大赋了。

　　从西汉到东汉,经历了汉武帝"罢黜百家、独尊儒术"的意识形态的严重变革。以儒学为标志、以历史经验为内容的先秦理性精神也日渐濡染浸入文艺领域和人们观念中,逐渐融成南北文化的混同合作。楚地的神话幻想与北国的历史故事,儒学宣扬的道德节操与道家传播的荒忽之谈,交织陈列、并行不悖地浮动、混合和出现在人们的意识观念和艺术世界中。生者、死者、仙人、鬼魅、历史人物、现世图景和神话幻想同时并陈,原始图腾、儒家教义和谶纬迷信共置一处……然而,正如李泽厚先生所指出的:"比起马王堆帛画来,原始神话毕竟在相对地褪色。人世、历史和现实愈益占据重要的画面位置。这是社会发展文

---

　　① 张衡:《西京赋》,载费振刚等辑校:《全汉赋》,北京大学出版社1993年版,第419页。

明进步的必然结果"。①

3. 当然,受当时审美关系侧重客体,追求外在对象的外向型和谐的特点制约,从总体上看,秦汉审美文化在现实与浪漫统一的基础上,更侧重现实、客体、再现、写实。例如,汉赋的主要特征是铺彩摛文,体物写志。体物和写志就汉代赋作创作实践来看,显然重在体物。可以说包举一切,囊括万物,穷形极相是其追求的最终目标,体物不达穷形极相绝不罢休。无论要表现的事物大小巨细都务必要穷极之。因此汉赋作品中的审美意象往往纷繁杂沓,堆垛重叠,密密匝匝,厚不透风,无所不包,无所不容。以至不少论家把汉赋称为"类书"。汉赋的作者可以说是一批大才子,气猛才强,笔遒墨壮,只有大汉气象才能孕育出这样的大才,他们才情横溢是众知的事实。但穷形极相却是一个难以真正企及的目标。因此,虽然汉赋作家才情迸发,但做成大赋均要呕心沥血,出现精思十年,殚精竭虑,乃至梦吐脏腑的情况就不足为怪了。即使浪漫夸饰也是热烈地追求着对象,最终还是以现实为旨归。

史传文学或历史散文,在司马迁那里,还有较强的文学性,"实录"与"爱奇"同时并存或兼而有之,但两者比较起来,司马迁把"实录"放在首位是大致不差的。班固虽对《史记》的思想倾向颇有微词,但其对《史记》"其文直,其事核,不虚美,不隐恶,故谓之实录"的评语则是中的之论②。在班固那里"实录"已成为《汉书》的最大特色。虽然后世对其正统思想多有指摘,但对《汉书》翔实的历史价值,则是普遍肯定的。

秦汉绘画和雕塑,在形似中求神似,虽然形神理论已有重大发展,形似理论趋于完备,神似理论熠熠闪光,创作中既有秦陵兵马俑"空前

---

① 李泽厚:《美的历程》,中国社会科学出版社 1989 年版,第 68—69 页。
② 班固:《汉书·司马迁传赞》。

绝后"的写实,也有霍去病墓石雕大巧若拙的写意,但整体来看,秦汉绘画和雕塑都是在形似中求神似,都没有超出侧重现实、客体、再现、写实的阈限。

秦汉建筑宫苑,则要求法天象地。"作为统一大帝国的象征,秦汉宫苑始终以无比广大的天地宇宙为艺术模仿的对象。《史记·秦始皇本纪》曰:'更命信宫为极庙,象天极,自极庙道通骊山,作甘泉前殿。'又曰:'(阿房宫)表南山之巅以为阙,为复道,自阿房渡渭,属之咸阳,以象天极阁道绝汉抵营室也',这句话的意思是:秦以十月为岁首。十月初昏,银河横陈天极星之前,天极星中的帝星(即小熊星座 B)是代表帝位的,从它那里向南通过阁道星渡过银河(天汉),正好到达营室,营室在《天官书》中被称为离宫。于是秦人根据这个星位在咸阳宫之南的渭水上架设复道,过渭水之南建阿房宫,以连成天地比喻的情况。天上是从天极星通过阁道渡过银河达营室;地上是从咸阳通过复道渡过渭水到达阿房宫。""汉代宫苑以体象天地作为设计原则的例证就更多了,如班固《西都赋》描写西汉宫苑曰:'其宫室也,体象乎天地,经纬乎阴阳,据坤灵之正位,仿太紫之圆方。'又云:昆明池'左牵牛而右织女,以云汉之无涯'。张衡《东京赋》:'复庙重屋,八达九房,规天矩地,授时顺乡。'王延寿《鲁灵光殿赋》曰:'其规矩制度,上应星宿'等等。表面上看,仿天像而立地宫是十分荒诞的,但实际上它反映出的是秦汉帝国以空前庞大而又统一、完整的建筑格局为其国家象征的崭新要求……可见在当时人们心目中,天是唯一能在空间上趋于无限,又尊卑分明,秩序井然的物体,同时它又那样崇高,因此理所当然地成了宫苑布局模仿的对象。不过,汉人眼里的'天'并不是单纯的客体,而是他们心中理想的宇宙模式。所以在体象天地以立宫苑的同时,他们也在以同样的热情经营着穹宇的格局。"①

---

① 王毅:《园林与中国文化》,上海人民出版社 1990 年版,第54—56页。

　　不仅上述与再现写实联系密切的艺术形式、文体表现出以现实、再现、写实为主的倾向，就连今日公认的以抒情、写意为本质特征的艺术形式和文学体裁如诗歌、音乐、舞蹈、书法等等，也同样呈现出重现实、再现、写实的浓重色彩。

　　诗歌如汉乐府，感于哀乐，缘事而发，刚健清新，气韵天成。本应以抒发喜怒哀乐各种情感为主，把抒情放在第一位，但文学史家公认汉乐府具有极强的叙事性、情节性和故事性。不仅叙事诗如此，就是抒情诗也是如此。而且其最大的特点是实录。以致被有的学者从题材内容的角度称为"两汉社会生活的百科全书"。

　　音乐是本于人心，长于抒情，偏于表现的艺术，《礼记·乐记》早就比较确切深刻地指出这一点，揭示了音乐的审美本质，但同时又要求再现。再现的内容不仅包括促使情感产生变化的社会政治状况，而且包括直接再现客观现实生活中的特定对象，直接描绘和反映现实生活中的人物和事件。"乐者，以象成也"①或说"以象事行"。"象"就是按照客观事物的神情状貌予以模仿和再现，"成"就是已经完成的或者说已有的事物。《礼记集解》引郑康成的话说："成，谓已成之事也。"孙希旦注又说："愚谓象成，谓象所成之功。"又所谓"功成作乐，治成制礼"。《武》乐就是歌颂周武王伐纣已取得胜利的历史事件。"象成"说强调再现客观现实生活中已成或已有的事物，没有谈到未成的和可能的事物，它的主要精神是强调按照事物已经形成的本来面貌描绘和再现事物。这种真实的原则，不只适用于客观对象的模仿，也适用于人的内在感情。《乐记》反对虚情假意，要求音乐必须有深挚真诚的感情，"情深而文明，气盛而化神，和顺积中，而英华发外，唯乐不可以为伪"②。音乐、文艺不能作假，必须有真实的感情，这是一条重要

　　①　《礼记·乐记·宾牟贾篇》。
　　②　《礼记·乐记·乐象篇》。

的美学规律。

舞蹈也是最长于抒情表现的艺术,秦汉时就把它放在表达情感的最高层次。所谓:"诗者,志之所之也,在心为志,发言为诗。情动于中而形于言,言之不足故嗟叹之,嗟叹之不足故永歌之,永歌之不足,不知手之舞之,足之蹈之也。"①即言此意,但在同时也赋予了它极强的再现、模仿、写实功能。如汉代舞蹈中的《灵星舞》。正因为此,"汉代舞蹈的模拟与再现就较为显著"②。

书法在当今被视为表现性和抽象性最强的艺术。但在汉代书法家那里,书法首先被看作"肇于自然",是自然形象的模拟和再现。书法创作要以自然美的形象为客观依据,有意识地、自觉地去摹状自然万物的气势、姿态、韵律。他们大都把书法外在结构形式与自然美物象联系起来。借助自然物象之美来形容比拟书法之美,强调书法艺术的状物、再现功能。蔡邕说:"为书之体,须入其形,若坐若行,若飞若动,若往若来,若卧若起,若愁若喜,若虫食木叶,若利剑长戈,若强弓硬矢,若水火,若云雾,若日月,纵横有可象者,方得谓之书矣。"③这种理论,开启中国书法"观物取象"说的先河。虽然书法文字形式无法像绘画那样逼真地再现客观自然事物,但它的点画飞动,结构纵横,也可以通过暗示使人联想起自然万象生动变化的气势、姿态,生命形象的骨、筋、血、肉,从而唤起丰富的审美感受。至于萌生于先秦,兴盛于秦汉的鸟虫书等象形书体,名目繁多,秦代有"八书",新莽有"六体",有模仿自然现象的"日书""月书""云书""风书",有模仿动物的"龙书""蛇书""虎书""鸟书",有模仿植物的"倒韭书""柳叶书""花书""蓬

---

① 《毛诗大序》,载张少康等编选:《先秦两汉文论选》,人民文学出版社1996年版,第343页。

② 袁禾:《中国舞蹈意象论》,文化艺术出版社1994年版,第138页。

③ 蔡邕:《笔论》,载《历代书法论文选》,上海书画出版社1979年版,第6页。

书"等等不一而足,但由于过分拘泥于客观现实物象的模仿,很难与绘画相匹敌,虽然后世庚元威曾列一百二十体,但终究被书法艺术所抛弃。这种象形书体不过是书法模仿再现功能的违背书法艺术内在本质规律的极端化、片面化发展。它对秦汉书法艺术的意义在于,从一个方面印证了秦汉书法艺术对模仿再现的高度重视和创作表现上的普遍性。

总之,秦汉时代,不仅叙事、造型类的艺术形式侧重现实、客体、再现、写实,就是抒情表现类的艺术门类和文体形式也较多模拟再现色彩。既然如此就不能不说这是秦汉审美文化艺术的突出特征了。正如陈炎先生所说的:"当一个时代不仅叙事的艺术门类比较发达,就连抒情的艺术门类也偏于发挥其叙事功能的时候,这种倾向便值得重视了。"①

(二)繁富与稚纯的统一

正如秦汉大一统包含着向君王一人中央集权专制和兼容并包开放两极拓展的相反相成的矛盾情况一样,秦汉审美文化也包括看似矛盾,实则相成的两个相互渗透的方面:繁富与稚纯。这两个方面的相反相成相互渗透及其审美效果,构成了秦汉审美文化的又一重要特征。

1. 秦汉审美文化是繁富铺陈,饱满充沛的。这种繁富铺陈至少表现在秦汉审美文化的内容和形式两个方面。

就题材内容来看,与包括宇宙、牢笼天地,容纳万有的宇宙观念相表里,秦汉审美文化的题材琳琅满目,五彩缤纷,几乎无所不包,在我们面前展现了一个穷极天地,囊括古今,浑融万物的审美世界。这里

---

① 陈炎:《有别于审美思想史和审美物态史的审美文化史》,《东方丛刊》1998 年第 2 期。

不仅有上承远古神话的诸如神人操蛇,怪神击筑,以及修颈长尾的应龙,人首蛇身两尾相交、分别举着日轮、月轮的羲和、常羲等众多充满巫术意味的神和动物的形象;还有诸如孔子问礼,狗咬赵盾,专诸刺王僚,秋胡戏妻,王陵母等一系列历史故事,以及诸如曾参、闵子骞、老莱子、代赵夫人、梁节姑姐等所谓忠臣孝子、烈妇节女的种种事迹;而且还有诸如弄蛇角觝之戏,畋猎宴享之乐,车马仪仗之盛等上层贵族享受生活的各种内容;甚至还有农耕播种,采莲纺织,弋射冶铁等生产场面的种种描写。比如汉代绘画"令人为之动容的不仅仅因为那些铺天盖地的庞大场景,不仅仅因为艺术家对画面空间最大限度的充填,而且更因为这些画面中竟包容着如此惊人丰富的内容:从日月星辰、鬼神灵异、衣食住行,耕桑织铸,舞乐游戏,驰逸田渔,……一直到给牛去势;四海中具备的,想象中所及的,无一不能在这里见到。从后羿、嫦娥、伏羲、女娲、老聃、孔丘、聂政、荆轲,……一直到鸿门宴,古往今来的,天际人间的,无不一气浑融,尽历目前。在这里没有什么范围之限,更不存在什么雅俗之防,生活中的一切内容几乎就是艺术中的一切内容,艺术中的充盈之美也完全就是生活中的丰沛之趣"①。汉代绘画表现的积极昂奋的对世间生活的全面关注和肯定,正是生气勃勃的统治阶级所代表的时代文化的独特风貌。

再如,汉赋所极力展示、铺陈的,是与汉代绘画所着意涂绘的相同的广博社会生活。画是形象的赋,赋是文字的画。"文学没有画面限制,可以描述更大更多的东西。……尽管是那样堆砌、重复、拙笨、呆板,但是江山的宏伟、城市的繁盛、商业的发达、物产的丰饶、宫殿的巍峨、服饰的奢侈、鸟兽的奇异、人物的气派、狩猎的惊险、歌舞的欢快……,在赋中无不刻意描写,着意夸扬。这与上述画像石、壁画等等的

---

① 王毅:《开拓与自信》,《读书》1987 年第 9 期。

艺术精神不正是完全一致的么？"①

晋人皇甫谧曾评论汉人宫殿苑猎赋曰："不率典言，并务恢张，其文博诞空类，大者罩天地之表，细者入毫纤之内，虽充车联驷，不足以载；广厦接榱，不容以居也。至如相如《上林》、扬雄《甘泉》、班固《两都》、张衡《二京》……皆近代辞赋之伟也。"②这些话当然也可以看作是对汉人所有艺术风格乃至汉代宇宙观的概括。司马相如《上林赋》称上林苑中山水景观的特点是"视之无端，察之无涯"；植物景观的特点是"视之无端、穷之亡穷"；建筑景观的特点是"离宫别馆，弥山跨谷"。司马相如的描写不是没有根据的夸饰，我们今天尚能看到的千千万万汉画像石无不表现出与之完全相同的气质。

就艺术表现来看，适应着包括宇宙、牢笼天地，容纳万有，百态俱陈的表现需要，秦汉审美文化（艺术）的表现手法是那样铺陈恣肆，张扬跋扈，表现出对描摹对象整体性和全面性的模仿要求。

为了达到这种追求表现对象的整体性全面性的要求，汉代绘画在布局上平列充填，而且一个画面还往往被划分为许多档，每一档中又都充满了众多的人物或场景。汉人不仅对同一场景比如庖厨、百戏，常常要刻画出种种纷繁的小场面来：杀鸡、宰牛、淘洗、烹调、摆席、奏乐以及顶盘、倒竖、耍刀、弄丸、斗兽、叠案等等，而且这些小场面又是全部铺展在一个平面上的。

秦汉众艺杂陈的百戏作为中国戏剧的雏形也具有"全"的特点。中国戏剧从源起到成型经历了先秦滥觞，汉代发轫，宋金成熟的三个阶段，先后渡过了两个具有决定意义的关口。第二个关口是在宋金时代，其时戏剧已跨入成熟阶段的门槛，这里姑置不论。关键是第一个关口。而第一个关口则在汉代。它的意义在于决定了戏剧之为戏剧

---

①　李泽厚：《美的历程》，中国社会科学出版社 1989 年版，第 76—77 页。
②　皇甫谧：《三都赋序》，载萧统《文选》卷四十五。

的关键,即戏剧作为大众娱乐工具的性质及与之相应的戏剧艺术品格的某种独立性。汉代经济、政治、文化的全面发展和盛世的景况,不仅使社会上产生了普天同庆的陶醉心理,而且撼动起一代世俗享乐的生活之潮。而汉代又正是中国艺术的奠基期,各种艺术,包括歌舞、音乐、绘画、雕刻、杂技、特技,都应合着帝国雄宏发展的强大势头,铺衍开来,以辉煌的气势向前推进,它们又为综合艺术——戏剧的生发,提供了多方面的滋养,有利于萌芽期戏剧的凝结、生成。这些内外条件,使狂放浪漫的歌舞百戏表演,在上起宫廷,下自民间的广阔的背景下,声势浩大地展开。"赵、中山……大夫相聚游戏……,作好巧,多弄物,为倡优"①;"郑女赵姬,设形容,楔鸣琴,揄长袂,蹑利屣"②,更有王公、贵族"罗钟磬,舞郑女"③,而最典型的代表形式,是张衡在《西京赋》中所描写的京都平乐观国家级歌舞、百戏表演。无论从规模、整体性、特定性角度看,都具有前所未有的特点。如汉代大型歌舞百戏《总会仙倡》是仙人仙兽和倡优的聚合,已经是一种综合性的艺术形态了。从《西京赋》的描写来看,此舞剧不仅具有表演性、舞台性,以及艺术上的丰富性、多样性,而且最值得重视的地方,是它的情境性。在层峦叠嶂,仙风习习的西岳华山,众仙在聚会:白虎在鼓瑟,苍龙在吹篪,熊罴在按节而舞,女娥坐而长歌,洪涯立而指麾,整个场景完整统一,具有扣人心弦的感人力量。场面的安排,人物的调度,极具匠心;浓厚的抒情气氛和浪漫情调,使整个场景凝结为一个不可分割的整体,洋溢着诗情画意,给人以深长的回味。这里,也许没有故事情节,而故事情节自在其中,这种在规定的情境中,人物有层次、有规则的活动,岂不正是古代歌舞剧的雏形。

---

① 班固:《汉书·地理志》。
② 司马迁:《史记·货殖列传》。
③ 班固:《汉书·元后传》。

汉代戏剧雏形不是单一的艺术门类，而是为数众多的艺术形式的组合，它与歌舞艺术关系最为密切，且又吸收了滑稽表演、象人表演、杂技、特技表演等技艺中的戏剧因素，集古代民间艺术技艺之大成，具有纷纭繁汇、无所不包的特点。作为中国历史上最富有生气和活力的朝代，汉代戏剧充分体现了不拘一格、狂飙突进的特点。就戏剧的意识而言，汉代显然还处于模糊的、不觉醒的状态，然而就戏剧的气概而言，却是雄奇博大的，生动地展示了"以巨为美，以众为观"的大文化气魄①。尽管由于戏剧成熟的社会条件此时尚不具备，百戏杂陈的局面还要持续相当长的历史时期，一直到宋元才告结束，但百戏杂陈的局面，却是戏剧生成的重要基础。没有汉唐的百戏、杂剧，就没有宋元院本、杂剧的综合、凝结。汉代作为中国戏剧的发轫期，是中国戏剧发生发展的重要时代。

至于"贪大求全"的汉大赋，在全面性上达到了汉代艺术的极致。汉赋的特长就是对一事物、事件或情志进行汉代人看来全面细致的模仿。事物大可以是城市、大海，小可以是一支笙、一支笛。事件可以是羽猎、游历、舞蹈，情志可以是思旧、叹逝、思玄、秋兴。无论描述的对象和表呈的情志是什么，都要求达到赋的全面性。下面以班固的《西都赋》略作说明：

西都宾向东都主人言西都之制：(83 字)

一、地理位置、历史、沿革

(一)地理位置："汉之西都，在于雍州……则天地之隩区焉。"

(二)历史沿革："是故横被六合，三成帝畿……秦以虎视。"

---

① 赵明主编：《两汉大文学史》，吉林大学出版社 1998 年版，第 66—67 页。

（三）汉营西京："及至大汉受命而都之也……故穷泰而极侈。"（以上188字）

一开始的西都方位，就显出了赋的特点。它是周围山川形胜（"左据函谷二崤之阻，表以太华终南之山，右界褒斜陇首之险，带以洪河泾渭之川"等等），天上的星象分野，及人的顺悟天地而努力的结果（周以龙兴，秦以虎视，及至大汉，受命而都之也。仰悟东井之精，俯协河图之灵……天人合应，以发皇明）。这是时空合一的方位，是天地人相参的结果，这是以阴阳五行图式描绘地理方位的典范。

二、城市描绘

（一）城市布局："建金城而万雉……闾阎且千。"

（二）繁荣富庶："九市开场，货别隧分……既庶且富，娱乐无疆。"

（三）都市人物："都人士女，殊异乎五方……骋骛乎其中。"

（四）京畿人物："右乃观其四郊……隆上都而观万国也。"（以上199字）

三、京畿环境描绘

（一）"其阳（南）则崇山隐天，幽林穹谷……郊野之富，号为近蜀。"

（二）"其阴（北）冠以九嵕，陪以甘泉……五谷垂颖，桑麻铺棻。"

（三）"东郊则有通沟大漕……与海通波。"

（四）"西郊则有上囿禁苑……离宫别馆，三十六所……殊方异类，至于三万里。"（以上248字）

都城分两部分描写，一是城内的各类事物结构，显得五彩纷呈，一是写都城的四周围。内外在气势上相渗相佐，更进一步地突出了对方。内尽呈人文之灵,外毕显自然之宝,内是动的人文的阳刚之气韵,外是静的山川百物的阴柔之美姿。

四、群体建筑描绘

(一)总体风格:"其宫室也,体象乎天地……光煴朗以景彰。"

(二)内部结构:"于是左城右平,重轩三阶……清凉宣温,神仙长年。"

(三)装饰特点:"金华玉堂,白虎麒麟……乘茵步辇,惟所息宴。"

(四)后宫之制:"后宫则有掖庭椒房,后妃之室……兰林蕙草,鸳鸯飞翔之列。"(以上324字)

五、重点建筑描绘(昭阳殿)

(一)装饰特点:"昭阳特盛……珊瑚碧树,周阿而生。"

(二)美人风姿:"红罗飒纚,绮组缤纷……处乎斯列者,盖以百数。"

(三)佐命之臣:"左右庭中,朝堂百僚之位……膏泽洽乎黎庶。"

(四)典籍之府:"又有天禄、石渠……讲论乎六艺,稽合乎同异。"

(五)著作之庭:"又有承明,金马……启发篇章,校理秘文。"

(六)其他职司:"周以钩陈之位……陛戟百重,各有典司。"

(七)与其他建筑之空间关系……

(八)正殿之高峻……

(九)登高以骋目……(以上650字)

对建筑也分两部分描写。一是整个建筑群体,显出结构组合装饰配置的物质之美和自然植物之美;二是重点建筑描绘。这里不仅是建筑结构本身,而且是建筑内,作为建筑之一部分而又给建筑生气的美人、大臣、典籍。整个建筑描绘充满了大与小、静与动、高与低的对比。

六、狩猎、游乐描绘

(一)准备工作:"尔乃盛娱游之壮观……列卒周匝,星罗云布。"

(二)天子仪仗:"于是乘銮舆……历上兰。"

(三)狩猎场面:"六师发逐,百兽骇殚…草木无余,禽兽殄夷。"

(四)论功行赏:"于是天子乃登属玉之馆……举烽命爵,飨赐毕,劳逸齐。"

(五)泛舟之乐:"大路鸣銮,容与徘徊……沉浮往来,云集雾散。"

(六)观女乐、钓鱼射鸟:"于是后宫乘辇辂……方舟并鹜,俯仰极乐。"

(七)四方游乐:"遂乃风举云摇……第从臣之嘉颂。"(以上607字)

以前的整个西都的描写都是偏于静态的,这里就完全显出动态的热闹和生气。既使整个篇章形成动静之互衬,又画龙点睛,使西都在汉代的阴阳五行宇宙中有一个符合天地定位,而又生气盎然地存在。

最后以颂扬盛世之德结束全篇。(88字)①

---

① 万光治:《汉赋通论》,巴蜀书社1989年版,第234—237页。分析文字见彭吉象主编:《中国艺术学》,高等教育出版社1997年版,第42—43页。

《西都赋》比较经典地呈现了汉赋基本的审美方式。

第一，用一种与汉代宇宙观一致的审美构图方法去描摹事物。一开始我们看到对西都的天地四方及人在其中的定位，在京畿环境描绘时，又重复南如何，北如何，东如何，西如何，是纵横上下，四面八方，天地万物相互交织的一幅立体全图。这是远古以来的仰观俯察，四面游目，溯古追今的审美方式在赋中与阴阳五行结合后的面貌。这一直为后来的赋的方位描写所承传。如唐王勃的《滕王阁序》："南昌故郡（历史），洪都新府（现在），星分翼轸（天象），地接衡庐，襟三江而带五湖，控蛮荆而引瓯越（地理）。物华天宝，龙光射牛斗之墟；人杰地灵，徐孺下陈蕃之榻（天地相应，人相参之）。"又如苏轼《前赤壁赋》："壬戌之秋，七月既望（时间），苏子与客泛舟游于赤壁之下（地点）……月出于东山之上，徘徊于斗牛之间（天象）。白露横江，水光接天（地上）。纵一苇之所知，凌万顷之茫然（环境）。"而在这天地人四方的立体全景中又总是贯穿着一阴一阳的应合。讲方位，总是天地相对，山川相对；谈都市，往往内与外，人文与自然，结构与气势，高与低相对；叙建筑，又是总天地对应，内外分别，有高殿崔嵬，随即有池水汤汤。最后讲人在美好的环境中娱乐，也是具有阳刚雄风的狩猎与呈露阴柔美态的泛舟观乐相映成趣。

第二，由大到小又由小到大的循环视线。整篇的叙述顺序是由大到小、由天地人大环境中的西都——西都本身——西都中的建筑——建筑中的昭阳殿——人的活动。但是，镜头每缩小一次，则要向原初进行大回应和扩射，显出由小到大的回逆。西都本身是比天地大环境小了，但通过物产和游士作了向外的扩展（"州郡之豪杰，五都之货殖，三选七迁，充奉陵邑……隆上都而观万国"）。又通过四围环境，北拥有世界最珍贵的物产，南有最日常的物产，东可与海通波，西有可以逾昆仑越巨海的动物飞禽，而又一次向大扩展。建筑本身比都城小了，

但通过体象天地而回到了大,也通过建筑内八方万国的珍宝动植物而显现出大。昭阳殿只是建筑的一部分,小了,但通过典籍著作进行了时间的扩充,通过美人大臣进行人文的扩展,又通过在崔嵬正殿上的登高游目显出了向天地四方的空间扩展。娱游仅是西都的一次活动,但通过天下百兽如猿、猨狄、豺狼、虎、兕、狮豹、熊螭的显现,通过众禽如玄鹤、白鹭、黄鹄、鸡鹳、鸧鸹、鸧鶄、凫鹥、鸿雁等的出场,明显地具有宇宙万物的代表性。这种审美叙述不断由大到小,暗中不断由小还大,正如太极图,以黑白任何一色为主,由大到小,小到最后总是化入另一色,又由小到大。一种宇宙的根本视线在汉赋里得到了艺术的体现。

由以上两点,很自然地得出了审美方式的第三个特点:按照汉人的立体全面方式进行仔细的"步步移,面面观"仰观俯察,四面游目的铺陈排列。《西都赋》从一开始就见这种铺陈排列迎面而来,然后是随着叙事对象的转移而一套接着一套。所有汉赋都是这样,只是有简繁之别。

汉赋的铺陈排列就是在按照汉宇宙图式形成的躯干纲目上进行细节的添加。这里也像汉画像一样,各类事物都有一个素材系列库,写到哪一类别就可以从库中选取该文所需之素材罗列上去就行了。

汉赋的趣旨与汉代容纳万有的精神一样,是要穷尽事物。由此它在铺陈排列事物的时候,是现实加想象。它的铺采摛文最后成了容纳万有的象征体系。《西都赋》就是如此。它的西都城的描绘,就是天地人合一,天人相感,天地相通的人文象征。它的宫殿描绘是一种法天象地、容纳万有的宇宙象征。它的狩猎描写是一种囊括四海、并吞八荒的征服象征。它的泛舟观乐描绘,通过乐的天地人合德本质与观时的"俯仰乐极",是天人合一的象征。①

① 彭吉象主编:《中国艺术学》,高等教育出版社 1997 年版,第 42—44 页。

汉代文艺繁富铺陈、饱满充沛的特色,完全是汉代社会特定历史状况的一种观念的映现。对于这种历史状况,我们可以从三个方面来加以考察。

首先,从社会生活领域的拓展上说,汉代不仅农业因大规模兴修水利和牛犁的逐渐推广,以及代田法、区种法、温室之类农业技术产生等原因获得了相当的进步,而且官营和私营的手工业、商业也有了较大的发展。司马迁说:"汉兴,海内为一,开关梁,弛山泽之禁,是以富商大贾周流天下,交易之物莫不通"①。长安、洛阳、邯郸、成都等大商业城市十分兴盛。方空縠、吹絮纶、冰纨、铜镜、文杯、漆屏等纺织、手工制品,繁富众多,制作精良。由于国力强盛,汉代的疆域向西方和南方大大开拓。特别是张骞的出使西域,使得原来视为西王母所居之地,亦即是人们仅能凭神话加以想象的一带,被我们民族现实地认识了,中西文化交流的新纪元开始了。许多域外物品:苜蓿、葡萄、蚕豆、胡桃、石榴、汗血马等,以及域外文化如乐曲,后来还有佛教及其艺术等等,都络绎传入。人们的认识领域大大地拓展了。奇货异物,音乐百戏……一方面,外部世界日益展开了它阔大繁富的面貌:"九真之麟,大宛之马,黄支之犀,条支之鸟,逾昆仑,越巨海,殊方异类,至三万里"②。另一方面,人的各种活动,也愈益呈现出一派五彩缤纷的图景:薄如蝉翼的素纱禅衣,价值万钱的陈宝光绫,精致珍贵的珠襦玉匣,统治阶级在劳动人民的血汗中积聚了大量的财富。"安邑千树枣;燕、秦千树栗;蜀、汉、江陵千树橘;淮北、常山以南,河济之间千树萩;陈、夏千亩漆;齐、鲁千亩桑麻;渭川千亩竹;……此其人皆与千户侯等"③。追求众其奴婢,多其牛羊,广其田宅,博其产业的汉代统治阶

---

① 司马迁:《史记·货殖列传》。

② 班固:《西都赋》,载费振刚等辑校:《全汉赋》,北京大学出版社 1993 年版,第 313 页。

③ 司马迁:《史记·货殖列传》。

级,生活在这样一个空前丰富的环境中,兴奋而无不惊诧,"攒珍宝之玩好,纷瑰丽以奓靡,临迥望之广场,程角觝之妙戏"①,他们忙于认识、熟悉、占有、享受这个"地沃野丰,百物殷阜"②的世界。大一统的胜利使得他们骄矜而雄夸,自以为"掩四海而为家,富有之业,莫我大也。"于是滋长了"徒恨不能以靡丽为国华"③的淫乐之志。正是反映着这样的一种历史进程和阶级需要,于是在文学上便产生了以"草区禽族,庶品杂类"④为能事的靡丽"国华"——汉大赋。在大赋对事功名物的充沛而呆板的罗列中,不仅表现了人们对自然和社会事物认识的大一统式的总结,而且也体现了一个风飙云兴的阶级对于自己胜利的尽情玩味,并在这种"耽乐是从"⑤的尽情玩味中流露出一种自足和夸诞的心理。因为自足,所以不再追求对事物更为深入而完整的理解;因为夸诞,所以愈益沉溺于更加靡丽的铺张之中。正是和这种特定时期特定阶级的心理状态相适应,于是繁衍的、琐碎的、夸饰而炫耀的方式,乃成为汉人语言运用的习惯,而对繁富靡丽的追求乃成为汉人美学情趣之所在。

其次,从意识的历史沿承上说,汉人所承袭的观念体系亦是十分繁富纷纭的。唐虞夏后、龙图龟书、白象海鳞、女娥洪涯……这种长久流传下来的观念体系,还缺少一种理性化的消释,在时人心目中往往被视为"真实"和"历史"。既然被视为"真实"和"历史",那么它们自

---

① 张衡:《西京赋》,载费振刚等辑校:《全汉赋》,北京大学出版社 1993 年版,第 419 页。

② 张衡:《西京赋》,载费振刚等辑校:《全汉赋》,北京大学出版社 1993 年版,第 420 页。

③ 张衡:《西京赋》,载费振刚等辑校:《全汉赋》,北京大学出版社 1993 年版,第 421 页。

④ 刘勰:《文心雕龙·诠赋》。

⑤ 张衡:《西京赋》,载费振刚等辑校:《全汉赋》,北京大学出版社 1993 年版,第 319 页。

然会和世俗生活中的人、物、事相互比附穿凿、牵扯混合,于是汉人意识乃更其繁富。虽然从春秋战国以来巫术——神话思想已在愈益瓦解之中,标志着我们民族的成长已进入了告别原始蒙昧的民族心理的断乳期;但是渊源深远的沉重的原始意识,不是短时期能够彻底清除的。华夏民族又是一个多民族的融合体,每一个民族都有各自的远古传说和山川神祇之祀。秦汉统一以后,适应着王国中的大一统政治局面,在观念王国中一方面产生了对独尊的上帝神的需要;另一方面各地的民族神和自然神在仍旧得到祭祀的过程中,则融会成更其繁博的一片。《史记·封禅书》云:"及秦并天下,令祠官所常奉天地名山大川鬼神可得而序也。于是自崤以东,名山五,大川祠二。……自华以西,名山七,名川四。……而雍有日、月、参、辰、南北斗、荧惑、太白、岁星、填星、辰星、二十八宿、风伯、雨师、四海、九臣、十四臣、诸布、诸严、诸逑之属,百有余庙。西亦有数十祠。……各以岁时奉祠"。

再次,社会风气的骄奢侈靡。汉代统治阶级既生活在汪秽博富的现实的世俗生活中,又生活在一种纷纭繁富的观念的超世的生活之中,并且在这种现实的与观念的、现世的与超世的两部分生活之间又并无一种明确的界限。不仅鬼神世界在他们的心目中是一个与人间世界相并存的真实世界,而且远古流传下来的种种具有动物、自然崇拜内容的带有巫术意味的神话传说也仍然对他们有着一定程度的真切的影响力。达官贵戚、豪门富人一方面幻想着在世的羽化飞升,而当这种幻想不能实现时则又企求着死后的魂入天堂。骄淫的生活享受与宗教观念的结合,使得他们热心于死后的安排,以致奢侈豪富的厚葬成为一种历时弥久的社会风气。《晋书·索靖传附索綝传》云:"汉天子即位一年而为陵,天下贡赋三分之一供宗庙,一供宾客,一充山陵。"营造山陵的费用竟与在统治阶级意识中占极端重要意义的供奉宗庙的费用相等,占了三

分之一的比例。史称节俭的汉文帝倡导薄葬,"治霸陵皆以瓦器,不得以金银铜锡为饰,不治坟,欲为省,毋烦民"①。然而晋建兴年间霸陵(文帝墓)、杜陵(宣帝墓)被盗掘,这个被索绋称为"俭者"的二陵出土珍宝之多,连晋愍帝都十分惊叹:"汉陵中物何乃多邪"②!漆器其时价格昂贵,《盐铁论·散不足》篇云:"夫一文(纹)杯得桐杯十"。《史记·货殖列传》认为有"木器木云髹者千枚","此亦比千乘之家",而马王堆汉墓出土漆器竟达七百余件之巨!厚葬的社会风气从一个侧面,反映了当时整个统治阶级骄奢淫靡的生活享受达到了何等惊人的地步,以致连汉成帝也不得不下诏指责说:"方今世俗奢僭罔极,靡有厌足。公卿列侯,亲属近臣……奢侈逸豫,务广第宅,治园池,多畜奴婢,被服绮縠,设钟鼓,备女乐,车服嫁娶葬埋过制。吏民慕效,浸以成俗"③。东汉以后,光武、明、章、和、安诸帝一再下诏"申明科禁"④,宣布要"明纠非法,宣振威风"⑤。但是皇帝的诏书不过待具虚文,整个统治阶级仍然过着奢纵无度,盛饗崇饰,"嫁娶送终,纷华靡丽"⑥的生活。⑦

现实生活的极大拓展,以包括宇宙、综融天人,牢笼万物,容纳万有为特色的观念世界的纷纭繁富,社会风气的侈靡奢华,这三个方面反映到汉代文艺上便形成了一个极为显著的特征:繁富铺陈。当然最根本的,决定性的因素,还是秦汉时期成熟定型的天地人大一统、大和谐的宇宙图式。

2. 与繁富铺陈相反相成的是秦汉审美文化(艺术)的幼稚单纯。

---

① 司马迁:《史记·孝文本纪》。
② 房玄龄等:《晋书·索靖传附索绋传》。
③ 班固:《汉书·成帝纪》。
④ 范晔:《后汉书·明帝纪》。
⑤ 范晔:《后汉书·章帝纪》。
⑥ 范晔:《后汉书·安帝纪》。
⑦ 王钟陵:《中国中古诗歌史》,江苏教育出版社 1988 年版,第 9—12 页。

秦汉艺术无论创作思想,还是创作技巧都处于中国古典艺术走向全面自觉、臻于完全成熟的前期。此时民间文艺与文人创作还没有彻底分化,绝大多数艺术种类的创作者来自民间。没有完整而明确的创作思想和指导方针,也没有受正规的艺术训练,完全是凭着直观感受和内心需要来从事创作,也只能在心领神会和具体实践中不断地总结与提高。这样,他们的艺术往往就幼稚得不能再幼稚,单纯得不能再单纯,天真得不能再天真,直率得不能再直率,自然得不能再自然。比起魏晋及唐宋来,难免有一种生涩之感,像汉赋的过分夸张而缺少剪裁,较唐诗宋词就直露烦琐得多了;汉简"疏处可走马,密处不透风"的章法比起主"韵"的魏晋行草与宗"法"的唐楷来,就要缺少和谐与精熟得多了;汉画像密匝充满的布局、比例失衡的造型与庞杂无序的取材,无论是比起唐以后的院体画还是文人画来,都要缺少工整与雅逸得多了;即使是汉长安城的宫苑建筑,也呈不规则形,未央宫位于城西南角,长乐宫却在东南角,这样的总体规划就没有像唐长安城宫苑建筑群那样方整谨严、轴线分明而对整个长安城所具的统摄性以及由此而产生的层次感。在它那里,多数情况下艺术的各个种类、各个因素、各种关系还远未达到多元贯通、有机融合的程度。正如有学者指出的,它"即使华贵,也还是单纯的华贵,即使雄浑,也仍是稚气的雄浑。"①

　　但是,正是这一未熟之"生",却有一片勃发的生机在。因为在艺术表现上的熟,即艺术创造的完成态,容易产生"习气"———一种从精神品格到艺术手法的全方位的惰性,在这种惰性引导下,由熟而俗,艺术生机就将绝矣。而"生",永在追求成熟的途中,也永葆艺术的青春,汉代艺术正在从"生"到"熟"的途中,有着一种勃勃的生机与别具一格的意味。事实正是如此。汉赋的"巨丽"对于写景状貌的语言技巧的淬炼、音韵节律的探索与宏阔气度的渲染,汉简书法的流动、古拙、

---

①　金丹元:《禅意与化境》,上海文艺出版社 1992 年版,第 33 页。

汪洋恣肆对于书艺笔意的高古与章法的创新,汉乐舞的任情达性、锐意创造对于后世乐舞品类与技艺上的启迪与沾溉等等,都是有史可鉴,功不可抹的。所以,我们说汉代的艺术是稚纯的艺术,也是充满生机的艺术。

3. 这种繁富与稚纯在秦汉审美文化中往往得到令人难以置信的多种形式的统一。"汉代是素器制作成就最高的时期,同时也是狂热追求华美的时期。这从宫室、墓室的壁画、漆器、衣饰的华丽精美上均可以看出。也有的铜器比较华贵,施以鎏金,或饰以金银错。"①当然从总体上看,秦汉仍然是以追求华丽为主调。再如:"汉代的铜镜更是汉代青铜器中极有特色的一个品种,它是朴素与繁缛,实用与艺术的统一体。它的镜面光洁明亮一尘不染,镜背浮雕精美,在圆内极尽巧妙构思。这集繁简二式于一身的铜镜,体现了汉人对古代文化的兼容与创新。"②

汉乐府作品也有异曲同工之妙。汉乐府诗在题材内容上被认为"是一幅全景式的两汉社会生活的画卷。它的横截画面,是那样广阔,那样丰富,那样复杂:耕种、舂谷、渔猎、畜牧、纺织、缝纫、蚕桑、酿酒等等各式各样的生产劳动;封禅、乐舞、宴飨、修禊、灯会、乞巧、祭祀、丧葬、谢神、婚仪、驱疫等等形形色色的社会风尚;恋爱、离异、悼亡、亲丧、仳离、应役、从军、流浪、饥馑、离乱、灾变等等无穷无尽的悲欢离合;贫富、爱憎、治乱、强弱、是非、贵贱、主奴等等无休无止的对立抗争,无一不通过栩栩如生、活灵活现的形象,再现在人们面前。它的纵剖画面,又是那样清晰,那样鲜明,那样强烈。从刘邦创立汉朝,到'文景之治',到如日中天的武帝,到光武中兴,到东汉末的乱离,让人们发现了汉王朝波澜壮阔的、像史诗一样的历程。这一切都

---

① 岳庆平等:《中国秦汉艺术史》,人民出版社 1994 年版,第 190—191 页。
② 岳庆平等:《中国秦汉艺术史》,人民出版社 1994 年版,第 190 页。

充分说明汉乐府是一部灿烂夺目、复杂多姿的两汉社会生活的百科全书。"①

在艺术表现上,汉乐府则稚纯到极点。它感于哀乐,缘事而发,刚健清新,自然而然,气韵天成,诗成处皆为妙境,得到历代评家的高度赞誉。明胡应麟《诗薮·内编》卷一"古体上·杂言"云:"惟汉乐府歌谣,采摭闾阎,非由润色。然质而不俚,浅而能深,近而能远,天下至文,靡以过之。后世言诗,断自两汉,宜也。"又说:"知成言,绝无文饰,故浑朴真至,独擅古今。""无意于工,而无不工者,汉之诗也。"②又如以"闾巷口语,而用意之妙,绝出千古"③论《上山采蘼芜》,认为《古诗十九首》等汉诗具有"随语成韵,随韵成趣,辞藻气骨,略无可寻,而兴象玲珑,意致深婉,真可以泣鬼神,惊天地"的特点。陆时雍也说:"古乐府多俚言,然韵甚趣甚。后人视之为粗,古人出之自精,故大巧者若拙。"④胡应麟还说:"两汉之诗,所以冠古绝今,率以得之无意;不唯里巷歌谣,匠心信口,即枚、李、张、蔡,未尝锻炼求合,而神圣工巧,备出天造。"⑤至于说到《古诗十九首》,研究者们也说它"情真、景真、事真、意真。澄至清,发至情"⑥。"古诗短体如《十九首》,长篇如《孔雀东南飞》,皆不假雕琢,工极自然,百代而下,当无继者"⑦;"《青青河畔草》,断而续,近而远,五言之骚也;《昔有霍家奴》,整而条,丽而典,五言之赋也;《孔雀东南飞》,质而不俚,详而有体,五言之史也。而皆浑朴自

①　张永鑫:《汉乐府研究》,江苏古籍出版社1992年版,第235—236页。

②　胡应麟:《诗薮·内编》卷二,"古体中·五言",中华书局1958年版。

③　胡应麟:《诗薮·内编》卷二,"古体中·五言",中华书局1958年版。

④　陆时雍:《诗镜总论》,载丁福保辑:《历代诗话续编》(下),中华书局1983年版,第1404页。

⑤　胡应麟:《诗薮·内编》卷二,"古体中·五言",中华书局1958年版。

⑥　陈绎曾:《诗谱》,载丁福保辑:《历代诗话续编》(中),中华书局1983年版,第629页。

⑦　胡应麟:《诗薮·内编》卷二,"古体中·五言",中华书局1958年版。

然，无一字造作，诚谓古今绝唱"①。

　　繁富与稚纯结合的整体表现效果就是古拙。汉代的艺术形象看起来是那样笨拙古老，姿态不符常情，长短不合比例。直线、棱角、方形又是那样突出，缺乏柔和……过分弯的腰，过分长的袖，过分显示的动作姿态……笨拙得不合现实比例，在构图上，汉代艺术还不懂后代讲求的以虚当实，以白当黑之类的规律，它铺天盖地，满幅而来，画面塞得满满的，几乎不留空白，这也似乎"笨拙"。然而，它却给了人们以后代空灵精致的艺术所无法代替的丰满朴实的意境。相比于后代文人们喜爱的空灵的美，它更使人感到饱满和实在。与后代的巧、细、轻相比，它确乎显得分外的拙、粗、重。它不华丽却单纯，它无细部而洗练。它由于不以自身形象为自足目的，就反而显得开放而不封闭。汉代艺术尽管由于处在草创阶段，显得幼稚、粗糙、简单和笨拙，但是由于上述那种运动、速度的韵律感，那种生动活跃的气势力量，就反而由之而愈显其优越和高明。天龙山的唐雕尽管如何肌肉突出相貌吓人，比起汉代笨拙的石雕，也仍然逊色。宋画像砖尽管如何细微工整，面容姣好，秀色纤纤，比起汉代来，那生命感和艺术价值距离很大。汉代艺术那种蓬勃旺盛的生命，那整体性的力量和气势，是后代艺术所难以企及的。②

　　这种古拙并非炉火纯青后的举重若轻，也不是极炼如不炼后的返朴归真，更不是熟谙无法是至法玄妙后的自觉超越，这种古拙与其说是有心栽花，不如说是无心插柳，它是秦汉人昂扬奋发，开拓进取，气魄恢宏，深沉雄大的整体性民族精神的自然流露，是我们民族少年期的艺术灵性的天才表现，是真正的无法是至法。正如一个人不可能返老还童一样，秦汉的古拙与我们民族的成长史不可分割，所以对

①　胡应麟：《诗薮·内编》卷二，"古体中·五言"，中华书局 1958 年版。
②　李泽厚：《美的历程》，中国社会科学出版社 1989 年版，第 79—80 页。

于今人来说,这种古拙是永远难以企及的,刻意模仿最多也只能得其形而难获其神。也正因为此,秦汉审美文化和艺术就具有永久的魅力。

(三)凝重与飞动的统一

凝重与飞动的统一是秦汉审美文化的又一个重要特征。

(1)所谓凝重,就是充实浑厚而有力量(分量),或者说饱满厚重,深沉雄大。所谓"秦碑力劲"、"汉碑气厚"即言此意。秦汉审美文化的凝重特点,主要表现在大、全、满、溢诸方面。

首先说"大"。秦汉是尚大的时代,"以大为美"是时代的主旋律。各种各样的艺术形式都以不同的方式表现出"大"的风采。

空间的巨大是秦汉建筑的一大特点。西汉长安城面积约36平方公里,其中宫苑面积约是全城总面积的二分之一以上,是明清紫禁城面积(约0.7平方公里)的20余倍。秦兴乐宫"周回二十余里"①。汉未央宫"周回二十八里"②,汉建章宫"周回三十里"③,汉昆明池,"周匝四十里"。《庙记》云:"池中后作豫章大船,可载万人,上起宫室,因欲游戏,养鱼以给诸陵祭祀,余付长安厨。"而清代圆明园中的太液池"南北匝四里,东西二百余步"。考古发现也证明了秦汉建筑的巨大。陕西兴平县田阜乡候村秦汉宫殿遗址的主体部分长1100米,南北宽400米。从候村宫殿遗址区:"沿渭水向西探去,每隔7.5~10公里便发现一处类似内含遗址区,目前共找到6处,联结兴平、武功、扬陵两县一区。""6处秦汉宫殿遗址区皆位于古都咸阳城周围200里范围内,分别距渭水1~2.5公里,形成交通地理上的'姊妹'联结关系,沿

① 何清谷:《三辅黄图校注》,三秦出版社2006年版,第52页。
② 何清谷:《三辅黄图校注》,三秦出版社2006年版,第135页。
③ 佚名撰,张澍辑、陈晓捷注:《三辅旧事》,三秦出版社2006年版,第26页。

渭水西去可直接通秦汉两代皇帝祭天之处——秦故都雍城"。① 1993年,考古工作者在"关中盆地中发现了一条贯穿汉长陵和汉长安城等大型古代建筑,长达 70 公里的西汉初期南北向建筑基线。这条笔直的基线与天文学上子午线的平行达到了极高的精确度"②。

秦汉雕塑"大"的代表可推秦始皇陵兵马俑。秦陵兵马俑,人马的形体高大。俑人高约 1.85 米,马高约 1.7 米,这是秦以前的陶俑未曾有过的,也是秦以后的陶俑未曾有过的。更重要的是整体所形成的大。近万尊高大的塑像构成一个宏大的整体,其气势之磅礴,也只有万里长城和秦汉宫殿才能与之相比。具有 1500 多年历史的敦煌莫高窟,现存的塑像才 2400 多尊;而秦仅 15 年历史,在创造了一系列惊天动地的地上奇迹的同时,还创造了这一地下奇迹:一个世界上最庞大的地下雕塑群。

作为一代文学之正宗的汉赋,则把这"以大为美"推向高峰。闻一多先生说汉赋"凡大必美,其美无以名之"③,确实揭示了汉赋最基本的审美特征。所谓"以大为美",大体包括了题材和表现形式两方面的内容。

在题材内容上,汉赋的"以大为美"表现在两点上。第一,追求对表现对象描写的全面性或完整性。此点下面将重点论及,此处不赘。第二,选取高峻壮大的外在事物作为描写对象。汉赋所摄取的总是大而又大的物象,即使采撷小的物象也是作为"大"的反衬而存在的。典型的汉赋如《子虚》、《上林》、《甘泉》、《两都》、《二京》之类,无不如此。在这些赋中,高峻的大山、奔腾的长河、耸立的乔木、雄伟壮观的宫室、盛大的校猎队伍、热烈而壮美的歌舞,都是赋家着意加以表现

---

① 《乾县发现秦甘泉宫和梁山宫遗址》,《光明日报》1988 年 5 月 19 日第 3 版。

② 《天之脐座于我国大地圆点》,《文汇报》1993 年 12 月 20 日。

③ 郑临川:《闻一多论古典文学》,重庆出版社 1984 年版,第 65 页。

的。高峻壮大的事物,本身就有一种震人心魄的"大美",在赋家的笔下更令人惊心动魄。就是通过这些,透露了汉人以大为美的追求,似乎描绘了这些高峻壮大的事物,就能更好地显示出汉代人那种"力拔山兮气盖世"的力量。

在艺术表现形式上,汉赋也在诸多方面表现出以大为美的特色。

第一,在篇幅上,体制巨大。汉赋给予人们最直观的印象感受是其体制之大,简直无法和后来的"五绝"同日而语。《七发》首创其制,篇幅浩大。嗣后,相如踵武,《天子游猎赋》比之《七发》篇幅更长。扬雄早年对司马相如推崇备至,"心壮之,每作赋,常拟之以为式"①,所作亦多是洋洋洒洒的大赋。延及东汉班固,口头上指斥"枚乘、司马相如,下及扬子云,竟为侈丽闳衍之词"②,但下笔又不能自休,《两都赋》竟超过了他所批评的赋家篇幅。张衡刻意超越前贤,仿《两都赋》而十年写成《二京赋》,篇幅更为浩大。汉赋篇幅呈现出愈来愈长、愈演愈烈之趋势。长、大的体制率先给人以美的直觉感受,"大就是美"成为审美的体式规范和定向。其后虽然随世风推移,抒情小赋勃发兴盛,但大赋依然雄风不减,直至左思《三都赋》,已是大赋的强弩之末,仍然产生了"洛阳纸贵"的轰动效应。正如闻一多先生所说:"后来的《两京》、《三都》诸赋,无非仿自《上林》、《子虚》,由此可知在当时的人还懂得大就是美,所以那些大赋还能受到称赏。"③

第二,在表现手法上,汉代赋家多采用夸饰等手法。刘勰在《文心雕龙·夸饰》篇中,对汉赋的夸张作了很好的描述,他说:"自宋玉、景差,夸饰始盛。相如凭风,诡滥愈甚。故上林之馆,奔星与宛虹入轩;从禽之盛,飞廉与鹪鹩俱获。及扬雄《甘泉》,酌其余波,语瑰奇,则假

---

①　班固:《汉书·扬雄传》。

②　班固:《汉书·艺文志》。

③　郑临川:《闻一多论古典文学》,重庆出版社 1984 年版,第 65 页。

珍于玉树,言峻极,则颠坠于鬼神。……至如气貌山海,体势宫殿,嵯峨揭业,熠耀嫭煌之壮,光采炜炜而欲然,声貌岌岌其将动矣。莫不因夸以成状,沿饰而得奇也。"当然,刘勰对汉赋的夸张并不满意,但从他的话中我们可知夸张确是汉赋艺术表现上的鲜明特点。这种夸张,十之七八是以极度的形容来凸显对象的"大"。如《上林》描绘上林苑之大,说是"周览泛观,缤纷轧忽,芒芒恍苏。视之无端,察之无涯;日出东沼,入乎西陂。"《羽猎赋》言苑囿之大,说是虞人典泽"出入日月,天与地沓。"类此之例,不胜枚举。这种极度的夸张,非常明显,就是要突现出对象的"大":面积大,体积大,高不可攀,峻不可上,登峰造极,无以复加,从而达到"以大为美"的艺术完成。汉赋之所以极尽夸饰之能事,创造整体形象的巨伟崇峻,其社会实践原因,是为了显示汉帝国的信心和力量,以整体性力量去征服外部世界,使丰功伟绩达到极致,臻于巅峰,空前绝后。对此刘熙载《艺概·赋概》说得好:

> 赋起于情事杂沓,诗不能驭,故为赋以铺陈之。斯于千态万状,层见迭出者,吐无不畅,畅无不竭。《楚辞·招魂》云:"结撰至思,兰芳假些,人有所极,同心赋些。"曰"至"曰"极",此皇甫士安《三都赋序》所谓"欲人不能加"也。

第三,在语言上,汉赋多喜用"巨"、"大"、"壮"、"最"之类的形容词和概指数量词等等。《上林赋》说上林苑是"巨丽",木是"巨木",亭皋"千里",廊是"高廊",树木"长千仞""大连抱";猿蹂之数以"百千"数,钟是"千石",钜是"万石","千人"唱,"万人"和,如此等等。《天子游猎赋》反复出现极言其多的概指数词:百、千、万。概指数词在特定的审美环境中具有不确定的功能。然而,愈是不确定,则愈见其多其大。有时体积和数量又是连缀并用的,如:"撞千石之钟,立万石之钜;建翠华之旗,树灵龟之鼓;奏陶唐氏之舞,听葛天氏之歌;千人唱,

万人和;山陵为之震动,川谷为之荡波。"数量之多、体积之大、幅员之广,显示的是大美的厚度。有时这些词语的使用还体现出大美的力度。如《七发》:"鸟不及飞,鱼不及回,兽不及走。纷纷翼翼,波涌云乱。荡取南山,背击北岸。覆亏丘陵,平夷西畔。"不独上述赋作如此,典型的大赋都是如此。语言是思想的直接现实,是思维和意识的特质的表现,对语言的占有就是对现实的占有,汉赋重用的这些极度"大"的词语,正是以大为美的意识的表现,从另一个方面来看,这些词语也确实完成了构筑大美的任务。

其次说"全"。"全"至少表现在秦汉审美文化内容和形式两个方面。就题材内容来看,与包括宇宙,总揽人物,牢笼天地,容纳万有的宇宙观念相表里,秦汉审美文化的题材琳琅满目,五彩缤纷,几乎无所不包,在我们面前展现了一个穷极天地,囊括古今,浑融万物的审美世界。比如汉画像石、砖基本上都是从上到下的神话、历史、现实的画面结构,都是由神话灵异系统、历史人物故事系统和现实社会生活系统三大系统构成。三个系统共生于一壁或几壁,构成了时空合一,天上地下共存,过去现在未来互通的囊括宇宙的风貌。这些作品以"我"(墓主人)为主线,尽可能多地表现世界的多层联系,尽可能多地表现一种"容纳万有"的思想,在有限的祠墓空间里,按宇宙模式进行典型概括,使宇宙之大,万物之众,尽收画里。

秦汉众艺杂陈的百戏也具有"全"的特点。被称为中国戏剧雏形的汉代百戏不是单一的艺术门类,而是为数众多的艺术形式的组合。它与歌舞艺术关系最为密切,又吸收了滑稽表演、象人表演、杂技、特技表演等技艺的戏剧因素,集古代民间艺术、技艺之大成,五彩缤纷,无所不包。生动地展示了"以巨为美,以众为观"的大文化气魄。

至于"贪大求全"的汉大赋,在"全"(全面性)上达到了汉代艺术的极致。汉赋的"以大为美",其实就包含着"以全为美",汉赋追求对表现对象描写的完整性或全面性。司马相如说:"赋家之心,包括宇

宙,总揽人物"。意思是说赋家作赋追求的是对世界整体的完整把握和全面表现。汉赋的创作实践和代表作品都确认了这一点。就汉赋整体来说,其内容之广泛可说无所不包,大到山川,小到寥虫,力求把万事万物以及人所创造的一切都包容进来。读过汉赋,会觉得其内容极其丰富,几乎世界上所有的一切,过去、现在、未来,似乎都包括进来了。就一篇赋来说,也是如此。写山川,就一定要把特定范围内的山川包容无遗;写田猎、歌舞,也就一定要极完整地叙述整个过程;无论什么时空中的事物,只要被涉及,都要穷形尽相、写得完整无缺。司马相如的《子虚》、《上林》赋就是这种"赋家之心""包括宇宙"的典型代表。这两篇赋,表现出卓绝的宏观视野和整体意识。无论写云梦,写齐国苑囿,还是写天子的上林苑,司马相如都是从宏观的视野出发,把自己放在一个全知全能的"全知"视点上,用一种尽收宇宙万物于眼底的居高临下的目光观照世界,审视万物。所谓"笼天地于形内,挫万物于笔端",正是这种视野的特点和作用。而整体意识,则是指相如在赋中表现事物时,努力从上下左右,四面八方来抓住其中一切方面、一切内容、一切特征。例如写"盖特小小者耳"的云梦时,从"其山则……其土则……其石则……其东则……其南则……其西则……其北则……"各个方面铺陈叙写,就是为了写出云梦的整体,而不是某一个方面的特征。而描写各种事物,又是为表现整体服务的。在艺术结构上,这种宏观视野和整体意识又在纵向和横向两个方面表现出来。通过纵向的先后和横向的平列,通过三个人对话的逻辑,使不同的山川园林有机地浑融为一个"当有者尽有,更须难有的能有"①的艺术整体。为了达到这一目的,司马相如创造性地发展了由枚乘开创的"层层递进"艺术手段,不断把描写对象推向极致。他还首创了"穷举法",上下左右,东南西北……都要写到,每一类事物也要举出全部,以

---

① 刘熙载:《艺概·赋概》。

满足贪大求全、包括宇宙的审美表现的需要,对后世产生了极大的影响。咏物赋也可作为描写具体事物之"全"的典型例证。例如《洞箫赋》,从制箫所用的竹竿及其环境写起,写及乐师的选材、制作,直至演奏及其效果,一个完整的全景式的过程,丝毫没有遗漏。《长笛赋》也是如此。这种对表现对象完整性和全面性的追求,反映了秦汉人审美上的博大气魄,表现了他们征服和占有一切的欲望和激情。

再次说"满"。满是秦汉建筑的一个特点。巨大的空间里总是填塞得满满的。据《三辅黄图》,未央宫里就有金华殿,神仙殿,高门殿,增城殿,宣室殿,承明殿,凤凰殿,明阳殿,钧弋殿,武台殿,寿成殿,万岁殿,广明殿,清凉殿,永延殿,玉堂殿,寿安殿,平就殿,东明殿,椒房殿,宣德殿,通光殿,高明殿等 23 殿。建章宫则有 26 殿。杜牧《阿房宫赋》说阿房宫,"五步一楼,十步一阁,廊腰缦回,檐牙高啄,各抱地势,钩心斗角。盘盘焉,囷囷焉,蜂房水涡,矗不知其几千万落。"是否夸张,已无从考据,但却准确地抓住了秦汉建筑"大"而"满"的特点。

汉代建筑之"满",一体现在长安城内外的宫之多,二体现在一宫之中的殿观楼阁之多,三体现在一殿一楼从座基到顶部的雕刻镂画装点之多,四体现在建筑内部的镂画装饰之多。汉代建筑,从外到内,从空间的容纳到时间的流动,无论你是行走,是驻足,是仰观,是俯视,是远望,是近察,是前瞻,是回首,是进殿,是出阁,你都能看到一个琳琅满目的世界。

满也是汉画像的一个特点。汉代画像的三个系统共生于一壁或几壁,构成了时空合一,天上地下共存,过去现在未来互通的囊括宇宙的风神。这种共存合一要反映在一壁之中,汉画像一是用了纵向的层级分隔,这样神话、历史、现实有一个相对的秩序,但又由共存一壁而带来互通;二是用了横向的并置,人物的并置,故事的并置,分可为一个个的单独形象,合又可为整体的系列形象。纵向层级与横向并置可以具体为多种不同的手法,但又都是为了达到一个艺术目的,以"我"

第三章 秦汉审美文化的审美理想和基本特征

223

（墓主人）为主线，尽可能表现在世界中的多层联系，尽可能多地表现一种"容纳万有"的思想。宇宙之大，万物之众，而祠墓有限，按宇宙模式进行典型总括和依"我"之特性予以加减在所必需。在这两条原则的指导之下，形成了汉画像一个基本特色：满。你看，任一石，任一砖，总是塞得满满的。不但整个画面要填满，画面中的任一行格也要填满。古代圣王的一排，要排满，车马的出行要从一端接满到另一端。四川画像砖的弋射图，右下角的池塘，也有大块面的荷与大条大条的鱼将其塞满。神话历史现实各成分之多，岂能尽写，但一旦画满，写尽的感受就出来了。满是代替多，是代替无限。人物一直排列过去，给人以无限之感；车马从头走到尾，给人以无限之感；《弋射图》中，大鱼一条条满满地横着，给人无限之感；天上的鸟一行行多方向飞去，给人以无限之感。四川《宴乐歌舞杂技》画像砖，其实共只两两一组4人观看，4人舞蹈，但由于把画面填得满满的，也给人无限多之感。满表明了汉代的审美趣味是尽量得多，多多益善，有一种占有的兴奋。满也意味着汉代对无限的把握不是一种虚灵的体味，而是一种具体的观赏，因此尽管是神话，也被画得如此具体，尽管是历史、是传说，也如在目前，栩栩如生。

汉赋的铺陈排列，要达到的就是汉画像的"满"的效果，通过"满"来达到对天地万物的穷尽。但赋作为一种文学式样，它的穷尽万物的满的铺陈，一个很大的特点，就是只能通过文字来实现。因此汉赋对万物的占有又表现为一种对文字的占有。例如司马相如的《上林赋》在描写上林苑之水的时候，出现在字面的是大量的三点水为偏旁的字。特别是到对水进行仔细描摹形容时，几乎每个四字句中都有两个带水旁的字，甚至四字全为水旁。中国字有表事物属性的概念字，有表事物状态形貌声响的字。前一类字越多而种类越多，后一类字越多而形态越多。一片一片的带水旁的字，还未细读，就使人感到了水的千种流态，万种声响。水的声态被洋洋洒洒地写完，马上是水中的动

物,我们又看到一排排带鱼旁的字出现了。鱼写了就写水里的宝珍奇石,然后就写水鸟,带石旁的字和带鸟旁的字也鱼贯而出。读汉赋,就像读百科词典,更像进博物馆,真是琳琅满目,令人目不暇接。它是汉人要占有万物,穷尽宇宙的具体体现,但是这种占有穷尽不是抽象的把握,哲学的体味,而是具体实在的占有,要慢慢地品味,仔细地赏玩。这就造成了建筑的大,容纳的众,画像和汉赋的"满",而一种恢宏博大的时代气派正在这"满"中体现出来了。①

最后说"溢"。满到极致,满到不能再满,就自然而然地给人以"溢"的审美感受,形成"溢"的审美效果。比如汉代绘画,画面饱满充盈,几乎不留空白,物象铺天盖地,密密匝匝,满幅而来,似欲夺框而出。汉代简牍书法,戴着脚镣跳舞,在空间狭窄的有限简面上笔走龙蛇,极尽腾挪舒展之能事,造成一种奔放不羁的大气势,似要脱简而走。方寸肖形印,不仅整个画面被填充无余,而且形象栩栩如生,其意态之飞动,气势之磅礴,简直就要裂石而出。汉代舞蹈则在"蹑节鼓陈","在山峨峨,在水汤汤,与志迁化"的形神交融中,"舒意自广,游心无垠"②,使有限的舞姿,传达出无限的情意。至于极尽铺彩摛文、穷形尽相之能事的汉赋,更必然表现出一种"光彩炜炜而欲然,声貌岌岌其将动"③的天风海涛般的力量和海倾洋溢般的气势。晋代挚虞曾指责汉赋有四过:"假象过大,则与类相远;逸词过壮,则与事相违;辩言过理,则与义相失;丽靡过美,则与情相悖。"④这"四过",从艺术规律的积极意义上看,其实就是汉赋不可替代的特点,就是其审美效果

---

①　彭吉象主编:《中国艺术学》,高等教育出版社1997年版,第33、44页。
②　傅毅:《舞赋》,载费振刚等辑校:《全汉赋》,北京大学出版社1993年版,第281页。
③　刘勰:《文心雕龙·夸饰》。
④　挚虞:《文章流别论》,载严可均校辑:《全上古三代秦汉三国六朝文·全晋文》卷七十七,中华书局1958年影印本。

上的"溢"。

大、全、满、溢的融合就使秦汉艺术显示出充实丰盈、地蕴海涵、饱满厚重、深沉雄大的凝重特色。它体现的是秦汉人向外的开拓、进取、征服和占有,是对囊括宇宙、容纳万有后的喜悦和细细的玩赏,是对自身力量的感性确证和热情讴歌。而就在这玩赏、确证、讴歌中,一种巨大的时代精神气魄就显现出来。

(2)所谓飞动,就是轻盈运动而有活力,它的实质就是追求一种展现活泼跳跃流动不居的生命的艺术形式。

中国古代很早就崇尚飞动。这始于宗庙建筑与青铜铭器艺术。《诗经》记载:古公父为营周室,"乃召司空,……作庙翼翼"[1];又载周宣王筑宫庙,"筑室百堵,西南其户,……如跂斯翼,如矢斯棘,如鸟斯革,如翚斯飞"[2]。殷周时期的青铜器内,有一"莲鹤方壶"(今藏中国历史博物馆),壶顶上莲瓣中央立一张翅欲飞的白鹤。青铜器纹饰中还常见有旋转缠绕的蟠螭纹、双体龙纹、双头龙纹、卷体龙纹以及夔纹、凤纹,它们都在狰狞与怪诞之中透露出飘逸洒脱之态。在一些镜盘上还雕绘有龙蛇虎豹、星云鸟兽的飞动形态。可见,先民们在劳动中早就产生并积淀下对飞动之美的审美感受。

秦汉时代飞动得到了更高更普遍的审美表现,展现出一个生龙活虎生机勃勃的艺术世界。如汉简书法笔画的错落不一、画像构图的无规则、陶塑人体比例的失调、宫苑建筑整体的失衡等,都付诸观赏者的"六官"以强烈的动态感。更主要的还在于汉代艺术那种飞动张扬的精神实质已无法被艺术构图所包蕴起来,它冲决了所有的外在藩篱而将它的精神淋漓尽致地呈现在世人面前。

汉代舞蹈在这方面最具有代表性。汉代舞蹈主要有"盘鼓舞"、

---

① 《诗经·大雅·绵》。
② 《诗经·小雅·斯干》。

"巾舞"、"袖舞"、"建鼓舞"等几种类型,几乎每一种都飞动优美、技艺高超,特别是"盘鼓舞",舞者要在滚动的盘鼓上踏舞,同时还要完成一套高难度的动作。当时的著名辞赋家张衡曾经惊叹于那种飞动之美,在《舞赋》中欣然赋之曰:"……搦纤腰而互折,嫚倾倚兮低昂。增芙蓉之红花兮,光的皪以发扬。腾眸目以顾盻,盼烂烂以流光。连翩络绎,乍续乍绝。裾似飞燕,袖如迴雪。……"如果说张衡描绘的主要是飞动的舞姿美,那么,傅毅的《舞赋》则展现了一种如诗如画的意韵飞动之美:"……于是蹑节鼓陈,舒意自广。游心无垠,远思长想。其始兴也,若俯若仰,若来若往。雍容惆怅,不可为象。其少进也,若翔若行,若竦若倾,兀动赴度,指观应声。罗衣从风,长袖交横。……恣绝伦之妙态,怀悫素之洁清。修仪操以显志兮,独驰思乎杳冥。在山峨峨,在水汤汤。与志迁化,容不虚生。明诗表指,喟声激昂。气若浮云,志若秋霜。"建鼓舞常是鼓面直立,两舞者分舞于两侧,对击对舞,其雄健英武、激扬豪放的气势可以想见。傅毅还以蝼蛇蜿龙等形体的运动姿态来比喻舞蹈的动作:"蝼蛇蚹嫋,云转飘曶,体如游龙,袖如素蜺",为我们留下了汉代舞蹈飞动之美的生动写照。汉代最著名的舞蹈家赵飞燕,舞艺高超,舞姿极为轻盈,相传能作掌上舞。《赵飞燕别传》说她"腰骨尤纤细,善踽步引……"故名"飞燕",这是以表现艺术创造了飞动之势、秀逸之美。各地出土的汉代画像石、砖、漆器和陶塑等,也大量地塑造了展现舞人长袖飘扬的飞动之势的艺术形象。

汉代势若飞动的群体风格美,广泛地联结乃至表征着两汉艺术的时代风格、生命情调和文化精神,而这也突出表现在建筑艺术的飞动之势上。关于建筑,《诗经·小雅·斯干》就用"如鸟斯革,如翚斯飞"等发人联想的妙喻来形容屋宇之美。孔颖达疏:"斯革、斯飞,言阿之势似鸟飞也。翼,言其体;飞,象其势。"朱熹《诗集传》也释道:"其栋宇竣起,如鸟之警而革也;其檐阿华采而轩翔,如翚之飞而矫其翼也。盖其堂之美如此。"当然,这是唐宋的解释。这种屋顶形式,在技术条

件落后的《诗经》时代,它只是一种线形透视和视错觉相结合的美感抒写或对于建筑的美学理想。但是,现今较多的美学著作和美学史著作,或认为"周宣王的建筑已经像一只野鸡伸翅在飞";或认为"大概已有舒展如翼,四宇飞张的艺术效果";或认为"当时人们……能够在静止的建筑艺术中,模仿鸟、矢的飞动之势",如此等等。金学智先生认为:"文物考古界至今未发现先秦有过反宇翼角的屋顶结构型式。因此,'如鸟斯革,如翚斯飞'只能说是古代人们关于建筑的先行的美学理想。它之转化为现实的建筑美,至少要到技术较为进步,艺术相当繁荣的汉代。"①在汉代,出土文物中已见屋顶分别相背的微微起翘的曲线。张衡《两京赋》有"反宇业业,飞檐辚辚"之语。李善注:"凡屋宇皆垂下向而好,大屋飞边头瓦皆更微使反上,其形业业然。"这是真实可信的。王延寿《鲁灵光殿赋》也有"反宇"的描述,显示着飞动之美。

汉代雕塑也不乏表现飞动之美的范例。例如汉代雕塑工艺的代表作《马踏飞燕》,也称《青铜奔马》表现的大概是"翻羽"之类的著名骏马,它昂首扬尾三足腾空,蹄不沾土,超越飞燕,在广阔的宇宙自由腾跃,这是以再现艺术表现了飞动之势、骏发之美。

在绘画中,汉代艺术通过静态的空间形象的动态描绘,展现出令人叹为观止的动态之美。敦煌石窟艺术中的"飞天"人像,那飞腾的舞姿与飘荡飞举的饰带更令后人激赏不已。

在语言艺术方面,王延寿《鲁灵光殿赋》以深刻的感情体验写出的灵光殿的飞动之美,堪称典范。刘勰《文心雕龙·诠赋》指出:"延寿《灵光》,含飞动之势。"一语中的地揭示了《鲁灵光殿赋》的主要美学特征。王延寿写该赋,抓了一个"流"字,更抓了一个"飞"字。"飞梁偃蹇以虹指",梁柱是飞的。"高楼飞观",台观是飞的。"飞陛揭孽,

---

① 金学智:《中国园林美学》,中国建筑工业出版社 1990 年版,第 148 页。

缘云上征",台阶也是飞的。"屹山峙以纡郁,隆崛土勿乎青云",甚至整座宫殿都要飞上青天了。然而,写飞动之美最为精彩的还是写殿内作为装饰艺术的雕刻部分。这里有着活生生的碧绿的莲蓬和水草,有奔腾而搏击的老虎,飞腾的虹龙,张翅而立的朱雀,有转来转去的蛇,有伸着脖子的白鹿,有伏在那里的狡兔,有抓着椽子互相追逐的猿猴,……。这里不但有动物,而且还有人,一群胡人面对面地跪在高屋架上,悲愁而又憔悴。更高的栋间,还有神仙和凭窗下视尘寰的玉女。无不栩栩如生,气韵生动。

表现最充分的还是书法。汉代起,中国的书法艺术蓬勃兴起,一些书法家开始对书法艺术作理论上的探讨,有的就认为书之笔画、结构、布局必须具有动势。后汉崔瑗的《草书势》说:"……抑左扬右,望之若欹;竦企鸟跱,志在飞移;狡兽暴骇,将奔未驰。或飘黙点黠,状似连珠,绝而不离;蓄怒怫郁,放逸生奇。……是故远而望之,濯焉若注岸崩涯,就而察之,即一画不可移。"①似托名为蔡邕所作的《笔论》曰:"为书之体,须入其形,若坐若行,若飞若动,若卧若起,若愁若喜,若虫食木叶,若利剑长戈,若强弓硬矢,若水火,若云雾,若日月,纵横有可象者,方得谓之书矣。"②为追求动态之美,蔡邕还创造了"飞白体"。"飞白"之书,乃取其笔画若丝发处谓之"白",取其笔势飘举逸放谓之"飞"。刘劭《飞白书势》就盛赞飞白体的流动之美,说飞白之体"有若烟云拂蔚,交纷刻斫,韩卢接飞,宋鹊游逝"③。

---

① 崔瑗:《草书势》,载王伯敏等主编:《书学集成》(汉——宋)卷,河北美术出版社2002年版,第2页。

② 蔡邕:《笔论》,载《历代书法论文选》,上海书画出版社1979年版,第6页。

③ 刘劭:《飞白书势》,载王伯敏等主编:《书学集成》(汉——宋)卷,河北美术出版社2002年版,第42页。

229

汉代，各种书体皆备，既有古老篆书的延续，又有新兴草书的诞生，还有未来楷书的孕育，然而更多的是包括八分在内的隶书的广泛流行。就书势来说，汉代，可说是以王次仲为代表的时代，可说是"字若飞动"的隶书的时空，它和开其先路的"字若飞动"的小篆一志，纵贯于书艺风格美历史流程中整整一个秦汉时代。小篆和隶书八分有着种种对立的风格特征，然而异中又有同，即二者均有飞动之势，只是形态、程度不同而已。当然，在秦汉这个大时代里，应该说，汉代的飞动之势最为典型，发展得最为充分，而秦代不过是其前奏或序曲。

汉隶名碑既普遍地富于分势、波势，又不像简牍隶书那样率意急就、纵肆犷野，它们或雍容典雅，或峻峭发露，或方整浑厚，或秀丽逸宕……然而无不以波挑翻翻为美，无不以或显或隐的飞动为势。请看诸家风格品评：

（《乙瑛碑》）朴翔捷出……然肃穆之气自在。①

（《孔宙碑》）书法纵逸飞动，神趣高妙。②

（《石门颂》）行笔真如野鹤闲鸥……③

《夏承》飞动，有芝英、龙凤之势……④

---

①　吴隐：《东洲草堂金石跋》五卷跋语，载《何绍基诗文集》，岳麓书社1992年版，第1094页。

②　朱彝尊：《曝书亭集·曝书亭书画跋》，载《中国书画全书》第十册，上海书画出版社1996年版。

③　杨守敬：《平碑记》。

④　康有为：《广艺舟双楫·本汉第七》，载《历代书法论文选》，上海书画出版社1979年版，第799页。

《鲁峻碑额》浑厚中极其飘逸，与《李翕》、《韩勑》略同。①

这里，"翔"、"逸"、"飞动"、"野鹤闲鸥"……可谓同势同格，它们都体现了汉代书法的时代风貌。汉代隶书的这一风格，影响深远，直至三国魏钟繇笔下的楷书，仍见其流风余绪。梁武帝《古今书人优劣评》喻钟繇书为"云鹄游天，群鸿戏海"，实际上也是窥见了其中有飞动之势。这正如胡小石先生所指出："钟书尚翻，真书亦带分势，其用笔尚外拓，故有飞鸟骞腾之姿，所谓钟家隼尾波也。"

宗白华先生在《中国美学史中重要问题的初步探索》一文中论"飞动之美"，就以汉代为例。他指出："在汉代，不但舞蹈、杂技等艺术十分发达，就是绘画、雕刻，也无一不呈现一种飞舞的状态。图案画常常用云彩、雷纹和翻腾的龙构成，雕刻也常常是雄壮的动物，还要加上两个能飞的翅膀。充分反映了汉民族在当时的前进的活力"②。华夏民族的飞动之美，在汉代是一个突出的高峰，它鲜明地体现了民族腾飞的生命情调和文化精神。

（3）凝重与飞动的统一形成一种独有的气势。你看那弯弓射鸟的画像石，你看那长袖善舞的陶俑，你看那奔驰的马，你看那说书的人，你看那刺秦王的图景，你看那车马战斗的情节，你看那卜千秋墓壁画中的人神动物的行进行列，……这里统统没有细节，没有修饰，没有个性表达，也没有主观抒情。相反，突出的是高度夸张的形体姿态，是手舞足蹈的大动作，是异常单纯简洁的整体形象。这是一种粗线条粗轮

① 康有为：《广艺舟双楫·本汉第七》，载《历代书法论文选》，上海书画出版社 1979 年版，第 798 页。

② 宗白华：《美学散步》，上海人民出版社 1981 年版，第 53 页。

廓的图景形象,然而,整个汉代艺术生命也就在这里。就在这不事细节修饰的夸张姿态和大型动作中,就在这种粗轮廓的整体形象的飞扬流动中,表现出力量、运动以及由之而形成的"气势"的美。在汉代艺术中,运动、力量、"气势"就是它的本质。一往无前不可阻挡的气势、运动和力量,构成了汉代艺术的美学风格。它与六朝以后的安详凝练的静态姿势和内在精神,是何等鲜明的对照。汉代艺术那种蓬勃旺盛的生命,那种整体性的力量和气势,是后代艺术所难以企及的①。需要着重说明的是,仅有凝重没有飞动,就将流于板滞生涩,同样,只有飞动而无凝重,就会流于虚飘轻浮,凝重与飞动的相反相成,有机融合才是气势。尤其是克服了凝重后的飞动,或是拥有了飞动后的凝重。秦汉艺术的奥秘和优势之一不在单纯的凝重或单纯的飞动,而在凝重与飞动的不可分割,相反相成。秦汉典范的艺术种类和代表作品几乎都能证明这一点。

秦汉建筑,就单个建筑来说,比起基督教、伊斯兰教和佛教建筑来,它确乎相对低矮,比较平淡,应该承认逊色一筹。但就整体建筑群说,它却结构方正,逶迤交错,气势雄浑。它不是以单个建筑物的体状形貌,而是以整体建筑群的结构布局、制约配合而取胜。非常简单的基本单位却组成了复杂的群体结构,形成在严格对称中仍有变化,在多样变化中又保持统一的风貌。即使像万里长城,虽然不可能有任何严格对称之可言,但它的每段体制则是完全雷同的。它盘缠万里虽不算高大却连绵于群山峻岭之巅,像一条无尽的龙蛇在作永恒的飞舞。它在空间上的连续本身即展示了时间中的绵延,在克服了巨大身躯的凝重后显示了空间中的飞动,成了我们民族的伟大活力的象征。

这种本质上是时间进程的流动美,在个体建筑物的空间形式上,也同样表现出来,这方面又显出线的艺术特征,因为它是通过线来做

---

① 李泽厚:《美的历程》,中国社会科学出版社 1989 年版,第 78—80 页。

到这一点的。中国木结构建筑的屋顶形状和装饰占有重要地位,屋顶的曲线,向上微翘的飞檐(汉以后),使这个本应是异常沉重的往下压的大帽,反而随着线的曲折,显出向上挺举的飞动轻快,配以宽厚的正身和阔大的台基,使整个建筑安定踏实而毫无头重脚轻之感,体现出一种情理协调、舒适实用、有鲜明节奏感的效果,而不同于欧洲或伊斯兰以及印度建筑。

秦汉建筑局部也显示出凝重与飞动结合的审美效果。例如秦汉组群建筑发展了春秋以来的传统,在宫殿、陵寝、祠庙和坟墓的外部建阙,由于阙和建筑群体有一定的距离,构成了相对的独立感,再加上它高耸凌空的气势,造型雄浑而又有起伏的外形结构,更加增强了整个组群建筑的隆重感和气势感。同时各种精雕的庄重而又华美的纹饰,以及阙顶"飞檐"式的衬托,不仅使阙的建筑形体显得洗练而不单调,充满"飞动"的美感,而且也极大地增强了整个组群建筑的审美效果。

再如"襄阳出土的一座绿釉三层陶楼,它的垂脊硕大雄健,出檐异常深远,颇有几分威重之感。但正脊和垂脊顶端却偏又高高耸起,像是将巨大屋顶压向下方的千钧之力轻轻提升,轻与重、高与下的艺术矛盾在这里被运用得浑转如丸"①,凝重与飞动的统一得到了水乳交融式的充分表现。

建筑如此,画像石、砖亦然。与独立的绘画艺术可相提并论的是,秦汉时代涌现出了大量的石刻汉砖(包括壁画)。或画鱼龙禽兽,以示吉祥祈福;或取材神话历史,得以借古鉴今;或实状当时人事,以反映民俗风习,社会制度。最为著名的有,山东武梁祠、孝堂山祠石刻,河南南阳石刻等。壁画、汉砖、石刻上的各类形象,如人物、车马、百戏、歌舞、飞禽、怪兽、宴乐、庖厨、斗鸡等,皆生动而活泼,古拙而雄健。如,洛阳王城公园汉墓壁画上之"鸿门宴图"、"二桃杀三士图"、山东

---

① 王毅:《园林与中国文化》,上海人民出版社1990年版,第68页。

孝堂山祠中的大王车、贯胸国人、各种歌舞图等,无不显得笔力拙重,气概非凡。汉画和汉代瓦当上的四神:青龙、白虎、朱雀、玄武也同样刀笔雄沉,奔腾飞动,而又古朴庄严,气宇轩昂。辽阳地区汉墓彩画颇多,从目前发掘出来的许多汉砖上,我们也能看到色彩鲜明,线条简练,刀笔笨拙的特点。在南阳汉代石刻中,这种体现汉人"阳刚"之美的形象尤为突出。南阳汉代石刻,凡平面阴线条刻出的拓片,效果是白线条的,如《祥瑞升仙》。属平底浅浮雕的,往往显得粗犷、坚硬,棱角分明,如《聂政自屠》、《白虎·羽人》等。而属横线纹衬底的浅浮雕,则更是凭借拙重的衬底,将力量、气势突兀而出。以刀代笔,以石代纸的石刻,挺拔、沉着、刚勇、稳健、古朴,线的力度从刀笔上就已见出势不可挡、"玩天地于掌握之中"①的胸臆,如《斗兽》、《执笏门史》等,都显现为朴拙天然,运动中可想见力的迸发。有的甚至给人一种强烈的残缺之美感。在造型方面,粗线条、粗轮廓和画面的单纯、简洁都使人感到整体的厚重。那富于夸张,笨重粗放的"车骑出行"、"舞乐百戏",单纯统一,讲究对称的"白虎、朱雀铺首衔环";那俯首怒目,以死相抵的雄牛,矫健壮实,无拘无束的奔马;那昂首疾驰,野性狂暴的猛虎,腾空飞舞,神力无比的游龙;那活泼生动,粗中有细的杂技,威严庄重,雄姿英发的武士;所有这一切,在我们眼前展现出来的都是一种凝重的狂放,夸张的古朴。这与道家所极力倡导的"见素抱朴"、"大巧若拙"倒是十分应合。在秦汉瓦当中,凤纹的处理也一样可见出刀笔之拙重。于古朴中显雅致,在淳厚中露峥嵘。其劲力、其结构与汉砖上的凤纹、尾羽之简洁明快,形体饱满,可谓一脉相承。另外,西安秦代兵马俑及其佩饰亦有同样的特征,兵马俑体高与真人相当,坚甲利器"勇于公战",蕴蓄着蓬勃的生命力。群像气势磅礴,军阵雄壮威武,排列整齐划一,同样体现着那个时代沉雄悲壮,叱咤风云的秦汉

① 刘安:《淮南子·精神训》。

气象。①

对于秦代以李斯为代表的小篆,张怀瓘《书断上》写道:

案小篆者,秦始皇丞相李斯所作也。增损大篆,异同籀
文,谓之小篆,亦日秦篆。始皇二十年,始并六国,斯时为廷
尉,乃奏罢不合秦文者,于是天下行之。画如铁石,字若飞
动,作楷隶之祖,为不易之法。②

"字若飞动"恰恰点出了秦篆是开一代书势的转折点。《书断上》
对小篆的赞语又曰:"长风万里,鸾凤于飞。"这也是对"字若飞动"的
补充和描述。张氏在《六体书论》中论小篆,在指出"其形端俨"的同
时,也再一次指出"其势飞腾"。这些品评,都是颇有洞察力的。"画
如铁石"可见笔力千钧,可谓凝重;"字若飞动"可见运动和活力;没有
"画如铁石"仅有"字若飞动",很可能是潇洒、飘逸,但很难形成"气
势"。

作为具有象形造型性质的小篆,无疑仍遗留着尚象的倾向,既然
如此,那么它为什么又能扬弃金文那种"凝重"之象而表现出"飞动"
或"飞腾"之势呢? 这是因为:首先,秦篆以及其前的石鼓文比起甲骨
文、金文来,无疑偏畸于整齐停匀的"端俨"之美。特别是小篆,它增损
大篆,异同籀文,在一定程度上可说开始简化、净化其象形造型性质,
也就是在一定程度上开始摆脱了模拟物象的沉重躯壳,并彻底抛弃了
大篆中那种"初文"、"完文";其次,从线条上说,它不像金文那样使用
肥笔、粗笔,而实现彻底的瘦化,粗细一律,因而画如铁石,而又显得轻

① 金丹元:《禅意与化境》,上海文艺出版社 1993 年版,第 119—120 页。
② 张怀瓘:《书断上》,载《历代书法论文选》,上海书画出版社 1979 年版,
第 159 页。

灵流通;再次,其纵长的体势一般表现为上密下疏、上浊下清。用蔡邕《篆势》的话说,是一种"纾体放尾,长翅短身"之美,能表现出"若行若飞,跂跂翾翾,远而望之,若鸿鹄群游"之势①。当然秦代小篆的"字若飞动",还只是一种隐含的"势"。至于和秦篆并生或稍后的草篆秦隶,更解散了象形框架,其稍显的飞动之势自不待言。不过,秦代国祚短暂,真正体现显态的飞动之势的书体,还应说是两汉时代的隶书。但应指出的是,秦篆开启一代"飞动"书风之功,是不可抹杀的。从西汉及东汉初的简牍隶书来看,其笔势分明表现为率意外露,恣意上挑,极意分飞……当然,其飞动之势还脱不了稚拙、疏略、粗放乃至生糙等状态。直至东汉隶碑,则由生犷而雅驯,由粗放而细腻,完全臻于成熟的境地,表现出典型的"八分"之势。这种融进了不同程度沉劲、厚重因子的分势、波势,也就是足以代表汉代书风的典型的飞动之势。

八分书的韵律和意境反映出汉时代的强大和儒学的复兴气象。汉碑的节奏韵律是全新的。分书最突出的是一种波磔(或称波挑),以横画言,欲右先左形成蚕头,继以右行,最末则先顿之,再笔锋展开向上挑出,形成一波三折的节奏韵律。于是在汉碑中形成了波挑翩翻、俯仰飞动的波磔奇观。分书的波挑相背成势,左右映带,上下俯仰,如翚斯飞。这种优美的律动,形成上升飞翔之势,正是多种波磔的韵律汇合。显见,汉隶的结体又大都采用了扁平的横向结构,如《张迁》、《礼器》、《乙瑛》、《孔宙》、《夏承》、《华山》皆然,当然也有取纵势的,如《裴岑》、《景君》等,然而汉碑多横。这种横向扁平的结体恰恰与相背的波挑契合。横向扁平的结体使字的重心降低,使左右的、上下的波挑翩翻、俯仰建筑在一个稳定的基础上,是一种力的平衡,且是表现为飞举运动中的力和平衡。又如果把汉隶每字分成左中右三部分的

---

① 蔡邕:《篆势》,载王伯敏等主编:《书学集成》(汉——宋)卷,河北美术出版社 2002 年版,第 7 页。

话,那么左右背势的飞动、与中间的安静,便形成一字中间动——静——动的节奏;而隶字整个视觉与知觉是动中有静,静中有动,以动为主的向上飞举的运动。另外我们还可以看到汉碑中其余的不同于秦篆的新的节奏韵律。汉隶中竖画显得短细,劲道内含,横画显得长肥,飘逸施展,便错综成短长间、肥瘦间、张弛间的节奏韵律。籀篆都为圆弧之笔,分书则或用方笔,或施圆笔,或方圆兼之,便又有一种变化发生于节奏韵律之间。分书的布白多纵横行,然就疏密论之,《曹全》、《孔彪》则字小而疏,《校官》、《赵圉令》则字大而密。而就一碑言之,亦有疏密,往往上半密而下半疏,若《张迁》、《衡方》即是。此由就石上书丹时,不便循文为序。依碑排文,横列而下。书上半时易大而密,书下半时易小而疏。形虽不一,转增变化之趣。这也是汉碑与小篆刻石不同之处,即在整齐中含参差,于人工中见天趣,是又一种变化韵律。

汉碑的韵律,是以波动为主的多种节奏变化的和谐统一,是古文字书史阶段(即商甲骨文、周金文、秦小篆)所未见的。汉碑的韵律是一种创新,凝结着汉代书家的审美理想,表现出一种特有的艺术意境。这种特有的艺术意境的最突出的体现,就是汉碑书法中的强烈的运动、波挑俯仰的韵律,所显现出来的雄奇飞动之美。似乎历来评汉碑的专家无不赞赏汉碑的雄奇飞动。如杨守敬云:《杨震碑》,翩若惊鸿,矫若游龙;方朔云:《裴岑纪功碑》,其书雄劲生辣,真有率三千人擒王俘众气象;康有为云:《景君碑》,古气磅礴;张祖翼云:《石门颂》,雄厚奔放;而《孔宙碑》,"无一字不飞动"(杨守敬云);《衡方碑》"方古中有倔强气"(何绍基云);《夏承碑》"字特奇丽"(王澍云);《孔彪碑》"用笔沉着飘逸"(李瑞清云);《樊敏碑》"遒劲古逸"(孙退谷云),等等。汉隶中的波挑翩翻是构成新韵律的关键。这种创新的韵律,具有丰富的内容,蚕头燕尾的波挑,是一个力量的蓄积、表现乃至迸发的过程,同时表现出速度的变化,势的变化。那些最后的高高扬起的波挑,

让我们体味到从压抑到挣扎，最后终于解脱出来的自由感。汉隶波挑的俯仰运动展示了内在的沉厚的力度和外焕的飞举的气势，是一种赋予了灵感的运动力。比较能更深刻地说明问题。甲骨文的契刻线条多方折，未能很好传达笔意。两周金文已能体现笔意，那触目的填实笔画、夸张式的人与物的象形曲线以及两头锐出的捺刀式的肥笔也表现出力与势。它较之甲骨文的方折契刻含有丰富的意兴，激射出一种勃发的原始生命力和雄健恣肆的神采，并且又积淀着那一时代一种祭祀时的浓重的宗教情绪。然而这是半神话时代的似醒非醒的朦胧灵感。秦代的小篆把外射的力变成内蕴的力，用圆弧形的线条结构一个个篆字，似是一种禁锢，象征着一种高压。一个个小篆整齐排列，便似看到一座座静静的山，一致的陡度，一致的高度，也有一种美感，但缺少灵动的想象。然而汉隶的出现犹如江河奔泻，破毁小篆的形体结构，变圆为方，变曲为直，变繁为简，一切痛快淋漓，冲坍一座座静静的山。汉隶求解脱的呼声，就在她新的律动中可以倾听到；这种挣脱罗网束缚的表现，也就在她新的律动中可以清晰地看到；这种一经挣脱出来扬眉吐气的自豪感，也就在她的新的律动中洋溢着。

汉碑的雄奇飞动之壮美，正是从汉社会的具体形象里通过美感来摄取的，它正传达出一个壮阔飞举的时代的社会的律动，表现出汉时代的雄伟的气势和生生不息的创造力。

汉大赋呆板，然而厚重恢宏，给人一种阔大遒劲的艺术感受，一个重要原因便在于其中贯注着一股天风海涛般的浩荡气势。这种浩荡气势又常常是通过夸饰的方法来表达的。正如刘勰所说的那样："至如气貌山海，体势宫殿，嵯峨揭业，熠耀煌煌之壮，光彩炜炜而欲然，声貌岌岌其将动矣。莫不因夸以成状，沿饰而得奇也"①。不论是对动势的追求，还是对夸饰的爱好，深入一层看，都不过是统率、驾驭繁富

---

① 刘勰：《文心雕龙·夸饰》。

众多的物的世界这一历史意图之艺术化了的反映。这一意图使得汉人具有这样一种审美情趣:在数量的膨胀中追求阔大,在空间的延续中企慕恢宏,在物的汇聚中去把握和表现整体。这种审美情趣不仅是一个泱泱大帝国繁茂向上的观念的体现,而且还充沛地表露着一个阶级、一个民族要获得尽可能广阔世界的积极渴望!

形体巨大,数量众多的作品气吞山河,形体小的作品也同样气势非凡。项羽的《垓下歌》、刘邦的《大风歌》,如按篇幅,均寥寥数语,只能断为小诗,然而语少意多,诗小气魄大。通过这些小诗,我们可以感悟所谓英雄时代英雄的精神底蕴。

秦汉简牍书法也有同样的审美效果。简牍书法毕竟受着材料的限制,一简连一简的书写只能偏重于行气,而无暇顾盼左右关系。然而,它的艺术价值并没有受到损失,这主要是简牍书法独具字小气势大的特征和开放不封闭的形象。从各类汉简来看,简面上大多是一厘米左右的小字,偶尔才有三厘米左右的大字,在地方狭窄的简面上铺天盖地地布满着汉隶,不仅没有显出分外的拥挤、拙重,反而给予人们一种奔腾无羁的气势,不觉其小,反觉其大的浪漫风味。在《居延汉简》、《武威汉简》中,每一个小字都力求疏朗放纵,随意挥洒,书写者左撇右波,使结构紧而不密,疏而不松,极力行舒展之意,造成夸张伸展的大气势。在每简一行或两行不等的章法安排中,也布白灵活,伸让疏密皆有变化,特别是长竖延伸的创造或移位走格,带有排列不规则的奔放风格。加之隶书法度中用以草书笔意,不仅透露出一种古意盎然的"拙笨"情趣,更可从小字排列中领悟到汉隶线条运动的大气魄。这正有力地表现了汉人对书写物质(竹木)的驾驭和征服,呈现了汉人巧妙熟练的书法技能和毫不矫揉造作的笔法,从而在雅拙的个人风格中率意外露出非凡的胸襟,这也是汉代文化的特征本色和真正奥秘。

就是方寸天地的小小玺印,在秦汉人那里表现出的也是宇宙气

魄。汉人不屑去求索狭小空间内独有的趣味,哪怕仅方寸之地的肖形印,他们也要让它与那些铺天盖地的汉画像石一样去容纳乘龙升天、神虎逐鬼、斗虎戏熊、舞乐杂技之类的内容。一枚百戏印可称典型,它的面积仅一平方厘米有余。但内容却极为丰富:左上角一人弹瑟,右下角一人吹管,右上角之人在歌舞,左下角之人在抛丸。他们不仅将整个画面充填无余,而且其意态之飞动简直就要裂石而出。一切艺术空间,从这小小的肖形印直到亘延数百里的宫苑,对汉人来说都太狭小了,所以他们才把"追怪物,出宇宙"看得那么要紧。①

因为秦汉的"尚大"不仅仅是崇尚形体巨大,数量众多,更重要的是要显示出一种胸怀之大,力量之大,气魄之大和趣味之大。贾谊在形容秦的抱负时,用过一段排比文字,非常确切地概括了秦汉审美文化艺术的精神特点:席卷天下,包举宇内,囊括四海,并吞八荒。秦汉所谓"尚大"崇尚的就是这种大气魄。

4、凝重与飞动的统一,有着丰富的审美文化渊源和深厚的社会历史根基。就审美渊源来说,有两点值得注意。第一,先秦审美文化的某些特征成为这一特色的源头。先秦青铜器是世界公认的艺术杰作,它的发展主要包括殷商和战国等主要阶段。殷商青铜器作为国家重器,威权象征,是那个时代精神的典型表现,总体上以凝重为特色。战国青铜器,总体上以轻灵飞动为显征。秦汉则把二者创造性地结合起来,成为秦汉审美文化的显著特征。

第二,先秦地域文化的整合特别是南北文化的整合。汉朝的统治者确实大都为楚人,但都不失楚人"抚有蛮夷"、"以属诸夏"的恢宏气魄。他们在信仰上大多是"黄老派",承袭了楚人的思想、语言、风俗习惯,以及楚歌楚舞,但是他们又能兼采百家,对于中原以及异域的文化抱着倾慕的态度。这样一种开放的心态,得到的是楚文化在融合中的

---

① 王毅:《园林与中国文化》,上海人民出版社1990年版,第128页。

大发展。仅从霍去病墓群雕的艺术风貌中就可以看到,以楚人的浪漫占主导地位的新的综合性风格已经诞生。那座脚踏匈奴的石马造型雄浑、庄严、厚朴,意象苍茫、雄阔、静穆,手法写实,细节准确,表现出某些中原艺术的品格。跃马的造型似乎更有代表性,它是一块稳重、浑朴的巨石,然而它又是一匹闻风而动、腾跃而起的战马,外在的沉稳和内在的强大动势、力量和机趣、中原式的凝重和楚人的飞动,在这里都得到了巧妙的统一。这种综合风格的出现表明,产生于中国本土的南北艺术实现了第一次大的交融。

就深厚的社会历史根基而言,多种因素构成了凝重与飞动统一的深层内蕴。

首先,秦汉审美文化洋溢着充沛的生命精气。汉代艺术有着充沛的生命精气。从整个社会看,汉代处于后期奴隶制社会的鼎盛期,政局的稳定,生活的安定,疆土的拓展,都催发出一种蓬勃向上的社会意识。而这落实到个体身上,就激发为一种积极进取、充沛淋漓的生命意识。所以表现在艺术创作中,大到鸿篇巨制的汉大赋、画像石,小到精致生动的说唱陶俑、可爱活泼的玉鸽,都有一种精神充塞其间,有一种生命涌动于中。

其次,秦汉审美文化激发着粗犷的时代豪气。在秦汉时期,社会普遍流行的价值标准是崇拜英雄、积极进取、追求事功。汉武帝时的主父偃曾说过,"丈夫生不五鼎食,死则五鼎烹"。东汉的陈蕃年仅十五岁就怀有"大丈夫处世,当扫除天下"的凌云壮志。这种价值观念是和整体的人的自我意识的觉醒相随共生的,它极大地冲击了人的审美观念与艺术创作,构成了秦汉美学思想宏大的价值论背景,使秦汉艺术显露出令人瞩目的崇高感。深沉雄大的秦汉帝陵,气势非凡的秦俑兵马阵,绵延雄浑的万里长城,体魄宏伟的《史记》,都生动而完美地体现了实践主体迸发出的战斗力和客体对主体的征服力的巨大冲突,这种艺术上的崇高风格是"伟大心灵的回声"。秦汉时期的社会价值标

准,无疑构成了该时代的精神气质滋生和发展的肥沃土壤,正是在这种价值观念的推动下,最终导致了整体的人的自我意识的觉醒。

再次,秦汉审美文化还充盈着淋漓的宇宙元气,我们不仅在法天象地、包蕴山海的宫苑建筑以及铺天盖地、充实拥塞的画像石中感受到超越人力之上的宏大感与崇高感,而且在集历史、神话、现实人生于一炉的战争舞与宴宾舞中也能体会到上溯远古、下逮今朝,"广之于郑卫、近之于荆楚"的浩然之气。在秦汉人那里,文学艺术、人事万物都是宇宙的象征。例如张衡的《西都赋》对西都城的描绘,在宏观整体上就是天人相感,天地相通,天人互动,乃至天地人合一的人文象征。具体来说,它的宫殿描绘,是一种法天象地、容纳万有的宇宙象征;它的狩猎描绘,是一种囊括四海,并吞八荒的征服的象征;它的泛舟观乐描绘,把乐的天地人合德本质与观时的"俯仰乐极"两相浑融,是天地人合一的象征。这与司马相如《上林赋》所描绘的人之乐舞能使"山陵为之震动,川谷为之荡波"并成为天人互感、天人互动的磅礴气象的象征,有异曲同工之妙。这是与秦汉时代将各类艺术乃至人事万物与宇宙天地、阴阳五行作异质同构的理解分不开的,也是与肇始于先秦,整合于秦汉的以类比为特点的天地人大一统、大和谐的宇宙图式的完成分不开的。秦汉这种气、阴阳、五行、八卦、万物互感互动的宇宙图式,一方面,使淋漓的宇宙元气灌注于文艺作品之中,为其大气磅礴提供了最深广的源泉;另一方面,也使各类艺术成为秦汉人抒情达性、体悟并传达深邃的宇宙意识和浩广的天地情怀的形象载体。①

总之,秦汉审美文化充沛的生命精气,粗犷的时代豪气和充盈的宇宙元气的融会贯通,激荡厮磨,就升华而为凝重与飞动的统一,冲决而为辉煌大赋,壮观宫殿,瑰丽画像,宏放乐章,雄浑雕塑,精美工艺,豪放书法……从而形成宏博巨丽,气势磅礴的炎汉气象或壮丽风采。

---

① 参见本书第二章阴阳五行的宇宙观和思维模式。

（四）美与善的统一

美善结合是中国古代审美文化与西方比较而显出的一个极为显著的特点，是贯穿中国审美文化历史的主流。对此，周来祥先生精辟地指出："古典和谐理想，总是要求真善美和谐、均衡地整合在一起，但由于中西艺术的侧重点不同，偏于表现的艺术，强调美善结合，偏于再现的艺术，强调美真统一。中国古典艺术是偏于表现的，中国古典美学也是偏于伦理学和心理学的美学。它总是把美同人、社会、伦理道德联系起来，强调美善结合。"①李泽厚等主编的《中国美学史》也把"高度强调美与善的统一"视为中国美学的第一个特点。② 不仅如此，中国古典美学和古典艺术历来讲情理结合，文道统一，人艺一体（人品与艺品统一），这个道和理虽然偏重人文之道，偏重伦理道德规范，但也与天道相通，与宇宙、自然的客观规律相通。封建伦理道德的善，也被看成天经地义的真。通过人道看天道，通过善去表现真，通过人品去评价艺品，换句话说，以文道统一，情理统一，人艺统一为基本内容的美善统一，正是中国审美文化的一大特色。

中国古代审美文化美善结合的特点，在秦汉审美文化中得到了极为充分的、富于时代特征的表现。

（1）在秦代，这种美善统一是以极端功利主义的尚用形式表现出来的。秦王朝建立后，虽然也设置博士官，儒学博士也在其中，但是儒学并不受重视。秦朝信奉的仍是商鞅、韩非的法家之术。这种专制集权意识发展到极端，便是"焚书坑儒"。在文学艺术上，秦朝统治者采取实用与功利的政策，运用文艺来缘饰自己的统治，因此他们并不废

---

① 周来祥：《古代的美近代的美现代的美》，东北师范大学出版社 1996 年版，第 113—114 页。

② 李泽厚、刘纲纪主编：《中国美学史·序言》第一卷，中国社会科学出版社 1986 年版。

政教。秦朝统一六国之后，为了炫耀自己的武功与统一功绩，不仅仿建六国宫室于咸阳，而且大行封禅，四处巡狩，所到之处，留下了许多歌功颂德的刻石之文。《史记·秦始皇本纪》中记载宰相王绾、李斯等人在秦始皇东巡琅琊时合议道："今皇帝并一海内，以为郡县，天下和平。昭明宗庙，体道行德，尊号大成。群臣相与诵皇帝功德，刻于金石，以为表经。"这一段记载告诉人们，秦王朝虽然反对儒家的诗书教育，但是对于用刻石等形式来颂扬自己的功德却是相当重视的。秦始皇在位之时，数度巡狩、封禅，共留下八篇刻石文章以颂扬功德，这些文章至今尚留下六篇半，刻石则只留下半枚。这些刻石均为李斯所作，内容清一色的是颂扬秦始皇统一天下、结束六国割据局面的功绩，情感真诚，文风峻洁，没有矫情之处，如《邹峄山刻石文》中说：

> 皇帝立国，维初在昔，嗣世称王。讨伐乱逆，威动四极，武义直方。戎臣奉诏，经时不久，灭六暴强。廿有六年，上荐高庙，孝道显明。既献泰成，乃降溥惠，亲巡远方。登于峄山，群臣从者，咸思攸长。追念乱世，分土建邦，以开争理。攻战日作，流血于野，自泰古始，世无万数。陁及五帝，莫能禁止。乃今皇帝，一家天下，兵不复起。灾害灭除，黔首康定，利泽长久。群臣诵略，刻此乐石，以著经纪。①

文中歌颂秦始皇统一天下，结束战国以来天下纷乱的局面，是有利于百姓黎民之举，这是符合历史事实的，也是值得称颂的。当然，这种文体既然是代替统治者教化百姓、歌功颂德的，其中难免有阿谀不实之词，这一点不管是法家还是儒家都是一致的。如《琅琊刻石文》中

---

① 李斯：《邹峄山刻石文》，载严可均校辑：《全上古三代秦汉三国六朝文·全秦文》卷一，中华书局 1958 年影印本。

就有"功盖五帝，泽及牛马；莫不受德，各安其宁"等谀词。秦朝刻石颂扬功德，这种传统与西周统治者用雅正之音风化天下的做法有相同之处。故刘勰《文心雕龙·颂赞篇》中指出："夫化偃一国谓之风，风正四方谓之雅，容告神明谓之颂。风雅序人，事兼变正；颂主告神，义必纯美。……至于秦政刻文，爰颂其德。汉之惠、景，亦有述容，沿世并作，相继于时矣。"《铭箴篇》中亦说："至于始皇勒岳，政暴而文泽。"刘勰认为秦朝刻石用以歌功颂德，与周朝的风雅之道有相通之处。这种由统治者出面歌功颂德、风化天下的方式，也可以说是统治者采用行政方式向社会施行教化的途径，是秦代政教举措之一。①

（2）在汉代，统治者和思想家鉴于秦亡的教训，更加深刻地认识到行仁义、施教化的重要性。因此，在这个问题上，无论什么思想倾向，什么思想流派，几乎都主张审美、文艺服从、服务于政治教化、伦理重塑、人格再造、稳定大一统社会的主旨。这种美善结合，弘道济世，注重政治教化的审美功能观，在汉代审美文化的理论形态、感性形态和生活形态都有显著的表现。

在理论上，汉代统治者和思想家对礼乐教化作了连篇累牍的强调。从汉初的陆贾、贾谊、三家诗论，到《淮南子》、董仲舒、司马迁、扬雄、班固、王充、郑玄；从诗论、赋论，到书论、画论、乐论等等，几乎无不如此。

汉代诗学是汉文学思想之实用、审美的标本。这在社会文化现象上，表现为《诗》在汉代"五经"中最先尊为"经"，立有博士，其地位在汉文化鼎盛时的武帝朝被无限提升；在文学思想内涵上，《诗》之"美刺"与"讽谏"，成为衡量汉代文学价值的基本准则。程廷祚认为："汉儒言诗，不过美刺两端。"②此于汉初齐、鲁、韩三家诗已见端倪。王先

---

① 袁济喜：《论中国古代审美教育的实施》，《文艺研究》2001 年第 1 期。
② 程廷祚：《诗论十三·再论刺诗》，载《青溪集》卷二。

谦《诗三家义集疏序例》云:"《诗》有美有刺,而刺诗各自为体:有直言以刺者,有微词以讽者,亦有全篇皆美而实刺者。"这种"美刺""讽谏"在理论上遥契孔子"无邪"诗旨,在方法上直承孟子言诗"以意逆志",以标明所推作者之"意"与所逆诗人之"志"的思想指向。汉代诗学之美刺,理论至《毛诗序》而系统化。其云:"诗者,志之所之也,在心为志,发言为诗。"所谓"志",既关国家之治乱,又怀一己之穷通;它不厌其详地反复陈述这一点:"风,风也,教也;风以动之,教以化之。""先王以是经夫妇,成孝敬,厚人伦,美教化,移风俗"。"上以风化下,下以讽刺上,主文而谲谏,言之者无罪,闻之者足以戒,故曰风"。其中"正得失,动天地,感鬼神","经夫妇,成孝敬,厚人伦,美教化,移风俗"的政教作用和由此生发的对《诗》之"风""雅""颂"的诠释,奠定了汉代诗学批评的基本形态。到了汉末,郑玄于时代制高点上会通和发展汉代诗教理论,他一则认同《毛诗序》对"风""雅""颂"的解释,一则又补充了对"赋""比""兴"的阐述:"赋之言铺,直铺陈今之政教善恶;比,见今之失,不敢斥言,取比类以言之;兴,见今之美,嫌于媚谀,取善事以喻劝之"①,从而完成了汉儒的政教诗学体系。而此诗学的"美刺""讽谏"辐射于汉代一切文学批评,又形成了具有更广泛意义的时代文化特征②。赋论有"抒下情而通讽谕"③;书论有"文者宣教明化于王者朝廷"④,"书乾坤之阴阳,赞三皇之洪勋。叙五帝之休德,扬荡荡之典文。纪三王之功伐兮,表八百之肆勤,传六经而辍百氏兮,建皇极而叙彝伦。综人事于

---

① 《周礼·春官·大师注》。

② 许结:《汉代文学思想史》,南京大学出版社 1990 年版,第 6—7 页。

③ 班固:《西都赋序》,载费振刚等辑校:《全汉赋》,北京大学出版社 1993 年版,第 311 页。

④ 许慎:《说文解字序》,载《历代书法论文选续编》,上海书画出版社 1993 年版,第 3 页。

晻昧兮,赞幽冥于明神"①。这是书法与伦理结合的典型例证。画论有"恶以诫世,善以示后"②,"存乎鉴戒者,图画也"③。乐论有"补短移化,助流政教"④,极端者,甚至把这种弘道济世,经世致用的功能观强调到了无以复加的程度。如扬雄壮悔少作,实质是认为汉大赋劝百讽一,难以实现其理想的弘道济世、讽谏教化的社会作用。被章太炎称为汉有此一人足以振耻的思想家王充,提出"劝善惩恶""增善消恶"的原则,要求文艺为政治教化服务。他说:"故夫贤圣之兴文也,起事不空为,因因不妄作;作有益于化,化有补于政"。⑤ 他甚至说:"为世用者,百篇无害;不为世用,一章无补。"⑥而赵壹《非草书》否定草书的主要原因有三:

其一,草书"上非天象所垂,下非河洛所吐,中非圣人所造",只不过秦末"官书烦冗,战攻并作,军书交驰,羽檄纷飞","趋急速耳",因而"非圣人之业也"。他恪守儒家关于文字起源的说法,认为大篆才是仓颉、史籀这些圣人所造,草书根本挨不上边,更非圣人平治天下之事业。

其二,草书是应付"急速"的事出现的,"本易而速,今反难而迟,失指多矣"。草书的起源,确实是为应付"急速"的实用,可草书在实用中逐步完善成熟,特别是通过杜度、崔瑗、张芝这些草书大家的创作,草书成了为社会承认的书法艺术,就不能完全用"趋急速"的标准

① 蔡邕:《笔赋》,载严可均校辑:《全上古三代秦汉三国六朝文·全后汉文》卷六十九,中华书局1958年影印本。

② 王延寿:《鲁灵光殿赋》,载费振刚等辑校:《全汉赋》,北京大学出版社1993年版,第529页。

③ 曹植:《画赞序》,载俞剑华编著:《中国画论类编》(上卷),人民美术出版社1956年版,第12页。

④ 司马迁:《史记·乐书》。

⑤ 王充:《论衡·对作篇》。

⑥ 王充:《论衡·自纪篇》。

来衡量了。所以后世追慕杜、崔、张子,学作草书,"反难而迟"矣。赵壹对此很不理解,很不满意。他认为,"夫杜、崔、张子,皆有超俗绝世之才,博学余暇,游手于斯",结果"后世慕焉",且"皆废仓颉、史籀,竟以杜、崔为楷",这使他很惧怕。惧怕者何?"余惧其背经而趋俗,此非所以弘道兴世也"。

其三,为字之工拙,本无关宏旨,"且草书之人,盖技艺之细者耳",又有多大作用?"乡邑不以此较能,朝廷不以此科吏,博士不以此讲试,四科不以此求备,征聘不问此意,考绩不课此字",总之一切正经大事都不用草书。岂止草书,就是整个书法都不过"为字"。"善既不达于政,而拙无损于治,推斯言之,岂不细哉?"这样看来,草书乃至整个书法确乎细小得很。赵壹把此比作"扪虱":"俯而扪虱,不暇见天。"如此三条,几乎每条都表现了他的儒家正统思想和倨傲态度。他是完全从儒家实用观点出发看待书法,根本没有体察一下人们为什么那样如痴如醉追慕杜、崔、张子的草书。

三个原因一言以蔽之,就是认为草书不能弘道兴世。

由上可见,扬雄、王充、赵壹显然是以片面极端的方式强调了美与善的统一。至于汉代文艺批评中的依经立义、依诗论骚、依诗论赋及其所导致的楚骚诗经化,汉赋诗歌化,实质就是要使骚、赋服从于政治教化。

3. 在艺术上,当时几乎所有的艺术形式都被纳入礼乐教化经世致用的总体导向之内。在汉赋中,颂美和讽谕同时并存。就颂美而言,汉赋前承《诗经》三颂以颂扬先王或国君为主的题材特点和思想倾向,以汉代物质、文化的繁荣昌盛作为背景和舞台,对大汉雄风作了不遗余力的讴歌,弹奏出一曲曲热情洋溢、气势磅礴的大汉颂歌。翻开汉赋,就会在我们眼前展现出一幅幅绚丽雄浑的画卷:

京都街市上,熙熙攘攘,人声鼎沸,透着繁华和富庶,象征着政治安定,国势强盛;壮丽的山河,雄壮的皇都,呈现了泱泱大国的非凡气

度。这是我们在例如班固《两都赋》、张衡《二京赋》等赋作中所读到的。

未央宫,太液池,宫阙相连,绵延数十里,巍峨的气势,宏伟的建构,斑斓的装饰图画,迷人的音乐伎舞;画出了帝王贵族们奢侈安逸的生活,颂扬着他们的高雅情趣,这是我们在例如扬雄的《甘泉赋》和王延寿的《鲁灵光殿赋》中所读到的。

舆驾出行,千骑万乘,放鹰驱犬,校骑驰弋,那漫山遍野、浩浩荡荡的畋猎场面,展示了帝王苑囿的广阔丰富,也宣扬了和平时期的赫赫军威,这是我们在例如司马相如的《子虚》、《上林》,扬雄的《羽猎》、《长杨》诸赋中所读到的。

《大人赋》等篇,铺叙上天入地的漫游,腾云驾雾的游仙,侈谈海外仙山,夸说神界灵异,虽是不根之词、无稽之谈,却能令帝王们想入非非,精神上得到极大满足,甚而产生求仙的幻想和野心。汉初黄老之学盛极一时,武帝又好大喜功,迷信方士,追求神仙长生不老之术,读了司马相如的《大人赋》,就像听了一首别致的颂歌,不禁飘飘然起来,仿佛飞升到了仙界。

铺陈武器繁富,阵容整齐,士气饱满,斗志昂扬,疆场上的勇猛搏杀,凯旋时的欢乐场面,也能达到宣扬军威国力的目的,在帝王听来,也不啻于一曲悦耳的颂歌,例如崔骃《大将军西征赋》和陈琳《武军赋》。……①

可以说颂美是汉赋的主旋律。就讽谕来说,汉赋继承了上古即已存在并在周代发扬光大的政治生活中臣下对君主进行讽谏的传统,并受汉代巩固统治的现实政治需要的重要影响,有着自觉而强烈的讽谏意识。自《七发》以降,汉赋中很多篇章,都浸润着讽谏的意识。相如的《子虚》、《上林》赋,在铺张扬厉之后要让天子"芒然而思",因之司

---

① 程章灿:《汉赋揽胜》,上海古籍出版社 1995 年版,第 13—14 页。

马迁认为相如的赋虽多虚辞滥说，但其要归之于节俭，与《诗》中的讽谏没有什么两样。至于扬雄，他作《羽猎》、《甘泉》、《河东》、《长杨》四赋，都是为了讽谏，这在《汉书·扬雄传》中有明确说法。班固作《两都赋》，是因为其时有人盛称西京，有陋雒邑之议，所以他作《两都赋》"折以今之法度"，这也是讽。张衡的《二京赋》，更是由于永元中王侯逾侈，于是张衡作赋讽谏。马融的《广成颂》，是因为邓太后执政，邓骘兄弟专权，安帝十年不校猎，于是作赋以讽。虽然由于秦汉中央集权国家体制的确立使君臣关系尊卑差距拉大，直接导致讽谏态度和方式的诸多变化，如态度较前更为平缓，方式也较为曲折、讲究，但汉赋的讽谏现象是普遍存在的，赋家的态度是相当自觉的。当然，由于现实政治需要与艺术自身规律，赋家主观愿望和作品的实际作用等等内在矛盾，最终的客观效果只能是颂多于讽，甚至欲讽反劝，汉武帝读《大人赋》飘飘欲仙的反应就是典型的例证。扬雄所谓"劝百讽一，曲终奏雅"的概括还是极为确当的。

在书法中，秦代刻石和汉代石经等等也都具有歌功颂德、端肃民风、矫正视听、申明准则等教化作用。在绘画中，汉代统治者为了表彰功臣、列女、贞妇、孝子、贤妃、忠勇侠义之士以及古圣先贤，宣扬儒学及炫耀自己奢侈享乐的生活，常在宫观庙宇的壁上绘像，在像旁书以赞词。如汉代曾在麒麟阁绘制功臣像①，在云台画二十八将像。②，还有经史故事、孔子及七十二弟子像、列女像等等。王延寿在《鲁灵光殿赋》中曾作过生动描绘："鸿荒朴略，厥状睢盱。焕炳可观，黄帝、唐、虞。轩冕以庸，衣裳有殊。下及三后，媱妃乱主。忠臣孝子，烈士贞女。贤愚成败，靡不载叙。恶以诫世，善以示后。"曹植在《画赞序》中也对这类画的审美效果作过细致描述："观画者见三皇五帝，莫不仰

---

① 班固：《汉书·苏武传》。
② 范晔：《后汉书·二十八将传记》。

戴;见三季暴主,莫不悲惋;见篡臣贼嗣,莫不切齿;见高节妙士,莫不忘食;见忠节死难,莫不抗首;见放臣斥子,莫不叹息;见淫夫妒妇,莫不侧目;见令妃顺后,莫不嘉贵。是知存乎鉴戒者,图画也。"①就连建筑也成为显示皇权至上、明确尊卑贵贱、区分高低等级的形象载体。"萧何治未央宫,立东阙、北阙、前殿、武库、大仓,上(刘邦)见其壮丽,甚怒,谓何曰:'天下匈匈,劳苦数岁,成败未可知,是何治宫室过度也?'何曰:'天下方未定,故可因以就宫室;且夫天子以四海为家,非令壮丽,亡(无)以重威,且亡令后世有以加也。'"②显而易见,统治者是要通过建筑这种巨大的物质实体,张扬其占有天下,统治天下的无与伦比的雄心,达到其体现帝王威风、威慑天下、长治久安的目的。

　　在艺术中,受到统治者和思想家高度重视,体现政治教化最明显的莫过于诗歌和音乐或诗教和乐教。

　　迄至西汉年间,周、秦统治者确立的政教传统得到了发扬。西汉王朝是继秦而起的大一统的专制帝国。这个王朝刚建立时,便面临着社会在长期动乱之后,道德失范,伦理重建的课题。秦朝长期实行的是法家重武轻文的国策,这种国策曾经帮助了秦朝富国强兵,统一六国。但是崇信暴力,排斥仁义,以吏为师,急功近利,造成人们离心离德,社会好利成风。这样的政教做法,对于古代王朝来说,是难以长治久安的。汉初文景之治时由于国力的衰敝,虽经贾谊等人力倡制礼作乐,实行教化,但是由于一些元老大臣的作梗,最终搁置下来。迄至汉武帝时期,由于内政与外交的成功,这一制礼作乐的要求才被提到了议事日程。汉武帝不愧是一个有远见卓识的帝王,他看到了要建立长治久安的专制帝国,就必须从教育出发打下基础。他在元光元年下达

　　①　曹植:《画赞序》,载俞剑华编著:《中国画论类编》(上卷),人民美术出版社 1956 年版,第 12 页。
　　②　班固:《汉书·高帝纪》。

的诏举贤良的策令中提问:"三代受命,其符安在? 灾异之变,何缘而起? 性命之情,或夭或寿,或仁或鄙,习闻其号,未烛厥理。"①他率先提出,要吸取历代王朝兴衰成败的教训,就必须了解人性的奥秘,从社会教育的角度出发,重建人伦道德。而社会教育中包括以诗乐为主的审美教育。董仲舒应和汉武帝的要求,在著名的对策中提出汉代要想长治久安,首要任务是肃清暴秦余毒,改造人性,以移风易俗。董仲舒推崇上古教育,大力倡导以社会为场所的乐教:

> 乐者,所以变民风,化民俗也;其变民也易,其化人也著。
> 故声发于和而本于情,接于肌肤,臧(藏)于骨髓。故王道虽
> 微缺,而筦弦之声未衰也。②

在董仲舒看来,音乐与诗歌都是先王之道的显现,也是他们用来作为教化百姓的工具,用"乐教"来化民,是一种最直接与最易行的途径。曾受业董仲舒的司马迁也唱和有应,在《史记·乐书》中提出:"夫上古明王举乐者,非以娱心自乐,快意恣欲,将欲为治也。正教者皆始于音,音正而行正。故音乐者,所以动荡血脉,通流精神而和正心也。"司马迁也强调音乐是为了教化百姓,而不是娱悦耳目。董仲舒指出,百姓的好利之心只有用教化才能感化向善,像秦朝那样,纯任暴力是无济于事的,"夫万民之从利也,如水之走下,不以教化堤防之,不能止也。是故教化立而奸邪皆止者,其堤防完也。教化废而奸邪并出,刑罚不能胜者,其堤防坏也。古之王者明于此,是故南面而治天下,莫不以教化为大务。"③董仲舒向皇帝提出,教化必须通过具体途径来施

---

① 班固:《汉书·董仲舒传》。
② 董仲舒:《举贤良对策》,载班固:《汉书·董仲舒传》。
③ 董仲舒:《举贤良对策》,载班固:《汉书·董仲舒传》。

行,为此他提出了设五经博士、兴礼乐、立太学等行政措施。汉武帝接受了董仲舒的建议,立五经博士,设乐府机构,从而使统治者的社会教化有了相应的制度保证,影响到后世的封建王朝社会教育体系。东汉班固在《两都赋》中谈及汉武帝的这些措施时说:"大汉初定,日不暇给。至于武、宣之世,乃崇礼官,考文章,内设金马石渠之署,外兴乐府协律之事,以兴废继绝,润色鸿业。是以众庶悦豫,福应尤盛。"在西周也有专门的音乐机构,以适应统治者的礼乐之教,但到了汉武帝时期,则扩大了规模,增加了功能。汉武帝时的乐府,采集民间歌诗,以"观风俗,知厚薄";同时派专门的文人造作新诗。《汉书·礼乐志》中说:"至武帝乃定郊祀之礼,……乃立乐府,采诗夜诵,有代、赵、秦、楚之讴。以李延年为协律都尉。多举司马相如等数十人造为诗赋,略论律吕以合八音之调,作十九章之歌。"从这些记载来看,乐府的主要职能是采集民歌与制作新诗。皇帝在各种社会活动中,通过乐府机关制作与改编的音乐风化天下,宣传礼教,达到"经夫妇,成孝敬,厚人伦,美教化,移风俗"的目的。当然,除此之外,也有不少反映世俗人情的诗,这些诗"感于哀乐,缘事而发",真实地反映了人民的悲欢离合。汉代乐府设立后,大多采用新声新曲,忽略用传统的雅乐与古乐,引起了一些保守人物的指责。实际上,汉武帝立乐府自创新声,运用能代表时代要求的音乐来教化天下,"兴废继绝,润色鸿业"。这是汉武帝建立新的文化教育的一项重要行政措施。萧涤非先生在《汉魏六朝乐府文学史》中评价汉武帝设立乐府机关时说:"然如武帝之立乐府而采歌谣,以为施政之方针,虽不足于语于移风易俗,固犹得其遗意。"①也看到了汉武帝乐府在一定程度上是为了弘扬周代的教化。②

强调美善结合体现在艺术创作主体与作品的关系上,就是更为重

---

①　萧涤非:《汉魏六朝乐府文学史》,人民文学出版社1984年版,第4页。

②　袁济喜:《论中国古代审美教育的实施》,《文艺研究》2001年第1期。

视人品与艺品的关系。

先秦的《易传》、《礼记》等儒家经典提出过"修辞立其诚"、"诚在其中,辞见于外"、"有德者必有言"等重要命题,从而探讨了一个人的内在品质与外在言辞的关系,这对后来中国审美文化起到了深刻影响和引发作用。但是这种探讨还是一种哲学意义的,而不是美学意义的。在将这种探讨从哲学意义转化、发展为美学意义的思想过程中,汉代扬雄起到了十分关键的作用。他提出的"书,心画也"这个命题已经开始初步从美学意义上探讨了人品和艺品的关系。

扬雄在《法言·问神》中论及"言"与"书"的问题,提出了著名的"心画"说:

> 言不能达其心,书不能达其言,难矣哉!惟圣人得言之解,得书之体。白日以照之,江河以涤之,灏灏乎其莫之御也。面相之,辞相适,捫中心之所役,通诸人之嗃嗃者,莫如言。弥纶天下之事,记久明远,著古昔之嗃嗃,传千里之忞忞者,莫如书。故言,心声也;书,心画也。声画形,君子小人见矣。声画者,君子小人之所以动情乎?

这里首先要说明的是,扬雄所说的"书",是相对"言"而说的,即谓言辞的书面记载,因而它不仅指文字本身的形态艺术——书法,而且也指由文字组合而表达的意义——著作。在扬雄的论述中往往更偏重于后者意义上的"书",如他说:"女恶华丹之乱窈窕,书恶淫辞之淈法度。"[1]"书不经,非书也;言不经,非言也;言书不经,多多赘

---

[1] 扬雄:《法言·吾子》。

矣。"①可见他以"书"指文辞著作。故后代的书法理论家与文学理论家都援引扬雄"心画"的说法,如宋代的朱长文说:"子云以书为心画,于鲁公信矣。"②清代刘熙载也说:"扬子以书为心画,故书也者,心学也。"③而元好问《论诗绝句》中所谓的"心画心声总失真,文章宁复见为人",就是以"心画"论诗了。

扬雄的"心画"说虽然未必专就书法而言,但它对后代书论的影响极大。中国书论中注重书家个性品格与书风关系的祈向即滥觞于此。扬雄强调了"言"与"书"的社会作用,人们可以通过"言"来表达内心的情感和交流思想;通过"书"来记载古往今来、天下四方的事物,起到沟通古今,联络远近的效用。既然"言"和"书"是人们心灵的表现,由此即可以窥见人的内心世界。思想的高低,品德的优劣在"言"和"书"中都被反映出来,故扬雄说:"君子小人见矣。"因而,要想在艺术上有所造诣,首先应提高艺术家自身的品德修养,这就涉及了后代书论家所谓的书品与人品的问题。中国书论中向来以人品胸次、道德修养、气质节操为衡量书法品第的重要标准即肇端于扬雄的"心画"说。这种理论其实不出儒家的文艺思想,它可以追溯到孔子所谓"有德者必有言,有言者不必有德"④的主张。扬雄在学问上继承了儒家传统,提倡明道、徵圣、宗经的思想,他曾自比孟子,要为推行儒家学说而廓清道路,以为"君子言则成文,动则成德",这是由于君子具有深厚的内在修养,即所谓"弸其中而彪外也"⑤,这与他对艺术的看法是一致的。

扬雄的"心画"说第一次从理论上涉及了书法与作者思想感情、精神品格之间的关系,指出了书法具有表意抒情的性质,从而开启了后

① 扬雄:《法言·问神》。
② 朱长文:《续书断》,载《墨池编》第九、第十卷。
③ 刘熙载:《艺概·书概》。
④ 孔子:《论语·宪问》。
⑤ 扬雄:《法言·君子》。

代强调个性表现、注重人品修养的论书传统。

其实,在汉代除了扬雄之外,还有两个人在这一转变和发展的思想过程中起到了同样重要的作用,这就是东汉的王充和赵壹。应该说,王充比扬雄更加深入地探讨了人品和艺品之间的内在联系性和统一性。而赵壹则完全从美学上探讨了艺术家个性气质和书法艺术之间的复杂关系,从而继扬雄之后,将先秦的有关思想从哲学领域带入美学领域。

王充是以"实诚"这个概念来规定一个人的内在品质。他认为,一个人是否具有"实诚"这种内在品质,不仅对他的外在表达方式有影响,而且对整个表达过程和状态也有影响。他说:

> 实诚在胸臆,文墨著竹帛,外内表里,自相副称,意奋而笔纵,故文见而实露也。①

王充所说的"实诚"与《易传》、《礼记》以及庄子所说的"诚"、"精诚"等人品概念显然有一种继承关系。但是王充所说的"实诚"还包含了正确反映客观"实事"这一层含义,这与《易传》、《礼记》和庄子的人品概念并不完全相同。应该说,"诚"是"实"(正确反映客观"实事")的保证,而"实"是"诚"实现自身的内在规定,"诚"与"实"相结合构成了王充的完整的人品概念。这是对先秦人品概念的一个重要发展。

一般论著认为,王充所说的"实诚"与"文墨"的关系是指内容与形式的统一关系。这只是一种理解。根据以上分析,我们认为,"实诚"与"文墨"的关系还可以理解为人品与艺品的统一关系,所谓"外内表里,自相副称",就是对人品和艺品统一关系的很好说明。在王充

---

① 王充:《论衡·超奇篇》。

看来,在这种统一关系中,"实诚"的人品是一个决定因素,它不仅融贯和渗透在"文墨"这种静态的表现形式中,而且还融贯和渗透在"意奋而笔纵"、"文见而实露"的整个动态的表现过程中。

此外,王充还就人品的差异、高下对"艺品"的影响发表了重要见解:"百夫之子,不同父母,殊类而生,不必相似,各以所禀,自为佳好。文必有与合然后称善。"①还有"德弥盛者文弥缛,德弥彰者人弥明。大人德扩,其文炳;小人德炽,其文斑"②等等。这是对《礼记》和扬雄有关思想的进一步发挥。应当看到,王充提出的"文墨"概念并不是指书画艺术,也不完全是指文学艺术,而是指包括哲学、历史和文学在内的广义上的"文墨"。但是,与先秦的《易传》、《礼记》和庄子的有关论述相比,王充的"文墨"概念毕竟更接近美学性质,他对"实诚"与"文墨"关系的阐发更接近美学意义。正因为如此,我们认为,和扬雄一样,王充关于人品和艺品的思想也是先秦哲学形态向美学形态转化和发展过程中的一个重要环节,并对后来的美学产生了重要影响。

赵壹撰写的书法论文《非草书》,其中许多观点是不成熟的、片面的,但是对于人品和艺品关系的论述却包含了相当深刻的见解,值得高度重视。赵壹说:

> 凡人各殊气血,异筋骨。心有疏密,手有巧拙。书之好丑,在心与手,可强为哉?若人颜有美恶,岂可学以相若耶?昔西施心疹,捧胸而颦,众愚效之,只增其丑;赵女善舞,行步媚蛊,学者弗获,失节匍匐。

在这段论述中,赵壹对人品的内涵作了两个基本规定:

---

① 王充:《论衡·自纪篇》。
② 王充:《论衡·书解篇》。

第一,人品是由生理因素("气血"、"筋骨")和心理因素("心")构成的完整人格。这一完整人格的内涵十分类似《礼记》所说的"心气"。但是,赵壹并没有像《礼记》那样作出("信气"、"义气"、"智气"、"勇气")这样具体的道德规定,而是侧重于从生理气质方面来对人格加以说明。这可能和赵壹接受《淮南子》和王充的思想影响有关。例如《淮南子》中就有"血气"这个概念:"夫心者,五藏之主也。所以制使四肢,流行血气。"王充的《论衡》中则有"骨体"、"骨节"等概念。这都是说明一个人生理气质的概念。赵壹正是在吸收前人思想的基础上,对人品的内涵作出这样完整的规定。

第二,各种"人品"是很不相同的。这不是指一个人道德品质的高下,而是指艺术个性的差异。在赵壹看来,这是由生理因素("各殊血气,异筋骨")和心理因素("心有疏密")共同造成的。这种差异不仅直接影响到艺术质量的优劣("书有好丑"),而且从根本上决定了艺术风格的独特性和不可重复性。正是这样,赵壹坚决反对艺术上东施效颦的模仿倾向。认为艺术一味模仿只会"失节窵窳"、"只增其丑"。这无疑是一个很有价值的观点。当然,赵壹这个观点是和他诘难草书艺术兴起的思想倾向相联系的。因此,他的这个观点只有在讨论人品和艺品关系的意义上才是正确的,超出这个意义范围就另当别论了。①

从扬雄、王充到赵壹关于人品和艺品关系的探讨,既从一个方面突出体现了秦汉审美文化强调美善统一的特色,也充分反映了这一问题由哲学形态向美学形态转变和发展的思想过程。

4. 在生活中,政府官员活动和学校教育也往往被纳入体现美善结合的礼乐教化的总框架内,成为实施政教的主要途径。在古代专制社会中,官员掌管着从全国到地方的政治、经济与文化教育的大权,因而

---

① 樊波:《中国书画美学史纲》,吉林美术出版社 1998 年版,第 171—174 页。

官员的行政措施对教化的实施具有相当大的作用。在儒家看来,治理国家主要是依靠道德教化,其次才是刑罚与行政管理。如果一味依赖法制,人民虽然慑于法令的淫威,但是并不能从内心服膺,这种教育是不成功的。秦朝实行"以吏为师",片面地看重法令与刑罚对于统治人民的作用,与此同时便是对礼乐教化的轻视甚至毁灭。汉初的一些思想家对秦朝"以吏为师"的做法提出了尖锐批评。贾谊说:"夫移风易俗,使天下回心而向道,类非俗吏之所能为也。俗吏之所务,在于刀笔筐箧,而不知大体。"①贾谊认为那些习文舞法的俗吏无法胜任教化百姓、移风易俗的责任,因而他倡议重尊儒术、崇尚教化的方针。董仲舒在向汉武帝上书时也对秦朝以吏为师的思想进行批评,并认为汉武帝时这种风气仍然很浓:"今之郡守、县令,民之师帅,所使承流而宣化也。故师帅不贤,则主德不宣,恩泽不流。今吏既无教训于下,或不承用主上之法,暴虐百姓,与奸为市,贫穷孤弱,冤苦失职,甚不称陛下之意。"②司马迁在《史记·酷吏列传》中也持类似看法,他指出:"孔子曰:'导之以政,齐之以刑,民免而无耻。导之以德,齐之以礼,有耻且格。'老氏称:'上德不德,是以有德,下德不失德,是以无德。法令滋章,盗贼多有。'太史公曰:信哉是言也。法令者治之具,而非制治清浊之源也。"司马迁认为教化是实行吏治的根本,而不是崇信刑罚,不教而诛,这样无异于助长盗贼多有。汉代的许多官员,在任时不靠严刑峻法,而是依靠施行教化,他们在教化时,启发民智,注重从文化上对当地的政治经济进行治理,史书上一般将他们称作"循吏"。余英时先生在《汉代循吏与文化传播》一文中提出:"循吏是士的一环,其影响主要是在文化方面,这种潜移默化的效用也不是短期内所能得见的。循吏在表面上是'吏',在实质上则是大传统的传播人。这是中国文化

---

① 贾谊:《陈政事疏》,载班固:《汉书·贾谊传》。
② 董仲舒:《举贤良对策》,载班固:《汉书·董仲舒传》。

的独特产品。"①所谓"循吏"一般说来就是一些信奉儒学在地方任官员时依据儒家的教化观来对百姓进行教化的官员,他们在施行教化时无形中也传播了儒家的文化价值观。而在这种教化过程中,也必不可免地包括诗礼教化的内容,所以在社会与民间的教化实施方式中,循吏的这种传播方式也是一种特殊的传播方式。《汉书·王吉传》载汉宣帝时大臣王吉上书时云:"春秋所以大一统者,六合同风,九州共贯也。"儒家理想中的社会是一个以儒学价值观作为联结人民纽带的社会,而作为这种联结桥梁的则是一批儒学之吏。汉武帝时,虽然倡导儒学,但是能以儒学治理教化的,只有董仲舒等人,《汉书·循吏传》云:"孝武之世……时少能以化治称者,惟江都相董仲舒、内史公孙弘、儿宽,居官可纪。三人皆儒者,通于世务,明习文法,以经术润饰吏事,天子器之。"但是这些人还算不上真正的循吏,他们只是用儒术来缘饰吏治。到了汉宣帝时代,出现了王成、召信、黄霸、龚遂等一批循吏,于是形成一种风尚。如《汉书·韩延寿传》记载韩延寿任东郡太守时的业绩云:"延寿为吏,上礼义,好古教化,所至必聘其贤士以礼待用,广谋议,纳谏争;举行丧让财,表孝弟有行,修治学官,春秋乡射,陈钟鼓管弦,盛升降揖让,及都试讲武,设斧钺旌旗,习射御之事。"可见韩延寿在任地方太守时完全是用儒家的教化标准来实行吏治。而在这种教化过程中,审美教育也成为必不可少的一项内容。《汉书·地理志》风俗篇颍川条云:"韩延寿为太守,先之以敬让;黄霸继之,教化大行。"后来唐宋时代的一些著名文人,如白居易、韩愈、柳宗元、苏轼、王安石等人在任地方官时,大都能遵循这种为官的标准,尽其可能地为当地老百姓兴学助教,废除陋习,风化地方,赞助公益事业,因而在死后被人民所怀念,留下了许多令人追怀的事迹。中国文化与美育的传播与实施,往往是在这种良吏的努力下展开的。开这种风气之先的,显然

---

① 余英时:《士与中国文化》,上海人民出版社 1987 年版,第 211 页。

是汉代的"循吏"。

在中国，文化本是"以文教化"的意思，即以一定的道德伦常与诗书礼乐教化人民的意思，这种教化主要通过学校来施行。《说文解字》释"学"为"觉悟"，即以学校来启人觉悟。《白虎通义》亦云："学之为言觉也，以觉悟所不知也。"也就是说，学校的任务就是开发人的觉悟，启导人的道德悟性，其中当然也包括人的审美感受力。

汉代学校教育的复兴是与汉武帝的教化政策有关的。汉武帝在建元五年置五经博士，当时公孙弘为学官，与太常孔臧、博士平等商议建立太学，给汉武帝上书曰：

> 闻三代之道，乡里有教，夏曰校，殷曰序，周曰庠。其劝善也，显之朝廷；其惩恶也，加之刑罚。故教化之行也，建首善自京师始，由内及外。今陛下昭至德，开大明，配天地，本人伦，劝学修礼，崇化厉贤，以风四方，太平之原也。①

他们建议汉武帝恢复旧时制度，设立一定数量的博士与博士弟子（即太学生）并开郡国之学与太学。汉武帝采纳了他们的建议，于元朔五年下诏曰："盖闻导民以礼，风之以乐。今礼坏乐崩，朕甚悯焉。故详延天下方闻之士，咸荐诸朝。其令礼官劝学，讲议洽闻，举遗兴礼，以为天下先。太常其议予博士弟子，崇乡党之化，以厉贤材焉。"②从这些文献资料来看，最早的太学主要是实行政教，以适应汉武帝独尊儒术的需要。在太学中任博士（教授）的人员大多是一些在学术上深有造诣的儒学中人，如辕固生以治《诗》著名，汉景帝时就任博士；董仲舒以治《春秋》著名，汉景帝时也担任博士。从教学内容来看，就是儒

---

① 司马迁：《史记·儒林列传》。

② 班固：《汉书·武帝纪》。

家的经书,汉武帝时分置《诗》、《书》、《易》、《礼》、《春秋》五经博士教授博士弟子,东汉光武帝时,则将五经分成十四家,太学中的教授人员隶属于中央政府的太常(九卿之一)所辖。从学生来说,汉代太学生开始叫做"博士弟子",东汉时一般称作"太学生"。太学生的来源,由太常直接挑选十八岁以上的容貌端庄者入太学。其次是由郡国县官选择"好文学,敬长上,肃政教,顺乡里,出入不悖"即德才兼备的青年人,经过太常的同意,也可进太学受业。太学生的来源前一种重在外在的年龄与容貌,而后一种则重在德才,前者是正式的太学生,后者则属特别生。西汉太学生"公卿子弟不养于太学",具有平民化教育的特点。关于培养太学生的宗旨,董仲舒在给汉武帝的上书中说得很明白:"故养士之大者,莫大乎太学;太学者,贤士之所关也,教化之本原也。"①可见汉代统治者及其文化辅佐们兴办太学、培养人才是为了实现他们的教化理想,而教化理想则是他们现实政治的保证。在太学生的培养方案中,《诗》是必不可少的美育课程。当然,汉儒教《诗》与论《诗》主要是从教化的视角去解说《诗经》的,但是,汉儒对《诗经》的认识毕竟顾及了《诗》与其他经书的不同之处,认识到了《诗经》的审美特征,比如东汉年间产生的《毛诗序》集中了汉代儒生说《诗》的意见,首先强调:《关雎》,后妃之德也,风之始也,所以风天下而正夫妇也,故用之乡人焉,用之邦国焉。风,风也,教也,风以动之,教以化之。"汉儒对《诗经》中的第一篇《关雎》作了曲解,说它是后妃之德,是用来风化天下的,这表明汉代统治者与儒生对《诗经》的解说确实是从政教的角度去考虑的,但他们又强调《诗》是情志合一的产物:"诗者,志之所之也,在心为志,发言为诗,情动于中而形于言,言之不足故嗟叹之,嗟叹之不足故永歌之,永歌之不足,不知手之舞之,足之蹈之也。情发于声,声成文,谓之音。治世之音安以乐,其政和;乱世之音怨以怒,其政

---

① 董仲舒:《举贤良对策》,载班固:《汉书·董仲舒传》。

乖;亡国之音哀以思,其民困。故正得失,动天地,感鬼神,莫近于诗。先王以是经夫妇,成孝敬,厚人伦,美教化,移风俗。"从这段话来看,汉儒是在充分重视《诗》的审美特征的基础之上来谈它的教化作用的。班固在谈到乐教时也说:"乐者,圣人之所乐也,而可以善民心。其感人深,其移风易俗易,故先王著其教也。"①也看到了审美教育在移风易俗上有着其他经书所不具备的优越性。汉代的太学生学习《诗经》,不仅在里面可以学到关于鸟兽虫鱼的自然科学的知识,而且可以陶冶性情,培养人格。自从汉代太学确立了以五经作为基本教材的教育内容后,历经各朝,中国古代社会中的太学与地方官学就一直沿袭了这一传统,将《诗》作为教育太学生必备的课程,其实也是审美教育的内容。② 当然,由于汉代几乎把一切都纳入礼乐教化的渠道,服从服务于"政教",因此,秦汉的美善统一往往是美统一于善,或常常是善压倒美,表现出极强的功利主义色彩。

---

① 　班固:《汉书·礼乐志》。
② 　袁济喜:《论中国古代审美教育的实施》,《文艺研究》2001 年第 1 期。

第 四 章

秦汉审美文化的历史地位

　　作为地域广阔,天下一统的第一个中央集权帝国,秦汉在我国历史上有着极为显赫的地位。秦汉时代,国家由分裂走向统一,地域文明与区域文化融会,百家学说由纷争而进入综合,华夏民族通过先秦时代的不断交融而实现汉民族的大认同,从而使大一统国家向更高的阶段发展成为不可阻挡的历史运势。历史上一向秦汉连称,将秦汉视为一体,实有必然之理。秦汉的差异只在于:秦对于全国的统一,标志着一个时代的结束,而汉王朝的建立,则表明一个新时期的开始。"汉承秦制",沿着秦所开辟的历史道路,两汉形成、确立了以汉民族为主体的空前统一的多民族的国家和多元整合的大一统文化。两汉时代的制度、习尚、风俗,奠定了后代的规模。从中国历史与文化的总体发展来看,两汉乃是一个承前启后继往开来的时代:它继承并弘扬了夏、殷、周三代文明与文化,在新的历史高度上,以更大的气魄建立了中国大一统的政治与文化格局,开"汉唐气象"之先河,其后,"九州混一"的大一统的多民族封建国家,始终沿着两汉的传统发展,而不曾被割断。秦汉文化不光继承整合了先秦文化,成为华夏文化传统的集大成者和大一统文化的楷模,而且它后启魏晋六朝和隋唐文化,又成为中

国大一统文化的真正源头,并以令人称颂的"汉唐气象",奠定了汉民族在世界历史上的声威和地位,使其影响暨乎遐迩。① 那么在中国审美文化史上秦汉应居于什么地位呢? 这是本章试图努力回答的问题。

一 承前启后 继往开来

关于秦汉审美文化在中国古代审美文化史上的地位,目前国内主要有如下说法:

两汉是审美认识发展的一个过渡时期。②

汉代美学处在一个承前启后的过渡阶段,既有先秦美学的主体观念,又包含了新的美学思想诞生的契机和萌芽。③

与其他朝代比较起来,特别是与魏晋南北朝灿烂辉煌的文学批评比较起来,两汉文论似乎没有多少值得特别称道的东西。但是它继往开来的重要作用,却是不可小看的。两汉有着承前启后的重大文艺理论问题,可以说俯首即是。④

正如作为中国历史发展转型期的秦汉历史一样,秦汉美术在中国美术发展史上,也是一个重要的转型期。⑤

---

① 赵明主编:《两汉大文学史》,吉林大学出版社 1998 年版,第 3—4 页。
② 于民等选注:《先秦两汉美学名著名篇选读》,中华书局 1987 年版,第 157 页。
③ 张涵等:《中华美学史》,西苑出版社 1995 年版,第 185 页。
④ 曹顺庆主编:《两汉文论译注》,北京出版社 1987 年版,第 18—19 页。
⑤ 顾森主编:《中国美术史》(秦汉卷),齐鲁书社、明天出版社 2000 年版。

从对后世的影响上看,秦汉官方的礼乐教化理论……在中国美育思想史上是具有承先启后作用的关键环节。①

秦汉时期的艺术上承春秋战国,下启魏晋南北朝,是中国古代艺术史上极为重要的时期。它在纵向上对先秦艺术进行了成功的汲取与精炼,在横向上对四邻艺术进行了合理的吸收与融汇,从而形成壮阔豪放,自由率真的艺术特色。一言以蔽之,秦汉时期的艺术为中华民族艺术传统的形成奠定了坚实的基础。②

汉代是我国歌舞艺术发展史上一个承上启下的重要时期,先秦乐舞大多能在汉代舞蹈中见其遗绪。汉代歌舞又开一代之新风,魏晋以降不少歌舞也大多能在汉代歌舞中见其渊源。它对后世的影响是巨大的。③

秦虽然统治时间不长,但在中国建筑史上,却足以雄视千秋。汉代在中国艺术史上,是一个承前启后的时代。显然,中国建筑艺术到了汉代,已是具备了所有重要的特点。④

古神话的改造成型与新神话的发展是汉代神话的显著特点,无论是经过汉人总结的前人神话,还是后人创新的神话,都是中国神话史上最重要的神话。汉代是中国神话承先

---

① 苏志宏:《秦汉礼乐教化论·前言》,四川人民出版社1991年版,第2—4页。
② 岳庆平等:《中国秦汉艺术史》,人民出版社1994年版,第216页。
③ 萧亢达:《汉代乐舞百戏研究》,文物出版社1991年版,第189—190页。
④ 胡世庆等:《中国文化史》(上),中国广播电视出版社1991年版,第183—184页。

267

启后的时代,是中国神话史上的一个关键环节。①

　　这些看法大体可归纳为:"过渡"说、"转型"说、"承前启后"说、"奠基"说和"关键"说诸种。我们认为,如同从中国历史和文化发展的总体来看,秦汉是一个承前启后、继往开来的时代一样,从中国审美文化历史与发展总体来看,秦汉也是一个承前启后、继往开来的时代。秦汉审美文化一方面博采先秦各家之长融会贯通,表现出一种宏伟的气魄,显示出鲜明的兼容性和综合性;另一方面又发扬光大了先秦审美文化,体现了突出的发展性和创造性。它直接开启了魏晋六朝审美文化,影响远及隋唐及以后历朝历代,直至清末我们仍然能在学术研究和文艺创作上寻觅到秦汉审美文化影响的身影。尤其是在审美创造上,秦汉给我们留下了举世瞩目的骄人成就。走进秦汉审美文化艺术殿堂,我们看到一个气势雄浑且又琳琅满目的世界,看到时代的辉煌成就与胜利者的陶醉,感受到一种"盛世"的精神氛围,那被誉为世界第八大奇迹的秦始皇陵兵马俑,雄浑壮伟的万里长城,辉煌灿烂的阿房宫,那些气度非凡的石雕和想象瑰玮的画像,那些大赋巨史和皇皇政论,那些热情奔放的乐舞百戏和诸体赅备的文学形式,在中国审美文化史上,确乎矗立起了一座壮丽的历史丰碑。如同秦汉奠定了中国古代社会物质文明和精神文明的基础,奠定了民族共同体的基础,奠定了中华民族共同的文化心理结构的基础一样,秦汉审美文化也在一定意义上奠定了中国古代审美文化的基础。

　　然而,在以往的秦汉审美文化研究中,论者大多注重于秦汉审美文化"承前"和"继往"的作用,相对忽视它"启后"和"开来"的贡献,忽视秦汉审美文化的独创性。这是不符合秦汉审美文化的客观实际的。下面仅就涉及秦汉审美文化历史地位的一个关键问题,略述己见。

①　田兆元:《神话与中国社会》,上海人民出版社 1998 年版,第 268 页。

二　审美走向自觉

与先秦相比,秦汉在审美的独特性质和功用的探讨上,迈出了关键一步,推动审美走向自觉。它主要表现在美的升值、情的上扬、自然审美观的发展和突破等方面。

(一)美的升值

在当代美学理论中,"美"是一个含义丰富、范围广大的范畴。中国古代美学和审美文化没有与之完全对应的术语。但有若干与其相近、相似、相交叉的范畴。如审美内涵上在文与质相对意义上作为"中国古代美学审美对象的总称"的"文"①,在朴与丽相对意义上作为"美的感性表征"的"丽"②,在人的内美和外美相对意义上的"外美"等等。用当代美学术语表述,这里的美,大体是指与五官感受相联系的声色之美和集中体现审美特性并以非功利为主要标志的纯形式美等等内容。

应该说,先秦对道美、质美、内美等意义的美是极为重视的。道家所论的道之美、素朴之美、天地之大美,甚至更带有哲学意蕴上的丰富性、深刻性和根本性。但如前所论,先秦儒、道、墨、法等等,除儒家外,对以色、形、声、味等为基本内容的声色之美和相对独立的纯形式美等等,均持批判否定的态度,在文质关系上均重质轻文,甚至多数以质否文。这种态度也延伸到对"丽"和人的"外美"的贬低及排斥。儒家虽然基本是文质统一论者,讲究"言之不文,行之未远",讲究"文质彬

---

① 张法:《中国美学史》,四川人民出版社 2006 年版,第 13 页。
② 吴功正:《六朝美学史》,江苏美术出版社 1994 年版,第 316 页。

彬"、"尽善尽美",但也批判玩物丧志,否定声色之美,特别是在文质发生矛盾之时,同样是以质否文。

无可否认,形式美是伴随着道德功用的萌芽生长起来的,铸鼎的目的虽"在德不在鼎",但"铸鼎象物",在以鼎表现恩德威严的同时,"象物"的形式美便萌芽了。当统治者筑台以望国氛,为榭以"讲军实"时,台与榭便以其土木之崇高,彤镂之繁富而呈现为目观之美。美的形式充满魔力,它吸附了统治者的身心,使得王公贵族利用手中的特权沉溺于五色、五音之中不能自拔。先秦诸子对它的口诛笔伐,从反面证明了美的形式一产生就具有极大的诱惑力。尽管如此,就先秦总体来看,声色之美和形式之美始终没有摆脱功用的纠缠,不受重视,没有独立的价值和地位。

秦汉时代特别是汉代,这种情况发生了重大变化。从这种新变化、新发展、新趋势的总体来看,可以概括为:美的升值。它与审美走向自觉相同步,并成为其重要表征。这个重大变化主要表现在以下诸方面。

1. 纯粹意义上的形式美开始成为自觉的追求

在中国历史上,究竟从什么时候开始明确地单独讨论一种可以说是纯粹意义上的文艺,充分重视文艺作品的美,直接地而非附带地谈论到艺术创作问题呢?有学者认为这是从在真正的意义上创造了汉赋的司马相如关于作赋的言论开始的。因为汉赋同"诗"、"乐"不同,它既不被看作是一种具有极为严肃意义的古代政治历史文献,和祭祀典礼也没有必然联系。较之于楚辞,它也和原始的巫术祭神和歌舞分离了。作为在楚辞的基础上创造出来的一种新的文艺形式,汉赋一开始就以供人以艺术美的欣赏为其重要特色,所以也就极大地发展了在楚辞中已经表现出来的那种对于辞藻描写的美的追求。鲁迅谈到司马相如的赋时,曾指出它与楚辞并不相同,是一种创新的艺术形式。鲁迅说:"……汉兴好楚声,武帝左右亲信,如朱买臣等,多以楚辞进,

而相如独变其体,益以玮奇之意,饰以绮丽之词,句之短长,亦不拘成法,与当时甚不同"①。又说相如"不师故辙,自摅妙才,广博闳丽,卓绝汉代"②。总之,司马相如的赋区别于"诗"和楚辞的地方,在于它处处自觉地讲求文辞的华丽富美,以穷极文辞之美为其重要特征。虽然它也有歌功颂德和所谓"讽谕"的政治作用,但构成汉赋最根本的特征的东西却在于它能给人充分的艺术美的享受,并以给人们这种享受为自觉追求的重要目的。早年好赋的扬雄曾说过:"雄为郎之岁,自奏少不得学,而好沈博绝丽之文"③。这里所谓的"沈博绝丽",正是汉赋最本质的特征,无此不能称为典型的、成功的汉赋。在中国文学史上,汉赋的产生标志着中国文学开始强调文学的审美价值,不再只强调它作为政教伦理宣传工具的价值了。这是文艺性的"文"从古代那种广义的"文"明确地分化出来的重要的一步。

基于上述的情况,司马相如论赋的话,虽是片断的,却也有值得重视的意义。司马相如说:

> 合綦组以成文,列锦绣而为质,一经一纬,一宫一商,此作赋之迹也。赋家之心,苞括宇宙,总览人物,斯乃得之于内,不可得而传。④

这里,司马相如从"作赋之迹"和"赋家之心"两个方面讲了如何作赋。一方面指的是赋的艺术形式的美。司马相如在说明这种美时,使用了

---

① 《鲁迅全集》第9卷,人民文学出版社1981年版,第122页。
② 《鲁迅全集》第9卷,人民文学出版社1981年版,第122页。
③ 扬雄:《答刘歆书》,载严可均校辑:《全上古三代秦汉三国六朝文·全汉文》卷五十二,中华书局1958年影印本。
④ 《西京杂记·百日成赋》卷二。关于这个材料的真伪,学界尚有争议。但从所论内容与汉代相关言论的相似性来看,应有可信性。

儒家常说的"文"和"质"这两个概念,但其解释却颇为特别。"质"被比作锦绣,"文"被比作锦绣之上用彩色丝线所织成的花纹,"文"与"质"像经纬宫商那样互相交错而又和谐统一。这里固然暗寓着赋所特别强调的排比、对偶、音韵和谐的美,但更为重要的是指出赋具有一种像绣上了鲜艳的花纹的织锦那样的美。这可说是一种锦上添花穷极绮丽之美,同孔子所说"绘事后素"的观念很不一样。它不是以素地为"质",而是以"锦绣"为"质",在锦绣之上还要刺上美丽的花纹,使之同作为"质"的锦绣的色彩交相辉映。在司马相如之前,有谁这样高度地强调过文辞的夺人心目的艳丽之美呢? 这不就是儒家极为反对的"淫丽"么? 不正是类似于儒家在音乐上所排斥的"郑声"之美么? 正是这样。不怕去追求一种强烈地刺激着感官,使人心神摇荡之美,正是以司马相如为代表的汉赋的一大成就。虽然这样美的追求在后来也产生了堆砌、造作、轻佻、浮薄、萎靡等等流弊,但从它打破儒家那种处处受着政治伦理束缚的美的观念来说,却是一次解放。

在司马相如之后,扬雄和桓谭又再次直接间接地谈到赋所特有的这种美的特征。扬雄把这种美比之为"雾縠之组丽",即像女工所刺绣的轻细半透明的织锦一样,有一种远望如云兴霞蔚般的美丽①。应该注意的是,汉代的织锦的确达到了在今天也令人赞叹的高度的华美,这和司马相如的说法是相同的。同时特别值得注意的是,扬雄用"丽"这个概念来形容辞赋的美,提出所谓"丽以则"和"丽以淫"的说法,并把包含文艺作品在内的"书"之美比为女色之美("女有色,书亦有色"),他所指的正是一种鲜明强烈地诉之人们感官的美。"美"和"丽"这两个概念看来是相近的,但又有不同,后者突出了美诉之于人们感官的鲜明性、愉悦性,用之于形容辞赋之美刚好适合;前者却无这种突出的含义,而且在儒家的观念中,经常带有严肃的伦理道德的善

---

① 扬雄:《法言·吾子》。

的意味,并经常被用作善的同义词。和扬雄很友好,并且也很喜欢赋的桓谭,曾以"五色屏风"为喻谈到过五声之美。虽不是直接针对赋的美而言,但明显地同赋的美相关,并且恰好是对司马相如关于赋的美的说法的一种具体说明。桓谭在《新论》中说:

> 五声各从其方,春角夏徵,秋商冬羽,宫居中央,而兼四季。以五音须宫而成,可以殿上五色锦屏风谕而示之。望视,则青赤白黄黑各各异类;就视,则皆以其色为地,四色文饰之。其欲为四时五行之乐,亦当各以其声为地,而用四声文饰之,犹彼五色屏风矣。①

这里说五声、五色的组合要取得美的效果,就要以某一声、一色为地,以其余四声、四色文饰之,使之相互交错、和谐统一。这正是司马相如所说的文质辉映,经纬宫商互相配合的意思。这种绚丽灿烂的"五色锦屏风"的美,同司马相如、扬雄所形容的汉赋之美是完全相通的。②

辞赋不仅区别于"诗"和楚辞,也以两个特点异于经术之文。

其一,"赋者,铺也,铺采摛文,体物写志也"。"极声貌以穷文,斯盖别诗之原始"③。赋是通过铺写物之声貌而体现作者之情志,文采与体物是赋的第一个重要特征。这一特点又来自其对情感外化的载体——物象的极端重视。"赋体物而浏亮"④,"夫京殿苑猎,述行序志

---

① 桓谭:《新论·离事》,载严可均校辑:《全上古三代秦汉三国六朝文·全后汉文》卷十五,中华书局 1958 年影印本。

② 李泽厚等:《中国美学史》(先秦两汉编),安徽教育出版社 1999 年版,第 526—528 页。

③ 刘勰:《文心雕龙·诠赋》。

④ 陆机:《文赋》。

……至于草区禽族，庶品杂类，则触类致情，因变取会。拟诸形容，则言务纤密；象其物宜，则理贵侧附。"①正如魏晋时的皇甫谧所说："……赋也者，所以因物造端，敷弘体理。欲人不能加也。引而申之，故文必极美；触类而长之，故辞必尽丽。"②汉赋中表现情感的物象之丰富大大超过《诗经》，并由此带来寻声逐貌，雕丽华美的语言特色。

其二，追求妙思异想和虚语夸饰。《离骚》"讬云龙，说迂怪"的诡异之辞，"木夫九首，土伯三目"的谲怪之谈影响了一代汉赋。汉赋的作者也驰骋想象以追求"虚妄"之事。左思的《三都赋序》曾指责司马相如、扬雄、班固的赋"假称珍怪，以为润色。……考之果木，则生非其壤；校之神物，则出非其所。于辞则易为藻饰，于义则虚而无徵。且夫玉卮无当，虽宝非用；侈言无验，虽丽非经。"伴随这种奇思妙想的虚构之事而来的是语言的夸张。"自宋玉、景差，夸饰始盛，……故上林之馆，奔星与宛虹入轩；从禽之盛，飞廉与鹪鹩俱获。……莫不因夸以成状，沿饰而得奇也。"③这些赋中的夸饰当然不乏刘勰所不满的"虚用滥形"、"义成矫饰"、"夸过其理"、"名实两乖"的情况，但夸张与瑰奇之赋在汉代文坛的出现则具有极大的进步意义。它是文字摆脱道德教化，对语言形式美的觉醒与追求。汉赋具有宏大瑰奇的自由想象，繁富无比的物象声貌，五光十色、炫人耳目的描写形容。它甚至创造出许多铺张描写山水动植的富有图画美的文字，把语言隐含的声、色、味、触、嗅等感性功能张扬到极致，却把劝诫、美刺、教化的功用几乎挤出了作品。因而使得脑子里充满了诗言志、美刺功用标准的理论家们无法对它作出肯定的评价。连本来崇尚"文"的王充也起而反对："是故《论衡》之造也，起众书并失实，虚妄之言胜真美也。故虚妄之语不

---

① 刘勰：《文心雕龙·诠赋》。

② 皇甫谧：《三都赋序》，载萧统：《文选》第四十五卷。

③ 刘勰：《文心雕龙·夸饰》。

黜,则华文不见息;华文不放流,则实事不见用。……"①甚至被爱美的本能及时尚所推动,写过纯美文学(赋)的扬雄,一方面实践赋的创作,一方面悔恨其是雕虫小技,壮夫不为,批评司马相如的赋"文丽用寡"。刘勰也指责赋"繁华损枝,膏腴害骨;无贵风轨,莫益劝诫。此扬子所以追悔于'雕虫',贻诮于'雾縠'(无用的轻纱)者也。"②这从反面证明,辞赋对形式美的追求使秦汉以来包裹在艺术之上的厚重的道德功用的外衣开始化解脱落,审美情感潜伏在形式之中,要甩掉道德教化的包袱,崭露其独特的风采了。"世俗之情,好奇怪之语,说(悦)虚妄之文。何则? 实事不能快意,而华虚警耳动心也。"③"快意"与"警耳动心"正是一种纯粹的审美情感体验。瑰丽的想象,奇伟的夸张,华美的文辞其价值不在于"益于化"、"补于正"、"察于实事",而仅仅在于它能产生"快意"和"警耳动心"的审美效果。汉赋把语言艺术的声色之美等感性特征推到了极致。汉赋对声色之美的自觉追求,标志着语言艺术在竭力摆脱道德政教功用的控制而开始走向独立。

美的形式一出现,就表现出不同于道德劝诫的巨大的审美愉悦感和魅力。"孝武皇帝好仙,司马长卿献《大人赋》,上乃仙仙有凌云之气。孝成皇帝好广宫室,扬子云上《甘泉颂》,妙称神怪,若曰非人力所能为,鬼神力乃可成。皇帝不觉,为之不止。"④扬雄本是曲终奏雅,欲讽刺皇帝让其停止广宫室。但由于其"极丽靡之辞,妙称神怪",强烈的艺术感染力反而使皇帝更加向往宫室之美,增加了广宫室的劲头。司马相如的赋也使孝武皇帝飘然欲仙。美的形式给予他们强烈的审美愉悦,而外加的道德劝诫岂能敌得过审美情感的魅力。

书法也体现出了这一特点和趋向。崔瑗《草书势》是流传至今最

①　王充:《论衡·对作篇》。
②　刘勰:《文心雕龙·诠赋》。
③　王充:《论衡·对作篇》。
④　王充:《论衡·谴告篇》。

早一篇讨论书法艺术的文章。作者在文中以各种形象的比喻描绘了草书艺术的审美特征：

> 观其法象，俯仰有仪。方不中矩，圆不副规；抑左扬右，望之若敧。竦企鸟跱，志在飞移；狡兽暴骇，将奔未驰。或黝黶点瀶，状似连珠，绝而不离，蓄怒怫郁，放逸生奇。或凌邃而惴栗，若据槁而临危；傍点邪附，似螳螂而抱枝。绝笔收势，馀綖纠结，若山蜂施毒，看隙缘溪蠹，腾蛇赴穴，头没尾垂。是故远而望之，漼焉若注岸崩涯；就而察之，即一画不可移。①

这些层出不穷的比喻，涉及草书的抒情效果及其对欣赏者的感情触动，特别准确地捕捉到草书的形态美和动态美等形式美特征，充分表现了作者非功利的艺术欣赏的感受。正如有学者指出的："它的出现，表明书法进入了一个自觉时期，书法脱离作为学术与文字的附庸地位，而成为一门独立的艺术"，"标识了我国的书论进入了一个自觉的阶段。"②

2. 对声色之美和形式美的展现和追求在更大范围内展开

秦汉时代对声色之美和形式美的展现和追求不仅限于汉赋，而且扩展到音乐、舞蹈、书法、人体美乃至广阔的生活领域。音乐如马融《长笛赋》中有对欣赏笛乐的艺术感受的细致表现。该赋是以各种形象描摹音乐的体物之作，具有夸饰堆砌、繁文丽藻的特点。作者对笛乐的描摹，强调的并不是音乐的道德教化功能，而是"可以通灵感物，

---

① 崔瑗：《草书势》，载王伯敏等主编：《书学集成》（汉——宋）卷，河北美术出版社 2002 年版，第 2 页。

② 王镇远：《中国书法理论史》，黄山书社 1990 年版，第 10—12 页。

写神喻意,致诚效志,率作兴事,溉盥污秽,澡雪垢滓矣",实际上是在情志合一的形式中肯定了音乐的抒情性及其对欣赏者的感情感染力,揭示了音乐陶冶性灵的审美意义。

更重要的是,作者虽标举"中和"之音,但对音乐的具体描绘,却多繁音促节:"详观夫曲胤之繁会丛杂,何其富也;纷葩烂漫,诚可喜也;波散广衍,实可异也;掌距劫遻,又足怪也。繁手累发,密栉叠重,踊踘攒仄,蜂聚蚁同。众音猥积,以送厥终。"对笛乐的赞美,也触及各种不同的情调和风格。凡此种种,都细致地表现了音乐欣赏中的艺术感受,而其审美趣味,明则显地偏离了儒家乐教说所倡导的雅正风格——这也正是作者对序中所称的"悲而乐之"的审美心理的具体描述。这些因素使《长笛赋》减少了道德教化的内容,增强了声貌和形式美的描写。

关于歌舞的耳目之娱、形式之美的描写,不仅是傅毅《舞赋》的亮丽风景,而且也是张衡赋中频频出现的内容,在《二京赋》、《七辩》和《舞赋》中已有细致的刻画,而在《南都赋》中,张衡对此则作了几近淋漓尽致的描绘:

> 于是齐童唱兮列赵女,坐南歌兮起郑舞。白鹤飞兮茧曳绪,修袖缭绕而满庭,罗袜蹑蹀而容与。翩绵绵其若绝,眩将坠而复举。翘遥迁延,蹒蹒蹁跹。结《九秋》之增伤,怨西荆之折盘。弹筝吹笙,更为新声。寡妇悲吟,鹍鸡哀鸣。坐者凄欷,荡魂伤精。

以下又写游猎之事,虽有"日将逮昏,乐者未荒"数语,主张节之以礼,然而,所谓"游观之发,耳目之娱,未睹其美者,焉足称举"——歌舞游猎,都是作者由衷赞叹的南阳风物之美的一个方面。这里有柔媚旖旎的舞姿给人以"耳目之娱",也有对音乐的感情感染力的点染,同马

融一样,其意义也在于形象地表现艺术欣赏中"悦耳悦目"和"悦情悦意"的审美感受。

表现在人体美与心灵美的关系上,重视人体美即尚貌成为新趋势。《淮南子·修务训》云:"今夫毛嫱西施,天下之美人。若使之衔腐鼠,蒙狸皮,衣豹裘,带死蛇,则布衣韦带之人过者,莫不左右睥睨而掩鼻。尝试使之施芳泽,正娥眉,设笄珥,衣阿锡,曳齐纨,粉白黛黑,佩玉环,揄步,杂芝若,笼蒙目视,冶由笑,目流眺,口曾挠,奇牙出,靥酺摇,则虽王公大人有严志颉颃之行者,无不惮悇痒心而悦其色矣。"表现了对相貌、人体之美重要作用的重视。"卫后兴于鬓发,飞燕宠于体轻",[1]则把卫子夫由普通歌者到贵为汉武帝皇后、赵飞燕由一名舞女到贵为汉成帝皇后即"兴"和"宠"的根本原因,归结于"鬓发"、"体轻"等人体美因素。

这种情况在汉代屡见不鲜。据史载,汉代大量女子走向"乐伎"一途,以声容姿色和歌舞伎艺争取生存发展的机会。不但有很多女子因妙善琴瑟歌舞而为王侯将相、宦官世族、富豪吏民等纳为宠姬爱妾,地位由贱而贵,而且其中一些女子还因此大受皇帝青睐与宠幸,从此一步登"天",有的因此成为嫔妃,"贵倾后宫",有的甚至因此位尊皇后,"母仪天下"。比较著名的除了前面已提到的卫子夫、赵飞燕外,还有汉高祖爱姬戚夫人,以"善为翘袖折腰之舞"[2]而专宠后宫;高祖侍从石奋之姊因能鼓瑟而被招为美人,位比三公;汉武帝爱姬、李延年之妹李夫人亦因"妙丽善舞"而红极掖庭;汉宣帝之母王翁须因歌舞得幸于武帝之孙而生宣帝,谥为悼后。这种因声色歌舞伎艺而贵倾掖庭的情形,一直延续到东汉。如汉质帝之陈夫人"少以声伎入孝王宫,得幸",

---

① 张衡:《西京赋》,载费振刚等辑校:《全汉赋》,北京大学出版社 1993 年版,第 420 页。

② 《西京杂记·戚夫人歌舞》卷一。

汉少帝之妻唐姬亦以歌舞见宠等等①。古代皇朝以声色歌舞伎艺入宫的女子不胜枚举,但因之专宠后宫,位极尊贵,这种情况汉代似乎是绝无仅有的。②

种种迹象都显示出,汉代属于那种极其看重人外在相貌的社会。从现存的文献和考古资料判断,当时中国北方男性的平均身高约为汉尺七尺三寸(约合今 170 厘米),南方男子平均身高要低于这一数据③。对于男性来说,八尺以上的魁梧身材(约在 185 厘米以上),方头大鼻,浓密的胡须,白皙的肤色,以及炯炯有神的双目,是足以引起他人关注的重要因素。身高不足七尺(约在 160 厘米以下),则被视为身材矮小之人。④ 郦食其求谒刘邦时自称身高八尺,东方朔向武帝自荐时称自己身高九尺二寸,二人都是通过强调体貌出众为自身能力增重。如此举止,并非是郦食其和东方朔的别出心裁或矫情作伪。在那个时代,一副好皮囊可以使人在生活道路上获取意想不到的收获。一个现代心理学家可以轻而易举地在汉代为心理学倡言的"光环效应"理论,即好的相貌同样也有着良好的品质与能力,寻找到不胜枚举的证据。秦汉之际,俯首待毙的张苍因身体又白又胖,被监斩官怜惜放生;当身材伟岸、容貌出众的赵地人江充出现在宫中,汉武帝情不自禁地赞道:燕赵真是多奇才! 江充由此走上飞黄腾达之途。汉成帝对丞

①　范晔:《后汉书·皇后纪》。

②　刘巨才:《选美史》,上海文艺出版社 1997 年版,第 77—83 页。

③　在迄今为止所发现的居延汉简中,有 46 例成年男性的身高记录,最高者为七尺七寸,最矮者为七尺,数量最多的是七尺二寸组和七尺三寸组,平均为七尺三寸强,接近 170 厘米。而绝大多数居延地区戍卒来自北方各地。此外,文献记录的南方人的身高普遍低于北方。看来,汉代男子的身高及其地区差异,与今天大体相同。

④　汉代人每用"不满七尺"形容身材矮小者,如《后汉书·冯勤烈传》载,冯偃"长不满七尺,常自耻短陋";《三国志·吴书·朱然传》谓:汉末人朱然也因"长不盈七尺"而入矮小者行列。

相王商的高大魁梧十分满意,称赞他为真正的汉朝丞相。生活在两汉之际人贾复因仪表出众,便被人预言为将来必定成为将相。相反,相貌丑陋可以导致能力信任危机。以"循吏"声誉名动一时的龚遂被征为渤海太守,"时遂年七十余,召见,形貌短小,宣帝望见,不副所闻,心内轻焉。"①"貌陋"成了这个朝廷干练之才仕宦之途的终结因素。东汉明帝时左中郎将承宫名气远播四方,引得匈奴单于慕名遣使求见。颇有自知之明的承宫认为自己貌丑,若接见外国来使肯定有损国威。他建议皇帝"选有威容者"代替,结果一个相貌堂堂的假承宫,便端坐在匈奴使臣面前。② 可见,体貌不仅关乎个人威望,也关乎朝廷的尊严。

除去诸多史实,在扬雄名著《方言》中有一个引人注目的语言现象是,收录了近50条有关人相貌的"异语",即方言和"通语",也即当时的国语,其所指包括,对相貌形态的界定与形容,对相貌形态的肯定性与否定性评价。这是该书中数量最多的一个语言词群。由于作者求全述真的编纂宗旨,决定了扬雄不可能以个人的好恶取舍方言或通语种类的多寡,因此,这种迹象意味着汉代社会流行大量的相貌词语。在任何时代,某一事物的摹状语词的种类数量,与人们对该种事物的关心程度成正比,这是汉代人看重相貌的一个重要证明。③ 虽然重相貌不等于重审美,但其中审美因素占有重要地位,则是不言而喻的。

至于汉代日常生活中的尚乐风尚乃至风潮,就更为显著地表现出这一新趋向。诸多史料说明,汉代民众是尚乐的,乐简直就是他们生活中不可或缺的组成部分。《盐铁论·崇礼篇》载:"夫家人有客,尚有倡优奇变之乐,而况百官乎?"就是说即使是普通百姓来个客

① 班固:《汉书·循吏传》。
② 范晔:《后汉书·承宫列传》。
③ 彭卫:《古道侠风》,中国青年出版社1998年版,第66—67页。

人尚要歌舞作乐,当官的就别说了。请客如此,祭祀酬神,更要击鼓歌舞,表演各种技艺。《盐铁论·散不足篇》载:"今富者祈名岳,望山川,椎牛击鼓,戏倡舞象。"甚至办丧事也要表演歌舞:"今俗,因人之丧,以求酒肉,幸与小坐,而责办歌舞俳优,连笑伎戏。"民间尚如此,那么每逢皇帝款待外国使节或国家之间的通婚时,就更要大兴歌舞,举办文艺会演,《汉书·武帝传》载:"(元封)三年春作角抵戏,三百里内皆来观。"这场面之宏大,节目之丰富及人情之激越,大抵可想而知。纵观古代社会,恐怕没有哪个时代会像汉代那样,无论尊卑上下、不管四面八方,几乎都在歌舞伎乐面前表现得如痴如醉,趋之若鹜。大凡帝王将相、诸侯卿卿、文人学士、豪门巨贾、妃姬姜婢、贩夫走卒……差不多都被裹挟进这一歌舞伎乐的时代风尚中,它渗入到社会生活的方方面面,其流布之广,浸滋之深,形制之繁,势焰之烈,影响之巨,堪称前无古人,后无来者,成为汉代一种代表性的审美文化景观。① 这种尚乐风俗正是汉代文艺特别是民间文艺的蓬勃发展的当然温床,也是秦汉审美文化兴盛发达的深厚的社会土壤。

3. 声色之美和形式美因素成为审美接受和评判的标准

关于审美接受,郑卫之音西汉中期后成为宫廷音乐主流的例子非常典型。众所周知,郑卫之音在先秦一直被先哲贬斥,被视为乱世之音。子夏评价郑、宋、卫、齐声云:"郑音好滥淫志,宋音燕女溺志,卫音趋数烦志,齐音敖辟乔志。"②在以上各地音乐中,"郑卫之音"受主流伦理谴责最多——社会上层拒郑卫之音的行为总是得到肯定和褒扬,③相反

_____

① 韩养民:《秦汉文化史》,陕西人民教育出版社 1986 年版,第 204—205 页。

② 《礼记·乐记》。

③ 范晔:《后汉书·循吏列传·序》:光武帝刘秀"耳不听郑卫音,手不持珠玉之玩。"

的行为也总是被谴责和否定。① 不过具有讽刺意味的是,雅乐在与郑卫之音的竞争中总是处于下风。西汉中期以后,郑声成为宫廷音乐的主流,史称:"内有掖庭材人,外有上林乐府,皆以郑声施于朝廷";而黄门名倡丙强和景武也以擅长郑声"富显于世"。② 汉魏时朝廷雅乐郎杜夔精于雅乐,其弟子左延年等人却弃雅从郑,"咸善郑声"③。在民间,郑卫之音也是人们所熟知和喜欢的曲调。桑弘羊把郑卫之音比作可口的柑橘,"民皆甘之于口,味同也","人皆乐之于耳,声同也。"④傅毅《舞赋》说:"郑卫之乐,所以娱密坐,接欢欣也。"而郑卫之音的流行与它的声色之美不可分割,与它浓郁的抒情基调和细腻复杂的表现手法有关,同时也表明能够表达人类基本情感和打动人心的艺术总是具有强大的生命力。⑤

关于声色之美和形式美作为审美评判的标准,扬雄《法言·吾子》著名的说法很有代表性:"诗人之赋丽以则,""辞人之赋丽以淫"。无论对"诗人之赋"和"辞人之赋"、"丽以则"和"丽以淫"怎样解读,赋必须"丽",则是毫无疑义的。"丽"在这里显然是作为审美评判标准提出来的。显而易见,它直接开启了曹丕《典论·论文》"诗赋欲丽"说的先河。《汉书·扬雄传》"赋者,将以讽也,必推类而言,极丽靡之辞,闳侈巨衍,竞于使人不能加也。"也是把代表文辞之美的"丽"作为审美评判标准的内容。

① 范晔:《后汉书·刘瑜列传》载桓帝延熹三年(160)刘瑜上书谏桓帝云:"远佞邪之人,放郑卫之声,则政致和平,德感祥风矣。"仲长统则将"耳穷郑卫之声"视作"愚主"之行(《后汉书·仲长统传》,仲长统《昌言·理乱篇》)。
② 班固:《汉书·礼乐志》。
③ 陈寿撰,裴松之注:《三国志·魏书·杜夔》卷二十九。
④ 桓宽:《盐铁论·相刺》。
⑤ 彭卫等:《中国风俗通史》(秦汉卷),上海文艺出版社2002年版,第729—730页。

(二)情的上扬

情感是人对现实的审美关系的核心因素,人对现实的审美关系在本质上是一种情感性关系。因此如何认识情感的特性,如何看待情感在审美中的地位,如何把握情感在审美中的独特作用,就成为衡量审美观发展水平的根本尺度。两汉时代,对审美情感特质和独特功用的认识比前人有重大的发展和深化。这主要表现在两方面。

一是更明晰地认识到审美的情感特性并提升了情感在审美中的地位。对诗歌审美本质由"诗言志",到"情""志"并举,乃至出现"言情"说萌芽的认识不断深化的过程最有代表性。

"诗言志"这一中国诗论的"开山的纲领",早在先秦就已提出并被人们所普遍接受。但是,仅仅说"诗言志"是不够的,先秦以儒家为中心,普遍认为诗是"言志"的,但这个"志"主要是指政治抱负,是从文学表现思想的角度去看待文学的本质问题的。荀子虽已接触到文学创作的"志"与"情"的关系问题,但论析尚不明朗。《楚辞》实际上提出了抒情言志的问题,但并没有从理论上作明确的表述和概括。文学艺术的根本特征,在于它能以情感人,以情化人。随着汉代文学的发展,汉人开始重视文学的情感性特征。汉代的文学理论批评中对此已有相当明白的论述。汉儒在总结《诗经》的艺术经验过程中,明确地指出了诗歌是通过"吟咏情性"来"言志"的。《毛诗大序》中既肯定"诗者,志之所之也",同时又提出诗是"吟咏情性"的,"情动于中而形于言"。实际上是从理论上明确将"志"与"情"并举,把"情"和"志"统一了起来。所谓"在心为志,发言为诗。情动于中而形于言。""故变风发乎情,止乎礼义。发乎情,民之性也;止乎礼义,先王之泽也。"这似乎是中国文学批评史上第一次把"情"与"志"联系在一起来论述诗歌的特征,因此,它标志着中国文学批评和美学的一个重要进展,其

意义是重大的。

司马迁则提出了以情感为核心的"发愤著书"说。他认为那些杰出的作者,都是在生活中历经坎坷磨难,悲愤之情感集于胸中,食不甘味,寝不成眠,愁苦忧思,无法解脱,于是情感喷涌,遂发为歌诗。"《诗》三百篇,大抵贤圣发愤之所为作也。此人皆意有所郁结,不得通其道也,故述往事,思来者。"①司马迁在对文学情感性的认识上又前进了一步。在中国文学批评史上,"发愤著书"说具有十分重要的意义,对后世文论产生了深远的影响。有学者甚至把它视为由"言志"说向"缘情"说发展的一个枢纽。②

两汉其他文学家和文论家对文学的情感性特征,亦有较明确的认识,对情的重要性强调得十分突出。例如严忌《哀时命》曰:"抒中情而属诗","愿舒志而抽冯兮","焉发愤而抒情"。王逸评屈原的创作曰:"思欲济世,则意中愤然;文采秀发,遂叙妙思。"③"以渫愤懑,舒泻愁思。"④《史记·贾谊传》说到贾谊作《鵩鸟赋》的缘由是"自……伤悼之乃为赋以自广"。冯衍《显志赋》曰:"聊发愤而扬情兮,将以荡夫忧心"。张衡《鸿赋序》曰:"永言身事,慨然其多绪,乃为之赋,聊以自慰"。翼奉说:"《诗》之为学,情性而已。"⑤《诗纬》中说:"诗者,持也"。这个"持"就是指要"持人情性"。班固指出,乐府诗"皆感于哀乐,缘事而发"。⑥王充则曰:"居不幽者思不至,思不至则笔不利。"⑦

① 司马迁:《史记·太史公自序》。

② 滕福海:《"发愤":"诗言志"向"缘情"说发展的枢纽》,《古代文学理论研究》第22辑,华东师范大学出版社2004年版。

③ 王逸:《远游序》。

④ 王逸:《天问序》。

⑤ 班固:《汉书·翼奉传》。

⑥ 班固:《汉书·艺文志》。

⑦ 王充:《论衡·书解篇》。

"精诚由中,故其文语感动人深。"①王符《潜夫论·务本》曰:"诗赋者所以颂善恶之德,泄哀乐之情。"刘向在《说苑》中说诗歌是思积于中,满而后发的结果,所谓"抒其胸而发其情"。他的儿子刘歆则在《七略》中直接提出了"言情"说:"诗以言情,情者,性之符也。"②

从"诗言志"到"情""志"并举,再到"诗以言情"并非简单的词语置换,而是有着深层的实质性的发展,这充分说明,汉代文论家对文学的情感性特征,较前代有了更进一步的认识,这是两汉文学理论的一大进步。刘怀荣先生甚至认为:"建安诗歌情感特质之形成,还不仅仅是乐府、古诗递相演变的结果,它也是汉代重情的文学思想在经过漫长发展之后的结晶。以'情'为核心,考察汉代文学思想演进的全过程,则可于汉初至建安理出一条纵贯始终的红线,而处于终端的古诗与建安诗则进一步将重情的思想在诗歌创作领域推向张扬个性的'任情'阶段,至此,汉代诗赋的发展终于由经学的附庸进入到了纯文学的境地,而曹丕'文以气为主'之论的提出,则是对由重情到任情的全部文学实践的理论总结。"③他的具体概括甚至结论我们不一定完全同意,但其观点的合理内核,即汉代存在着丰富重要的、纵贯始终的、不断发展上扬的文学情感理论和文学实践则是我们不能不认真面对和高度重视的一个事实,而这恰恰为汉代"情的上扬"提供了极为有力的印证。

二是对审美独特价值作用的认识有了明显的深化。汉宣帝论辞赋的一段话很有典型性。汉宣帝说:"辞赋大者与古诗同义,小者辩丽可喜。譬如女工有绮縠,音乐有郑卫,今世俗犹皆以此虞悦耳目,辞赋

————————

　①　王充:《论衡·超奇篇》。

　②　刘歆:《七略》,载严可均校辑:《全上古三代秦汉三国六朝文·全汉文》卷四十一,中华书局1958年影印本。

　③　赵明主编:《两汉大文学史》,吉林大学出版社1998年版,第1150—1151页。

比之,尚有仁义风谕,鸟兽草木多闻之观,贤于倡优博弈远矣。"①汉宣帝这段话常被论者引用,但往往不予深入分析,因而大多没有真正把握这段话的美学意义。这段话虽不长,但集中论述了辞赋的作用,包含并透露出来的美学信息却非常丰富。我们认为,它至少包含了以下四层内容。其一是提到辞赋的认识作用:有"鸟兽草木多闻之观。"这显然是孔子论《诗》可以"多识于鸟兽草木之名"的汉代翻版。其二是提到了辞赋的社会教育作用:"尚有仁义风谕"。其三是明确肯定了辞赋的某些审美特点"辩丽可喜"和文艺独具的美感娱乐作用,给予娱乐作用以独立的地位。即只要能"虞悦耳目",就有存在的价值。这是最重要的。在先秦、秦汉否定、贬低娱乐作用的主张不绝于耳的情况下,肯定文艺的美感娱乐作用,不能不说是有着极为重要的意义,甚至比曹丕所谓文章者经国之大业,不朽之盛事的看法更有理论价值。因为先秦的"立德、立功、立言"的"三不朽"观点早已提到了"立言",曹丕不过在新的历史条件下有所发挥而已。特别值得注意的是,汉宣帝肯定辞赋美感娱乐作用时也包括了常被时人诟病的所谓声色之美的"女工有绮縠,音乐有郑卫,今世俗皆以此虞悦耳目",换句话说,他既肯定了郑卫之音等声色之美,又指出了当时世俗者以此虞悦耳目是极为普遍的情况。汉宣帝是当时的最高统治者,持有这种看法,影响应是巨大的。可以想见,这种娱乐作用,在当时的审美实践中已被普遍接受和重视。钱志熙先生在关于汉乐府与百戏的有关研究中提出了汉代有一个庞大的审美娱乐系统的观点。钱志熙先生指出:朝廷及"朝廷之外的各阶层的作乐设戏场面,也都有颇为可观的规模。汉代这样的娱乐风气,客观上有利于乐戏各门类、各品种之间相互刺激、彼此渗透,造成一个体系庞大的娱乐艺术系统,其盛况也许是我们怎么估计都不过分。""汉代存在着一个庞大的娱乐艺术系统,汉乐府艺术正是

---

① 班固:《汉书·王褒传》。

在这样的文化背景下存在的。汉乐府艺术的功能和性质比较复杂,今存的乐府作品,其客观存在的价值也可以从多方面去认识。但是作为娱乐系统之一部分,它在当时的基本功能是娱乐,追求娱乐的效果可以说是乐府艺术系统的审美观念。作为歌词、舞词、戏词的汉乐府诗,绝非后人所理解的那样,只是一种诗歌体裁,它的性质比一般的单纯的诗体要复杂得多。在当时,乐府诗依附于整个娱乐艺术系统,依附于音乐等艺术形式之上,也就是说乐府诗的文学意义和文学功能是依附于音乐艺术的本体之上的。但是,随着文人拟乐府的兴起,随着乐府所依附的那个音乐系统和娱乐文化背景之渐渐消失,乐府诗的创作观念发生了变化,它自身逐渐成为单纯的诗歌体裁。"①这为我们的观点提供了极为确凿的证据。其四是肯定了辞赋的优越地位。因为辞赋不仅有女工绮縠、郑卫之音虞悦耳目的功能,而且有认识作用和教育作用,远远优越于倡优博弈。

傅毅的《舞赋·序》,从舞蹈艺术的角度同样肯定了文艺的娱悦作用:

> 楚襄王既游云梦,使宋玉赋高唐之事。将置酒宴饮,谓宋玉曰:"寡人欲觞群臣,何以娱之?"玉曰:"臣闻歌以咏言,舞以尽意。是以论其诗不如听其声;听其声不如察其形。《激楚》、《结风》、《阳阿》之舞,材人之穷观,天下之至妙,噫!可以进乎?"王曰:"如其郑何?"玉曰:"小大殊用,《郑》、《雅》异宜。弛张之度,圣哲所施。是以《乐》记干戚之容,《雅》美蹲蹲之舞,《礼》设三爵之制,《颂》有醉归之歌。夫《咸池》《六英》,所以陈清庙、协神人也;郑卫之乐,所以娱密坐、接欢

---

① 钱志熙:《汉乐府与"百戏"众艺之关系考论》,《文学遗产》1992 年第 5 期。

欣也。余日怡荡,非以风民也。其何害哉!"王曰:"试为寡人赋之。"玉曰:"唯,唯。"

《舞赋》在舞蹈思想方面最可贵的,是把舞蹈当艺术看,强调了舞蹈的娱乐作用。它指出了舞蹈对表达思想感情是比诗歌和音乐更一进步的东西。民间乐舞有它自己的特点和不同的作用,是联络感情愉悦精神的佳品,只要正确对待,还可有助于教化。它还对儒家传统典籍中的思想材料加以改造,肯定了娱乐的合理性。例如根据孔子说的"一张一弛,文武之道"的论述,以及《乐记》、《诗经》中涉及舞蹈的言论,给舞蹈和它的娱乐功能以合理的地位,认为"郑卫之乐"可以"娱密坐,接欢欣","余日怡荡",对民风教化并无害处。在赋中虚拟的舞中队歌里,他又集中发挥了这种思想,主张人在余暇娱乐,应该放松精神,暂时忘却世俗事务。队歌中还认为乐舞可以使疲闭隔绝的太极真气开通起来,有利于延年益寿。这些看法都超越了传统的礼乐观。

此外,情的上扬也在美术上表现出来。对此有学者指出:"伴随着荀子学派的《乐论》和汉代《毛诗序》对音乐和诗歌中情感因素的精彩论述,美术上亦同声相应,出现了情感表现的观点,作为注定要成为中国绘画重要表现手段和独立美术门类的书法艺术,汉代就已在高张情感表现的大旗。扬雄的'书,心画也',以及崔瑗《草书势》和蔡邕《书论》,从对书法的欣赏感受角度说到的通过抽象意味的书法表现'蓄怒怫郁,放逸生奇'和'先散怀抱,任情恣性'的作书态度,把中国原始艺术和早期艺术中抽象、象征的特征及'诗言志'的传统归结到个人情感的抒发上,为东方艺术体系的形成奠定了基础。这就不仅在中国美术史上,而且在世界美术史上书写了耀发奇彩的篇章,为后世以缘情言志为其本质特征的文人画的出现和它的不能不走到书画结合和笔墨独立表现的道路埋下了

深刻有力的伏笔。"①

综上可见,汉代对审美情感特性的认识,从纵向看,由"诗言志"到"情志"并举、发愤抒情再到"诗以言情"和"任情恣性",呈现出认识不断深化的进步轨迹;从横向看,这些认识,不仅较普遍地存在于诗论、赋论等文学理论之中,而且还大量地存在于乐论、舞论、书论等艺术理论之中,它清楚地表明汉代对审美的情感特质认识大为深化,情感在文艺和审美中的地位明显提升,它对后世影响巨大而深远,在一定意义上,它几近成为社会的普遍共识,成为审美走向自觉的一个重要枢纽和表征。

(三)自然审美观的发展和突破

自然审美观是美学观的重要组成部分,也是审美文化发展水平的重要标志。在中国自然审美观发展的评价上,学术界通常对魏晋南北朝自然审美观的发展及地位推崇备至,而对汉代自然审美观则极不重视,甚或以神学自然观占统治地位因而无自然美可谈"一言以蔽之",对这一重大学术问题做了简单化、片面化的处理。我们认为这并不符合汉代自然审美观发展的实际。全面审视,汉代发扬光大了"比德"说,提出建构了"比情"说,催发萌生了"畅神"说,实现了自然审美观的重大发展和突破,是中国自然审美观发展历史和逻辑链条中不可或缺的重要环节或关键组成部分,在一定方面和意义上,奠定了此后中国自然审美文化的审美模式和艺术创作的基础。

1. 发扬光大了"比德"自然审美观

"比德"说"是春秋战国时期出现的一种自然美观点,基本意思是:自然物象之所以美,在于它作为审美客体可以与审美主体'比德',

---

① 李来源:《中国古代画论发展史实》,上海人民美术出版社 1997 年版,第3—4 页。

亦即从中可以感受或意味到某种人格美。在这里,'比德'之'德'指伦理道德或精神品德;'比'意指象征或比拟。"①比德说的基本特点是将自然物的某些特征比附于人们的某种道德情操,使自然物的自然属性人格化,人的道德品性客观化,其实质是认为自然美美在它所比附的道德伦理品格,自然物的美丑及其程度,不是决定于它自身的价值,而是决定于其所比附的道德情操的价值。

文学艺术中的"比德"最早见于《诗经》和楚辞,它与《周易》的"取象"、《诗经》及楚辞的"比兴"有着较为密切的联系。《周易》以宇宙运行规律和自然现象比附人事,开拓了极其广阔的想象空间。《周易》中各种卦象本身就代表了自然界的各种事物,而对于卦象、卦爻的解说则涉及了更为广大的想象领域,从而将人的命运品德与自然万物联系在一起。例如:"天行健,君子以自强不息"②,以乾天比喻君子刚健奋进的品格;"地势坤,君子以厚德载物"③,以坤地比喻君子的宽厚之德;"风行天上。《小畜》,君子以懿文德"④,以徐徐轻风比拟君子的佳行懿德:"明夷于飞,垂其翼。君子于行,三日不食"⑤,以鸣叫的水鸟的垂翼孤飞比拟君子的失意独行。《诗经》广泛采用比喻的手法,以自然界的各种事物作为情思兴发的对象,对"比德"自然审美的运用比较普遍。如:《大雅·崧高》:"崧高维岳,峻极于天。维岳降神,生甫及申。维申及甫,维周之翰。四国于蕃,四方于宣。"以崇山峻岭比拟辅佐周室的甫侯和申伯。《小雅·节南山》:"节彼南山,维石岩岩,赫赫师尹,民具尔瞻。"以巍巍山石比喻师尹的赫赫威严。《小雅·白驹》:

---

① 李泽厚、汝信名誉主编:《美学百科全书》,社会科学文献出版社 1990 年版,第 23 页。

② 《周易·乾·象传》。

③ 《周易·坤·象传》。

④ 《周易·小畜·象传》。

⑤ 《周易·明夷·卦爻辞》。

"皎皎白驹,在彼空谷。生刍一束,其人如玉。"以"皎皎白驹"比拟隐逸林中的高洁之士。《秦风·小戎》:"言念君子,温其如玉。"以玉的温润比拟君子品格宽和。《卫风·淇奥》:"瞻彼淇奥,绿竹猗猗。有匪君子,如切如磋,如琢如磨。瑟兮僴兮,赫兮咺兮,有匪(斐)君子,终不可谖兮。"以淇园之竹茂盛青翠比拟君子文质彬彬及道德文章灿烂可观。荀子也创造性地用"比德"审美观刻画自然物的艺术形象。例如他用"园者中规,方者中矩。大参天地,德厚尧禹。……德厚而不捐,五采备而成文"等赞美的语言来写"云";以"功被天下,为万世文。礼乐以成,贵贱已分,养老长幼,待之而后存……"等来颂扬"蚕",实际都是托物喻意,以自然物象比拟其理想中的君臣所应具备的品德。

先秦时代,用"比德"审美观塑造自然物的艺术形象,最典型的莫过于屈原。屈原的《离骚》继承了《诗经》的"比兴"传统,为了表现自己高尚的人格和怨愤情怀,广为设喻,展开了丰富的联想。如以佩饰香草比喻个人的美德和多才多艺:"纷吾既有此内美兮,又重之以修能。扈江离与辟芷兮,纫秋兰以为佩。"以草木凋零、美人将暮比拟报国的衷情和焦虑:"日月忽其不淹兮,春与秋其代序。惟草木之零落兮,恐美人之迟暮。"而他的《橘颂》则以橘树比拟其高洁的情怀和独立不羁的精神,文中说:"后皇嘉树,橘徕服兮。受命不迁,生南国兮。固深难徙,更壹志兮……苏世独立,横而不流兮。闭心自慎,终不失过兮。秉德无私,参天地兮。"可以说句句比德,通篇比德,全诗浓笔重彩塑造的橘树这一品格高洁的艺术形象实是屈原本人道德情操的对象化。

先秦时代,先哲们已经开始对"比德"作理性思考。据现有美学资料来看,在中国美学史上,最早从理论上对"比德"进行阐述的,应推管仲。《管子·水地》中有这样的论述:"夫水淖弱以清,而好洒人之恶,仁也;视之黑而白,精也;量之不可使概,至满而止,正也;唯无不流,至平而止,义也;人皆赴高,己独赴下,卑也。卑也者,道之室,王者之器

也。"又说:"夫玉之所贵者,九德出焉:夫玉温润以泽,仁也;邻以理者,知也;坚而不蹙,义也;廉而不刿,行也;鲜而不垢,洁也;折而不挠,勇也;瑕适皆见,精也;茂华光泽,并通而不相陵,容也;叩之,其音清博彻远,纯而不杀,辞也。是以人主贵之,藏以为宝,剖以为符瑞,九德出焉。"这里已有以水、玉比德的理论性概括。《管子·小问》则直接提出了"何物可比于君子之德"的理论命题。其文云:"桓公放春三月观于野。桓公曰:'何物可比于君子之德乎?'隰朋对曰:'夫粟内甲以处,中有卷城,外有兵刃,未敢自恃,自命曰粟。此其可比于君子之德乎?'管仲曰:'苗始其少也,眴眴乎何其孺子也;至其壮也,庄庄乎何其士也;至其成也,由由乎兹免,何其君子也!天下得之则安,不得则危,故命之曰禾。此其可比于君子之德矣。'桓公曰:'善!'"在这里,作者借管仲之口指出,自然物象之美,可比于君子之德。人们从审美对象的禾苗那里,可感受到"和"(禾)那样一种人格美。

晏婴、老子、庄子也有"比德"的言论,不过,"比德"自然审美观在儒家言论和著作中,体现得更为充分,更为多样,更具有理论色彩。其中最具代表性的首推孔子。孔子论及"比德"较多,不算后世记载,仅《论语》就有多处运用或论及"比德"。其中,极为著名者如子贡把孔子比作美玉之说:"子贡曰:'有美玉于斯,韫椟而藏诸?求善贾而沽诸?'子曰:'沽之哉!沽之哉!我待贾者也。'"①子贡希望他的老师出仕,便以美玉当贾而劝喻之,孔子也以美玉待贾而应之。在《雍也》篇孔子提出了"乐水乐山"之说:"智者乐水,仁者乐山。智者动,仁者静;智者乐,仁者寿。"孔子把智者、仁者与自然界中最常见的山、水联系在一起,指出智者、仁者分别具有动和乐、静和寿的品格。《论语》中记载"比德"还有多处,如孔子说:"为政以德,譬如北辰,居其所而众

---

① 《论语·子罕》。

星拱之。"①"岁寒，然后知松柏之后凋也。"②孔子由君子之德联想到山水、星辰、松柏，主要是自然界的事物。从其"比德"的主题来看，已涉及以山比德、以水比德、以玉比德、以松柏比德、以土和芷兰比德等诸多内容。由于其远播的声名和显赫的地位，孔子的"比德"思想，对后世产生了巨大而深远的影响。

　　荀子是先秦及孔子"比德"思想的主要阐释者。他不仅在文艺作品中艺术地表达了"比德"自然审美观，而且在《宥坐》、《大略》、《法行》、《尧问》等篇中或直接说明，或借孔子之口阐发了对比德审美现象的看法，丰富了先贤及孔子的"比德"思想。如《荀子·大略》写道："君子立志如穷，虽天子三公问正，以是非对。君子隘穷而不失，劳倦而不苟，临患难而不忘细席之言。岁不寒无以知松柏，事不难无以知君子无日不在是。"这可以说是对孔子"岁寒然后知松柏之后凋也"的确切的注释。又如《荀子·法行》记载："子贡问于孔子曰：'君子之所以贵玉而贱珉者，何也？为夫玉之少而珉之多邪？'孔子曰：'恶！赐！是何言也！夫君子岂多而贱之，少而贵之哉！夫玉者，君子比德焉。温润而泽，仁也；栗而理，知也；坚刚而不屈，义也；廉而不刿，行也；折而不挠，勇也；瑕适并见，情也；扣之，其声清扬而远闻，其止辍然，辞也。故虽有珉之雕雕，不若玉之章章。《诗》曰：'言念君子，温其如玉。'此之谓也。"在这里，作者借孔子之口指出："玉者君子比德焉"，人们从审美对象的玉那里可以意味到"仁"、"智"、"勇"等伦理道德之美。这和管仲的玉出"九德"说一脉相承，而且第一次"比""德"连用，完整地提出了"玉者君子比德"的命题，完成了先秦"比德"说术语的建构，基本上代表了先秦比德自然审美观的最高认识。

　　两汉时期，"比德"审美观得到发扬光大，不仅文艺创作中比比皆

---

①　《论语·为政》。
②　《论语·子罕》。

是，就是在理论探讨中也占有重要地位。全面来看，汉代主要在以下三个方面发扬光大了"比德"审美观。

首先，范围扩大，程度深化。就范围来说，大到宇宙天地、日月星辰、山川河海，小到青竹翠柳、蓼虫鸣蝉、文木佳果；既有鹏鸟、鹦鹉、孔雀、仙鹤、骏马、文鹿等动物，又有杨柳、芙蓉、松柏、桑橘、孤竹等植物。可以说，正如秦汉审美文化艺术题材琳琅满目，几乎无所不包一样，汉代"比德"自然审美方式的运用也几乎无处不在，只要能在自然事物与人的伦理情操和精神品格中发现可比关系的，都被纳入汉代"比德"审美的视野，从而使其范围空前广大。就程度而言，汉代"比德"的内容更加丰富，更加细腻，更加深刻。如祢衡《鹦鹉赋》，创作的指导思想就是自觉的"比德"观："配鸾皇而等美，焉比德于众禽。"全篇运用一个类比象征意象。乍看起来，通篇描写鹦鹉，无一句不紧扣鹦鹉的特性，但实际上，又句句是在以鹦鹉自况，以鹦鹉的遭遇命运来比况作者自己，在整体全面类比之中，深切充分地表达了作者生于乱世的良多感慨和寄人篱下的极为复杂的心境。

不过，在范围扩大和程度深化方面兼而有之并最有代表性的，还是董仲舒的著名散文《山川颂》：

> 山则巃嵸崔，摧嵬崒巍，久不崩陁，似夫仁人志士。孔子曰："山川神祇立，宝藏殖，器用资，曲直合，大者可以为宫室台榭，小者可以为舟舆浮溅。大者无不中，小者无不入。持斧则斫，折镰则艾。生人立，禽兽伏，死人入，多其功而不言，是以君子取譬也。"且积土成山，无损也，成其高，无害也，成其大，无亏也。小其上，泰其下，久长安，后世无有去就，俨然独处，惟山之意。《诗》云："节彼南山，惟石岩岩。赫赫师尹，民具尔瞻。"此之谓也。

> 水则源泉，混混沄沄，昼夜不竭，既似力者；盈科后行，既

似持平者；循岳赴下，不遗小间，既似察者；循溪谷不迷，或奏
万里而必至，既似知者；障防山而能清净，既似知命者；不清
而入，洁清而出，既似善化者；赴千仞之壑石而不疑，既似勇
者；物皆困于火，而水独胜之，既似武者；感得之生，失之而
死，既似有德者。孔子在川上曰："逝者如斯夫，不舍昼夜。"
此之谓也。

《山川颂》直接继承了先秦孔子关于"智者乐水，仁者乐山"及《诗
经》的有关比德思想，但在比的具体内容上集先秦"山水"比德思想之
大成，又有创造性的发挥，比先秦更加全面系统，更加充分深刻，体现
出既广且深的特点。

其次，理论自觉化，观念系统化。先秦比德的审美实践和言论比
较丰富，但从整体来看，审美实践乃至艺术创作多流于自发状态，理论
略具雏形，尚未达到高度自觉和完整系统的程度。汉代则在理论自觉
化和观念系统化上有重大发展，这由以下两点可以看出。

第一，对先秦提出的主要命题，尤其孔子提出的关于比德的主要
命题，汉代都做了进一步阐释和发挥。先秦比德的主要命题，除《管
子·小问》以"禾"比"和"外，基本上都是孔子提出或以孔子名义记叙
阐发的。孔子关于比德的主要命题如以山比德、以水比德、以玉比德，
以松柏比德等等，在汉代都得到了进一步的阐释和发挥。如对君子为
何见大水必观，先秦孟子已有初步阐释："原泉混混，不舍昼夜，盈科而
后进，放乎四海，有本者如是，是之取尔。"[1]汉代刘向《说苑》则又进
之："子贡问曰：'君子见大水必观焉，何也?'孔子曰：'夫水者君子比
德焉。遍予而无私，似德；所及者生，似仁；其流卑下，句倨皆循其理，
似义；浅者流行，深者不测，似智；其赴百仞之谷不疑，似勇；绰弱而微

---

① 《孟子·离娄下》。

达,似察;受恶不让,似贞;包蒙不清以入,鲜洁以出,似善化;主量必平,似正;盈不求概,似度;其万折必东,似意。是以君子见大水观焉尔也。"由孟子的扼要解释,到刘向《说苑》的"十一似",显然《说苑》的解释更鲜明更全面。又如《韩诗外传》、董仲舒《山川颂》(见前引)、刘向《说苑》对孔子君子何以乐山乐水的解释:

> 问者曰:"夫智者何以乐于水也?"曰:"夫水者缘理而行,不遗小间,似有智者;动而下之,似有礼者;蹈深不疑,似有勇者;障防而清,似知命者;历险致远,卒成不毁,似有德者。天地以成,群物以生,国家以宁,万事以平,品物以正。此智者所以乐于水也。"《诗》曰:"思乐泮水,薄采其茆。鲁侯戾止,在泮饮酒。"乐水之谓也。问者曰:"夫仁者何以乐于山也?"曰:"夫山者,万民之所瞻仰也。草木生焉,万物植焉,飞鸟集焉,走兽休焉,四方益取与焉。出云道风,徒乎天地之间。天地以成,国家以宁。此仁者所以乐于山也。"《诗》曰:"太山岩岩,鲁邦所瞻。"乐山之谓也。①

> 夫智者何以乐水也? 曰:泉源溃溃,不释昼夜,其似力者;循理而行,不遗小间,其似持平者;动而之下,其似有礼者;赴千仞之壑而不疑,其似勇者;障防而清,其似知命者;不清以入,鲜洁而出,其似善化者;众人取乎品类,以正万物,得之则生,失之则死,其似有德者;淑淑渊渊,深不可测,其似圣者;通润天地之间,国家以成。是知之所以乐水也。《诗》云:"思乐泮水,薄采其茆,鲁侯戾止,在泮饮酒。"乐水之谓也。夫仁者何以乐山也? 夫山岜炭巑巕,万民之所观仰。草木生

① 韩婴:《韩诗外传》卷第三。

焉,众物立焉,飞禽萃焉,走兽休焉,宝藏殖焉,奇夫息焉,育群物而不倦焉,四方并取而不限焉。出云风,通气于天地之间,国家以成。是仁者之所以乐山也。《诗》曰:"太山岩岩,鲁侯是瞻。"乐山之谓也。①

　　三者对孔子提出的君子何以乐山乐水的解释的主要内容大同小异,但与先秦相比,均更全面,更细致,更系统。

　　对《论语·子罕》孔子"岁寒然后知松柏之后凋也"的以松柏比德的命题,汉代阐释发挥者更多。刘安《淮南子·俶真训》、司马迁《史记·伯夷列传》、王符《潜夫论·交际》、应劭《风俗通义·穷通》,都曾引用和发挥了这一命题,或以岁寒比喻乱世,或以岁寒比喻事难,或以岁寒比喻势衰,无不以松柏比君子遇难临厄而不失坚贞的品德。

　　汉代对以玉比德的思想也有发挥。先秦时代,《管子·水地》曾论"玉有九德",《荀子·法行》也记载了子贡与孔子的问答。《礼记·聘义》把它扩展为"仁"、"知"、"义"、"礼"、"乐"、"忠"、"信"、"天"、"地"、"德"、"道""十一美":

　　　　子贡问于孔子曰:"敢问君子贵玉而贱珉者何也? 为玉之寡而珉之多与?"孔子曰:"非为珉之多故贱之也,玉之寡故贵之也。夫昔者君子比德于玉焉:温润而泽,仁也;缜密以栗,知也;廉而不刿,义也;垂之如队,礼也;叩之,其声清越以长,其终诎然,乐也;瑕不掩瑜,瑜不掩瑕,忠也;孚尹旁达,信也;气如白虹,天也;精神见于山川,地也;圭璋特达,德也;天下莫不贵者,道也。《诗》云:'言念君子,温其如玉。'故君子贵之也。"

────────────────

① 刘向:《说苑·杂言》。

《说苑·杂言》则把它简括为"玉有六美,君子贵之",认为玉可与君子"比德"、"比智"、"比义"、"比勇"、"比仁"、"比情":

> 玉有六美,君子贵之。望之温润;近之栗理;声近徐而闻远;折而不挠,阙而不荏;廉而不刿;有瑕必示之于外,是以贵之。望之温润者,君子比德焉;近之栗理者,君子比智焉;声近徐而远闻者,君子比义焉;折而不挠,阙而不荏者,君子比勇焉;廉而不刿者,君子比仁焉;有瑕必见之于外者,君子比情焉。

对先秦的发展是显而易见的。

第二,对先秦以来的"比德"审美实践和审美思想进行了系统的理论总结。这主要表现在对屈原及其《离骚》创作特点的自觉概括和《诗大序》及汉儒对《诗经》的创作经验特别是对"比兴"的理论总结上。众所周知,汉代围绕屈原及其《离骚》楚辞展开了一场美学论争。这场论争的重大收获之一是明确概括出屈原作品的"香草美人"的比德特点。汉代王逸在《楚辞章句·离骚经序》中指出,《离骚》"依《诗》取兴"、"引类譬喻"以进行比德。他写道:"《离骚》之文,依《诗》取兴,引类譬喻,故善鸟香草以配忠贞,恶禽臭物以比谗佞,灵修美人以媲于君,宓妃佚女以譬贤臣,虬龙鸾凤以托君子,飘风云霓以为小人。其词温而雅,其义皎而朗。"后来唐代贾岛对这些思想作了进一步发挥。贾岛《二南密旨》中说:"骚者,愁也。始乎屈原,为君昏暗宠谗佞,含忠抱素,进逆耳之谏不纳,放之湘南,遂为《离骚经》。以香草比君子,以美人喻其君,乃变风而入于骚,刺其荒而导之正也。"

《诗大序》是对先秦儒家诗学思想的系统总结。《诗大序》提出的"诗六义"说中的"比兴",经过汉儒的解说,具有对先秦比德审美观进行理论总结的意义。包括比兴在内的风雅颂与赋比兴诸概念,最早是

由《周礼·春官·大师》提出来的,"大师……教六诗:曰风,曰赋,曰比,曰兴,曰雅,曰颂。"《诗大序》则把它改造为"诗六义"说:"故诗有六义焉:一曰风,二曰赋,三曰比,四曰兴,五曰雅,六曰颂。"但它们都没对"比兴"提出具体界说。最先给比兴下定义的,是注经的汉儒。其中有两种代表性的解释。一是郑众之说:"比者,比方于物也。兴者,托事于物。"①一是郑玄之说:"比,见今之失,不敢斥言,取比类以言之。兴,见今之美,嫌于媚谀,取善事以喻劝之。"②两说有明显不同之处:前者着重于比兴自身的特征和内部规律,后者更突出比兴的伦理政教内容,偏重比兴的外部联系。但两说都认为比兴的手段必须借助某种物象,言及于此而归于彼(比类托喻),都在实质上揭示了比德和比兴的内在联系。尤其是更侧重于比兴的伦理教化内容的郑玄的看法。正如有学者指出的:"比德与比兴这一传统的艺术表现方法在本质上是一致的。"③"从思想内涵来看,诗文中的'比兴'主要是指'比德'。也就是说,'比兴'的形式主要用以表现'比德'的内容。例如元代齐因就将'比德'和'比喻'相提并论,认为二者的运用能够包收万物涵融事理,从而使诗歌具有丰富的思想内涵。其《鹤庵记》说:'予观古人之教,凡接于耳目心思之间者,莫不因观感以比德,托兴喻以示戒。是以能收万物而涵其理以独灵,如《黄鸟》之章孰不赋之?'"④正是由于这种理论上的自觉总结和概括,由先秦开先河的比德审美观才会成为最早成熟的自然审美观。如果说"比德"的审美实践和创作基础主要是先秦打下的,那么其理论基础则主要是汉代奠定的。

① 《周礼》郑玄注引,载张少康等编选:《先秦两汉文论选》,人民文学出版社 1996 年版,第 553 页。

② 《周礼·春官·大师》注,载阮元:《十三经注疏》,中华书局 1980 年版。

③ 王世德主编:《美学辞典》,知识出版社 1986 年版,第 253 页。

④ 朱恩彬等主编:《中国古代文艺心理学》,山东文艺出版社 1997 年版,第 189—190 页。

最后,也是最重要的,是汉代"比德"自然审美观有以比类为特征的更系统更成熟的宇宙论的支持。《管子》、《庄子》中的气的思想,《老子》、《庄子》中的道的思想,《周易》中的阴阳的思想,《尚书·洪范》和邹衍的五行思想,通过《吕氏春秋》,经过《淮南子》,到《春秋繁露》,气、阴阳、五行、十端,终于融和成一个统一的宇宙理论。特别要强调的是这个宇宙体系,不纯是一个自然界的体系,而是把社会、政治、道德、法律、文艺融入其中的天人互动体系。在《史记·天官书》和《黄帝内经》里,我们还可以看到气、阴阳、八卦、万物在天文和人体中详尽地展开①。汉代的这种气、阴阳、五行、八卦、万物互感互动的宇宙图式既为汉代艺术容纳万有的特点提供了哲学基础,又为其大气磅礴奠定了内在逻辑构架,同时还为汉代"比德"自然审美观拓展了更为广阔的比类空间,开掘了更为显见的托喻深度,因而"比德"自然审美观的运用就更普遍,蕴藉就更丰富,寓意就更深刻,影响就更大。

总之,由于汉代对"比德"说的发扬光大,使比德自然审美观成为一种审美文化传统,托物言志成为一种普遍的创作模式,对后世自然美欣赏和文艺创作,都产生了巨大深远的影响。

2. 提出建构了"比情"自然审美观

自然在古代中国人眼里包括两方面的内容:一是外在自然,天地山泽风雷水火等所有外在于人的自然界;二是内在自然,即人体的生命机能的活动。前者是大宇宙,后者是小宇宙,它们密切联系,互相影响。中国古人的认知活动、道德活动、审美活动都是建立在对这两个宇宙规律的互相阐释生发之中的。用人的小宇宙来解释大宇宙,大宇宙的一切便都具有人的情感、意志、愿望等主观色彩,冷冰冰的自然界便"人化"了,成为人可亲、可敬、可依、可恋的密不可分的生命机体的延伸。用天的大宇宙来解释人的小宇宙,人的喜怒哀乐爱恶欲,人的

---

① 彭吉象主编:《中国艺术学》,高等教育出版社1997年版,第28—29页。

善亲信顺仁义礼乐，小宇宙的一切都具有客观规律性，人就"自然化"了，成为一个不断吸收大宇宙信息，把其转化为小宇宙机能的开放的系统。"人与天调，然后天地之美生"①，主观意志与客观规律高度和合，天就会依照人的愿望而与人和谐共存，人就会合顺于天道而无不举措得当。天的运行就是人的行为的模式，人的行为就是天运行的规律；天道中呈现着人类的认识成果，人在天道中发现了自己的价值、精神、人格，自然（天）便成为人的审美对象。

小宇宙与大宇宙的统一和合就是天人合一的境界。天人合一有认识论范畴的"真"的合一，有实用范畴的道德意志的合一，也有审美范畴的情感与形式的合一。后一个合一是以前两个作为潜在基础的。在审美范畴的"合一"中，形式就是自然之道呈现的运动图式和结构，它与人的主观情感合拍、类同，因而自然的外在图式结构具有意味，人的内在情感具有形式。把人的生命活动外化在自然物中，从自然物中观照到人的生命活动——情感，这是审美范畴中天人合一的真髓。天人合一，从现象上看是要把人事合于天道；从实质上看，人类对天道的发现却无不是立足于人的视野，人的认知图式。天道也是人道的折射。天道是人类为自己树立的目标，是人对自己人事活动的解释，是天向人的靠拢。这种靠拢的结果是：人把自己的活动精神性地外化在一切自然物中，其中与审美有直接联系的就是人把自己的情感活动外化于自然物的运动变化之中。

这种自然之道（天）与人的情感的合一，同样是建立在天道与人道、大宇宙与小宇宙类比的基础上的，因此我们把这种以自然之道规律运动与人的情感变化的异质同构的类比、比附的自然审美观，称为"比情"说。

"比情"说在《淮南子》中就初见端倪。《淮南子》说："精神者，所

---

① 管仲:《管子·五行》。

以原本人之所由生,而晓寤,其形骸九窍取象与天合同,其血气与雷霆风雨比类,其喜怒与昼宵寒暑并明。"①真正提出并系统论述的则是以力倡"天人感应"而著名的汉代大儒董仲舒。

董仲舒的"天人感应"学说,以阴阳五行("天")与伦理道德、精神情感("人")互相一致而彼此影响的"天人感应"作为理论轴心,系统论述了人和自然的和合关系问题。董仲舒认为,人格的天(天志、天意)是依赖自然的天(阴阳、四时、五行)来呈现自己的,作为人的生物存在和人的社会存在如何循天意而行,顺应自然,亦即人如何与其赖以存在的客观现实规律相合一,是要首先解决的根本问题。很显然,他所建立的这样一个动态结构的天人宇宙图式,其基本精神在于构建一个以道德伦理为基础而又超道德的人的精神世界,这种精神境界在很大程度上包含着深刻的审美意蕴。

董仲舒从道德伦理、生理构成、情感意志等方面全面论述了其天人和合的宇宙本体论系统。他所构建的这一系统的最突出的特点是将人类的道德、情感和外在的自然联系起来,从而将自然人情化了,赋予其人类的理性、情感色彩。在他看来,人和自然、社会,即主体和客体可通过各种途径达到和合整一。他说:"和者,天地之所生成也。"他强调的和合有自然性的合一,有道德性的合一,还有情感性的合一。

关于天人的道德性合一,我们在上文分析汉代"比德"说时已有详论,此处不赘,这里最值得注意的是董仲舒关于天人或人与自然的情感性合一的看法。董仲舒关于天人或人与自然的情感性合一的主要论述如下:

> 为生不能为人,为人者天也。人之人本于天,天亦人之曾祖父也。此人之所以乃上类天也。人之形体,化天数而

① 刘安:《淮南子·要略》。

成；人之血气，化天志而仁；人之德行，化天理而义；人之好
恶，化天之暖清；人之喜怒，化天之寒暑；人之受命，化天之四
时；人生有喜怒哀乐之答，春秋冬夏之类也。喜，春之答也；
怒，秋之答也；乐，夏之答也；哀，冬之答也。天之副在乎人，
人之性情有由天者矣。①

　　天亦有喜怒之气，哀乐之心，与人相副，以类合之，天人
一也。春，喜气也，故生；秋，怒气也，故杀；夏，乐气也，故养；
冬，哀气也，故藏。四者天人同有之。②

　　人无春气，何以博爱而容众？人无秋气，何以立严而成
功？人无夏气，何以盛养而乐生？人无冬气，何以哀死而恤
丧？天无喜气，亦何以暖而春生育？天无怒气，亦何以清而
秋杀就？天无乐气，亦何以疏阳而夏养长？天无哀气，亦何
以激阴而冬闭藏？故曰天乃有喜怒哀乐之行，人亦有春秋冬
夏之气者，合类之谓也。③

　　人有喜怒哀乐，犹天之有春夏秋冬也。喜怒哀乐之至其
时而欲发也，若春夏秋冬之至其时而欲出也。皆天气之
然也。④

　　夫喜怒哀乐之发，与清暖寒暑，其实一贯也。喜气为暖
而当春，怒气为清而当秋，乐气为太阳而当夏，哀气为太阴而

① 董仲舒：《春秋繁露·为人者天》。
② 董仲舒：《春秋繁露·阴阳义》。
③ 董仲舒：《春秋繁露·天辨在人》。
④ 董仲舒：《春秋繁露·如天之为》。

当冬。……人生于天，而取化于天。喜气者取诸春，乐气者取诸夏，怒气者取诸秋，哀气者取诸冬，四气之心也①。

　　这就是说，人和自然之间存在着异质同构的情感对应和感应关系，情感上的喜怒哀乐的变化是和四时季节的变化的自然现象相联系的，因为人和自然有着相同的结构秩序和运动节律，所以人从春夏秋冬四时的推移变化中，能够感受到自身的变化，从而产生不同的情感体验。

　　董仲舒关于人与自然（天）类比的基础是异质同构、同类相召、同类相动、同类感应。其思维方式是类比思维。这种类比方式、类比思维，古已有之。董仲舒的特殊性在于与前代相比，他所比的内容有了重大变化，这就是"情"。情感是审美的根本，人与世界的审美关系在本质上就是一种以情感为核心的和谐自由关系，抓住了情感，在这个意义上也就抓住了审美。董仲舒的这些论述，是到他为止对人与自然的以情感为特征的审美关系的最系统的发挥，是天人以类比为基础的情感合一的审美模式和创作模式得以奠定的最突出的理论标志。为此，我们把这种由董仲舒提出并系统发挥的自然审美观命名为"比情"说。

　　"比情"说虽然在哲学基础、思维方式等等方面与"比德"说有相似之处，但在"比"的内容上却有重大区别。"比德"说的重点在人与自然的道德关系，"比情"说则重在人与自然的情感关系。"比德"说还较多地依附于伦理，而"比情"说则已反映了审美的本质情感。如果说"比德"说是把天地自然"德化"，那么"比情"说则是把天地自然"情化"。虽然在汉代这些情感还只是喜怒哀乐等比较一般、宽泛、抽象的情感类型，带有明显的类型性色彩，但"比情"说毕竟迈出了通向"畅

① 董仲舒：《春秋繁露·阳尊阴卑》。

神"说的关键一步,为"畅神"说的诞生,为人们能在自然中自由地抒发更丰富、更具体、更富于个性的情感打开了最后一道闸门,对后世产生了极其深远的影响。

全面审视中国古代自然审美观的发展,主要经历了由"致用"自然审美观,到"比德"自然审美观,再到"比情"自然审美观,迄至"畅神"自然审美观的发展嬗变。从这些观点在各个历史时期是否占主导地位、不可替代性及与时代的对应性来看,大体来说,原始时代"致用"说独占鳌头,先秦时代"比德"说居主导地位,秦汉时期"比情"说更领风骚,魏晋六朝则是"畅神"说蔚为大观。因此,应该承认"比情"说的提出是自然审美观的一个重大飞跃,是由"比德"到"畅神"的一个不可或缺的重要理论环节。由"致用"到"比德"到"比情"再到"畅神",才是中国古代自然审美观发展的完整的历史和逻辑轨迹。

"比情"说揭示了作为主体的人的情感与外界事物的感应关系,它为审美和艺术创造提出了基本的理论依据,直接影响到了后世的美学理论。刘勰提出:"春秋代序,阴阳惨舒,物色之动,心亦摇焉。盖阳气萌而玄驹步,阴律凝而丹鸟羞,微虫犹或入感,四时之动物深矣。若夫珪璋挺其惠心,英华秀其清气,物色相召,人谁获安?是以献岁发春,悦豫之情畅;滔滔孟夏,郁陶之心凝;天高气清,阴沉之志远;霰雪无垠,矜肃之虑深。岁有其物,物有其容,情以物迁,辞以情发。"①钟嵘亦云:"若乃春风春鸟,秋月秋蝉,夏云暑雨,冬月祁寒,斯四候之感诸诗者也。"②从艺术、审美的角度指出人对物的感应引起情感激荡,进而形诸艺术作品。有些理论直接就是董仲舒感应理论的阐发。如北宋郭熙强调"身即山川而取之",才能感受到"山水之意度","春山烟云连绵,人欣欣;夏山嘉木繁阴,人坦坦;秋山明净摇落,人肃肃;冬山

---

① 刘勰:《文心雕龙·物色》。
② 钟嵘:《诗品·总论》。

昏霾翳塞,人寂寂。"①沈灝《画尘》云:"山于春如庆,于夏如竞,于秋如病,于冬如定。"恽格《南田画跋》说:"春山如笑,夏山如怒,秋山如妆,冬山如睡。"他们的这些论述,在董仲舒的理论基础上,对人和自然的情感关系有了更丰富、明确的认识,都可以看作是天人感应论的"比情"说在艺术的本质和方法上的具体应用。

中国古代的美学理论循着这一思想,形成了人和自然之间的独特的审美关系。如陆机《文赋》:"遵四时以叹逝,瞻万物而思纷;悲落叶于劲秋,喜柔条于芳春。"南梁萧子显《自序》:"风动春朝,月明秋夜,早雁初莺,开花落叶,有来斯应,每不能已。"可见,通过自然美所引起的主体心灵的激荡、领悟,而达到天人和合的境界,是华夏审美中的共识。故而在与自然美的关系中,那种脱离审美主体的感悟或心态而对纯客观自然的描摹,在中国古典艺术审美中几难觅得。

同样,受这种理论的影响,中国古代文人形成了独特的"怀春"、"悲秋"情结,并成为中国古代诗文的永恒的主题。从理论上分析其长盛不衰的内在原因,可以看作是董仲舒关于"比情"自然审美理论的进一步发挥。

董仲舒所描述的"天人感应"的和合境界,是道德的、伦理的,也是审美的。正是这样一种以"气"为内在生命,以天人和合为构成,以感应为生机,以"比情"为美学特色的动态天人宇宙结构模式,在某些方面奠定了中国古典美学基本理论的基础。

3. 催发萌生了"畅神"自然审美观

"畅神"说是我国古代关于自然审美观的一种代表性观点。流行的观点认为,"畅神"说是晋宋以后产生并在自然审美观中占主导地位的审美观念。"当魏晋时期儒家的思想体系一解体,人们的精神从汉代儒教礼法的统治下挣脱出来之后,把自然美看作是人们抒发情感、

---

① 郭熙:《林泉高致·山水训》。

陶冶性情对象的'畅神'自然审美观也就应运而生了"，其实质"是把自然山水看作是独立的观赏对象，强调自然美可以使欣赏者的情感得到抒发和满足，亦即可以'畅神'"①。我们认为，全面考察汉代有关文献资料和相关的社会历史文化哲学背景，这个观点应该加以修正，因为即使依据"畅神"论者所主张的最严格的标准来衡量，汉代也已经萌生了"畅神"说。

"畅神"说的萌生过程至少从西汉刘安的《淮南子》就开始了。《淮南子》说：

> 达乎无上，至乎无下，运乎无极，翔乎无形，广于四海，崇于太山，富于江河，旷然而通，昭然而明，天地之间，无所系戾，其所以监观岂不大哉！②

> 凡人之所以生者，衣与食也。今囚之冥室之中，虽养之以刍豢，衣之以绮绣，不能乐也。以目之无见，耳之无闻。穿隙穴，见雨零，则快然而叹之，况开户发牖，从冥冥见炤炤乎？从冥冥见炤炤，犹尚肆然而喜，又况出室坐堂，见日月光乎？见日月光，旷然而乐，又况登泰山，履石封，以望八荒，视天都若盖，江河若带，又况万物在其间者乎？其为乐岂不大哉！③

《淮南子》的这些文字，表达了对大自然博大、雄浑之美的热烈追求和歌颂。我们认为，它至少有三点理论意义。其一，与道家天道自然观（或自然主义自然观）一脉相承。其二，充分肯定了自然美对人的

---

① 张伯良：《由"比德"到"畅神"》，《南京师范大学学报》1988 年第 4 期。
② 刘安：《淮南子·泰族训》。
③ 刘安：《淮南子·泰族训》。

感染愉悦作用。认为大自然的美可以开阔心胸、愉悦精神,欣赏自然美是一种极大的快乐。其三,带有鲜明的时代特点,即面向无比广阔的自然世界外向开拓,积极进取,讴歌和追求自然壮美,换句话说,就是通过对大自然雄浑博大壮丽之美的歌颂和追求,体现汉代那种昂扬奋发、积极进取、外向开拓的宏伟气魄和雄浑博大的精神。显而易见,《淮南子》的这些论述,无论就其哲学基本倾向还是就其所论的具体的自然美审美经验,视为"畅神"说的萌芽都是言不为过的。

东汉以来,随着社会矛盾的激化,统治阶级内部的分化也愈为加剧,一些失职的达官和失意的文人或萌生归隐之心遁入田园,或被迫离开市朝走向山林湖海,自然山水成了他们追求向往、寄托情志甚或安身立命的场所。他们在与大自然的实际接触中,深感自然山水可以怡神养性,愉悦情怀,从中获得无穷的精神享受。能够充分代表东汉中前期这一追求自然美的思想倾向的,是张衡的《归田赋》。学术界对该赋的思想内容、情感倾向及在文学史上的地位的认识并无重大分歧,但对其在中国自然审美意识史或自然审美观发展史上的地位,却重视不够或有意回避,因此有必要略细解读。该赋由四个自然段组成。首段指明欲隐退归田的缘由。中间两段描绘了无限美好的自然风景,抒发了归田之后的无限乐趣。其文云:

> 于是仲春令月,时和气清,原隰郁茂,百草滋荣。王雎鼓翼,仓庚哀鸣。交颈颉颃,关关嘤嘤。于焉逍遥,聊以娱情。
>
> 尔乃龙吟方泽,虎啸山丘。仰飞纤缴,俯钓长流。触矢而毙,贪饵吞钩。落云间之逸禽,悬渊沉之鲂鳎。

这里映入我们眼帘的是一幅美好的春日田园风光图:春光明媚,百草滋荣;美鸟佳雀,自由翻飞,交颈和鸣;方泽山丘,龙吟虎啸;纤缴长流,仰飞俯钓。真可谓春光无限好,田园无限美。在这良时美景中

遨游,确实令人赏心悦目,逍遥娱怀,其乐无穷。末段,描写"极般游之至乐"后的精神追求。全篇充盈着对污浊现实的不满和失望,洋溢着对自然美景的向往和追求。虽然归田的动因是不满现实,目的是逃避现实,与《淮南子》的精神取向大相径庭,但字里行间表露的对大自然美景的向往,对自然美景给人精神上带来的慰藉和解放,给人情感上带来的寄托和欢愉的赞美,都可称为地地道道的"畅神"说了。特别是文中"于焉逍遥,聊以娱情","极般游之至乐,虽日夕而忘劬"等名言警句,振聋发聩,不啻自然美景可以畅神的诗意宣言,与此后被称为"畅神"说的文字相比几无二致,甚至有过之而无不及。虽然张衡并未真正身体力行"归田",但他对现实和自然的不同态度,实开风气之先。在这个意义上,实在是他拉开了东汉中后期尤其是六朝士大夫"归田"风潮的序幕。陶渊明不过是以相近作品《归去来兮辞》和自身的实际行动,把这个风潮推上了一个辉煌的顶点。也正因为此,有学者把它视为"我国辞赋史中第一篇以田园生活和乐趣为主题的抒情小赋"①,是极有见地的。如果以为必须彻底忘却人间烟火才是真正对自然美的欣赏,才是纯粹的畅神,可能就很难有纯粹对自然美的欣赏了。不要说魏晋六朝对自然美的欣赏本身就是对其动乱时代、黑暗政治的逃避,就是出于全身避祸、保命养生的诸多现实动因,已经不那么纯粹,就是被称为古今隐逸诗人之宗的陶渊明,也并非什么真正的隐士,能够真正做到纵身大化,世身皆忘,至多不过是身隐心不隐而已。被视为古今隐逸诗人之宗的陶渊明尚且如此,奚论其他!

东汉中后期,对自然美的追求就更为普遍,关注自然美,发现自然美在当时已构成了大多数文人生活的一个重要内容。钱锺书先生指

---

① 霍旭东等主编:《历代辞赋鉴赏辞典》,安徽文艺出版社 1992 年版,第260 页。

出："山水方滋，当在汉季。"①当代学者余英时也指出："若夫怡情山水，则至少自仲长统以来即已为士大夫生活中不可或少之部分矣。"②《后汉书》卷四十九《仲长统传》说：

> 统……每州郡命召，辄称疾不就。常以为凡游帝王者，欲以立身扬名耳！而名不常存，人生易灭，优游偃仰，可以自娱。欲卜居清旷，以乐其志。论之曰："使居有良田广宅，背山临流，沟池环匝，竹木周布，场圃筑前，果园树后。舟车足以代步涉之难，使令足以息四体之役；养亲有兼珍之膳，妻孥无苦身之劳。良朋萃止，则陈酒肴以娱之；嘉时吉日，则烹羔豚以奉之。蹰躇畦苑，游戏平林，濯清水，追凉风，钓游鲤，弋高鸿，讽于舞雩之下，咏归高堂之上。安神闺房，思老氏之玄虚，呼吸精和，求至人之仿佛。与达者数子，论道讲书，俯仰二仪，错综人物，弹南风之雅操，发清商之妙曲。逍遥一世之上，睥睨天地之间，不受当时之责，永保性命之期。如是则可以陵霄汉，出宇宙之外矣！"

仲长统如此，其他文人也是如此。荀爽《贻李膺书》说："知以直道不容于时，悦山乐水，家于阳城。"③《后汉书》卷八十三《逸民传·法真传》载田羽推荐评价法真之言："幽居恬泊，乐以忘忧，将蹈老氏之高踪，不为玄纁屈也。"《文选》卷四十二载后汉应休琏（璩）《与从弟君苗、君胄书》一段文字说：

---

① 钱锺书：《管锥编·补订重排本》（三），三联书店 2001 年版，第 305 页。
② 余英时：《士与中国文化》，上海人民出版社 1987 年版，第 339 页。
③ 范晔：《后汉书》卷六十七。

闲者北游，喜欢无量，登芒济河，旷若发矇。风伯扫途，雨师洒道。按辔清路，周望山野。……逍遥陂塘之上，吟咏菀柳之下。结春芳以崇佩，折若华以翳日。弋下高云之鸟，饵出深渊之鱼。蒲且赞善，便嬛称妙。何其乐哉！①

当时文人士大夫怡情自然山水的风气由此可见一斑。应该说，正是在仲长统、应休琏等人的直接引发下，魏晋南北朝才出现了一种通向自然、观赏自然的普遍的审美倾向。正如余英时先生所说：东汉以来，"极言山水林木之自然美"，从而一开"魏晋以下士大夫怡情山水之胸怀者也"。"自兹以往，流风愈广，故七贤有竹林之游，名士有兰亭之会，其例至多，盖不胜枚举矣"②。的确，在这种审美倾向的影响下，追求自然美已经成为魏晋南北朝文人士大夫的一个重要的精神背景，当时的田园别墅的建构，山水诗的兴起，人物品藻标准的确立，无一不与这个自然美的背景息息相关。

从史料来看如此，从时代宏观背景和文化哲学背景来看也是如此。汉代的精神特点是外向开拓进取，充满壮志豪情，因此秦汉人更偏爱雄浑博大、宏伟壮丽等壮美型的自然景物。我们从前引《淮南子》的论述，从枚乘《七发》对"观涛"的描绘等等，都可以得到这种强烈的印象。六朝天下大乱，政治黑暗，人心内敛，以个人为上，豪门士族又有经济物质的优越条件，故多闲情逸致，更喜好清泉流水、风花雪月等优美型的自然景物，我们从这个历史时期众多的文献资料中都能够看到这种突出的特征。反映在审美实践和艺术创造中，就是凸显出小山、小水、小园、小径等一系列小字号的景物，有人称之为"壶中天地"。庾信《小园赋》就是比较有代表性的一例：

---

① 萧统：《文选》卷四十二。
② 余英时：《士与中国文化》，上海人民出版社1987年版，第339页。

若夫一枝之上,巢父得安巢之所;一壶之中,壶公有容身之地。……岂必连闼洞房,南阳樊重之地;绿墀青琐,西汉王公之宅?余有数亩敝庐,寂寞人外,聊以拟伏腊,聊以避风霜。虽复晏婴近市,不求朝夕之利;潘岳面城,且见闲居之乐。……尔乃窟室徘徊,聊同凿坯;桐间露落,柳下风来。琴号珠柱,书名《玉杯》。有棠梨而无馆,足酸枣而非台。犹得敬侧八九丈,从斜数十步,榆柳两三行,梨桃百余树。拨蒙密兮见窗,行欹斜兮得路。蝉有翳兮不鸣,雉无罗兮何惧?草树混淆,枝格相交,山为篑覆,地有堂坳。……崎岖兮狭室,穿漏兮茅茨,檐直倚而妨帽,户平行而碍眉。坐帐无鹤,支床有龟,乌多闲暇,花随四时,心则历陵枯木,发则睢阳乱丝。……一寸二寸之鱼,三竿两竿之竹。……落叶半床,狂花满屋,名为野人之家,是谓愚公之谷。……

这种情况与时代特点是息息相通的。但是这种区别只是时代精神特点所造成的社会心理和审美趣尚的不同,并不能成为判断是否"畅神"说的标准。风花雪月、暗香疏影可以畅神;高山大河、碧海狂涛也可以畅神。因为归根到底,人在自然中看到的是自身的形象,映现的是自己的风姿。这种不同不仅不能成为判断是否"畅神"说的依据,而且正是在这种不同中,才充分显示了不同时代不同的精神风貌和审美趣尚。

一种简单化的观点认为,汉代是经学时代,儒家一统天下,因而没有"畅神"说萌生的哲学基础。其实不然。且不说儒家哲学是否根本与"畅神"说无缘尚待论证,即使按照这种逻辑,汉代也并不缺少畅神自然审美观产生的哲学基础。全面地看,汉代哲学并非铁板一块。熊铁基《秦汉新道家》、李刚《汉代道教哲学》等对此都有全面深入细致的研究,

这里不拟详述。从纵向看,汉代道家天道自然观和汉代儒家的宇宙大生命自然观都曾各领风骚。这不能不给予自然审美观以复杂多样的影响。一般来说,在自然美领域,汉代儒家的人文主义宇宙大生命自然观更多地光大了"比德"说,孕育了"比情"说,我们从汉代的诗乐辞赋,从董仲舒的《春秋繁露》与汉代儒家思想的息息相关就能理解。汉代道家的天道自然观则更多地催生了"畅神"说,我们从刘安《淮南子》、张衡《归田赋》、仲长统《乐志论》与汉代道家思想的密切关系即可了悟。

　　特别需要注意的是,《淮南子》后,王充的哲学自然观上承先秦老、庄的自然观并赋予新意,对汉代"畅神"审美观的发展起了极为重要的作用。在先秦哲学中,老子提出的"道法自然"这个命题中的"自然",并不是人们通常所认为的"自然界",老子所谓的"自然"并不是作为名词概念来使用的,而是作为摹态状语来使用的,是对"道"创造天地万物的自然无为状态的一种描述。老子哲学中的"天"、"地"、"万物"等概念才是指自然界。庄子思想与老子不尽相同,但他对"自然"这一概念的理解基本上沿袭了老子哲学的思想。到了汉代,王充对"自然"概念的把握与老子、庄子也是基本相合、一致的,但是王充还赋予"自然"这一概念以新的含义。在王充的哲学中,"自然"已不仅作为一种摹态状语,而且也作为一个名词概念来加以看待,即作为天地万物这种自然对象来加以看待了。在老、庄哲学中,"道"才是一个说明宇宙本体的最高范畴,它不能等同于天地万物,"道"只是通过"气化"的创造过程才体现为天地万物。正是这样决定了"自然"概念在老、庄哲学中只能作为既不同于"道"也不同于天地万物的一种摹态状语来看待。但是,在王充哲学中,说明宇宙本体的最高范畴是"气",但"气"又同时等同于天地万物这些自然事物,换言之,天地万物这些自然事物只不过是施气的不同状态而已。王充说:"天地,含气之自然也"。① "天

---

① 王充:《论衡·谈天篇》。

之行,施气自然也。"①这是说,"自然"就是"气",就是"天地万物"。我们在《论衡》的其他篇章中还可以看到大量的"自然"概念。如"自然之真"、"自然之化"、"天道自然"、"天之自然"、"物自然"等等。很显然,这些"自然"概念不仅具有自然无为之义,而且具有自然事物的含义,正是如此,决定了"自然"概念在王充哲学中具有自然无为和与"气"这个概念相联系从而同时具有指称天地万物等自然事物的双重含义。概言之,在王充哲学中,"气"、"自然"、"天地万物"是一组可以相互说明,相互规定的同一层次概念。这与老、庄哲学仅仅把"自然"理解为"道"的一种无为状态而与具体的自然事物相区别的倾向是颇为不同的。所以王充在评价以老子为代表的道家学派时说:"道家论自然,不知引物事以验其言行,故自然之说未见信也。"②应该说,正因为王充赋予"自然"概念以天地万物这一层新的含义,从而大大丰富和发展了老、庄的思想,迈出了揭示"自然"庐山真面目的坚实一步。这样就促使王充反对以"人事"来比附"自然",反对以"神灵"来解释"自然",强调按照天地万物的自然本身来理解和把握自然,强调以"气之自然"来理解和观察各种各样的自然现象。例如他强调注意对"春温夏暑,秋凉冬寒"、"冬时阳气衰"、"夏时阳气盛"等"四时自然"、"时气自然"的理解和观察,强调注意"观鸟兽之毛羽,毛羽之采色"、观"草木之生,华叶青葱",强调"春观万物之生,秋观其成"等自然现象的变化。这一切都足以表明,在东汉时期,王充在哲学根柢上,为"畅神"自然审美观的萌生进一步夯实了基础,从理论上推进了关注自然美,发现自然美风气的形成。

总之,从刘安的《淮南子》到王充的《论衡》,从张衡的《归田赋》到仲长统的《乐志论》,贯穿着这样一条明显的"畅神"自然审美观的发

---

① 王充:《论衡·说日篇》。
② 王充:《论衡·自然篇》。

展线索；从西汉到东汉，从时代特点到哲学背景，呈现出如此有利于滋生"畅神"自然审美观的众多条件，得出汉代催生了"畅神"自然审美观的结论，恐怕不是无稽之谈吧！我们认为，两汉与六朝的区别，不在于有无"畅神"自然审美观，而在于随着审美文化生态及时代大气候的变化，"畅神"自然审美观已由原来的辅助地位，上升到主导地位，其内容更加丰富、系统，以"畅神"的方式欣赏自然美，已成为普遍的社会风尚，乃至蔚为大观。

上面我们扼要论析了两汉时代的"比德"、"比情"和"畅神"三种自然审美观，有学者认为，这三种自然审美观，以人与自然的审美关系为轴心，以天人合一为总纲，实际涵盖了形成中国古代文学传统的三种审美模式和创作模式，并列一简表如下：

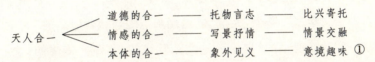

从实际情况看，两汉自然审美观更多地与前两种审美模式和创作模式密切联系，但它至少说明，汉代对我国古代自然审美观和自然审美文化有着不可忽视的贡献，不了解汉代自然审美观的真正面貌，就很难对魏晋南北朝推崇自然美，对自然美的欣赏形成蔚为大观的时代风潮，作出合乎历史和逻辑的说明。进而言之，就更难对我国古代自然审美观乃至自然（山水）审美文化的发展，得出正确的令人信服的结论。

关于汉代审美走向自觉还有一个有力的佐证，就是张少康先生关于"汉代才真正是文学独立和自觉的时代"的观点。

张少康先生认为：从汉代文艺思想和文学理论批评的实际情况

---

① 田兆元：《论古代"天人合一"美学的三大特征》，见《古代文学理论研究》第18辑，上海古籍出版社1997年版。

看,无论是文学创作还是文学理论批评,都已经有了自己独立的地位,已经进入了文学的自觉时代,因此过去所说的到魏晋方进入文学自觉时代之说,是应该重新加以研究和探讨了。汉代是各个意识形态和文化领域的不同部门开始独立发展,文史哲明确分家的时代,文学作为一个独立的部门,已经有了专门的作家队伍,有了丰富的创作实绩和自觉的理论批评。到了魏晋只是由于学术思想的变迁而引起文学思想的新变化和文学理论批评侧重点的转移而已,而这些实际在汉代后期亦已开始。但是,基本的文学观念,并无根本性的变化,对"文"的概念和范围的理解,仍是一致的。因此不能说由汉末到魏晋有一个文学观念上的不自觉到自觉的变化,更不能说只有到魏晋之后才有独立的文学理论批评。张少康先生主要从以下四个方面加以证明。

第一,汉人把文人分为"文学之士"和"文章之士",前者指学者,后者即指文学家。这个"文章"的内涵和范围与魏晋以后的"文章"概念是一致的。曹丕的《典论·论文》、陆机的《文赋》、刘勰的《文心雕龙》基本上是沿用的汉代关于"文章"的概念,而《文心雕龙》中"文"的概念实际上比汉代"文章"概念要更广。从文学观念的发展来看,传统的"文章"亦即较为广义的文学概念,是从汉代开始的,并一直沿用了将近两千年。汉代"文章"概念出现是和"文章"本身从学术中分离出来而成为一个独立部门这一现实分不开的。从汉代开始,可以说有了专门以写作"文章"为主的文人,也就是说初步有了专业的作家队伍。如果说像贾谊、陆贾等还不明显的话,那么,到枚乘、司马相如、司马迁、东方朔等,就非常清楚地是以"文章"显赫而成名的了,而后有刘向、扬雄等一大批人。至东汉末年的蔡邕更是著名的"文章"家了。汉代的一大批辞赋作家大都不是学者,亦非以"官"为主。这支作家队伍的出现,正是文学的独立和自觉的最好证明。所以,在《后汉书》中已分别列为"儒林"与"文苑"两传。此后史书均依此例。所谓"文苑"传即是记载以创作"文章"为主的作家情况的。唐人姚思廉在《梁书·

文学传》中就说："昔司马迁班固书并为《司马相如传》，相如不预汉廷大事，盖取其文章尤著也。固又为贾、邹、枚、路传，亦取其能文传焉。范氏《后汉书》有《文苑传》，所载之人，其详已甚。"

第二，从文学理论批评本身来看，汉代已有了大量专门的文学理论批评著作。从《毛诗大序》、刘安的《离骚传叙》开始，以《诗经》、《楚辞》、汉赋为中心，文学理论批评是比较繁荣的。刘向《说苑》、《新序》中的一些篇章，扬雄《法言》中的一些篇章，都是比较集中地论述文学问题的。许多辞赋作家为自己的作品所写的序，其实也都是文学理论批评文章。而像《淮南子》、《史记》、《春秋繁露》等学术著作中有关文学的论述，也与先秦学术著作中涉及文学的著作不同，由于文学观念的变化，文章写作的逐渐独立，这些著作中的论述也就不都是从学术角度出发，而是从文章角度出发来论述了。到了东汉，专门的文学理论批评文章就更多了。像班固、王逸都有不少篇专论汉赋、《楚辞》的文章。桓谭、王充的著作中专论文章写作的部分也相当多，尤其是王充，他的《论衡》中有许多重要篇章都是专论写作问题的。蔡邕的《铭记》、《独断》等则讨论了广义的散文之写作问题。此外据《西京杂记》记载，早在西汉前期，司马相如就发表了著名的关于赋的创作问题的见解。与文学理论批评专著繁荣的状况相类似的，是书法、绘画等艺术理论批评的专著也出现了不少，如崔瑗的《草书势》、蔡邕的《篆势》、《用笔论》等。这种文学理论批评发展的状况，与魏晋以后是一致的，只不过是魏晋以后专门的论著更多，讨论的问题更深入罢了。专门的理论批评著作的出现，是文学作为一个自觉的、独立的、部门的重要标志。

第三，从文学理论批评所涉及的内容来看，汉代已经相当广泛，亦已比较全面。从文学的外部规律来说，无论是文学与时代、文学与现实、文学的社会教育作用等，都在先秦儒家简要论述的基础上有了较大的发展，形成了较为全面、系统的理论体系，并且一直影响长期封建

社会中的正统文艺思想。从文学的内部规律方面说,例如关于创作中的主客体关系(心物关系)的研究,提出了"物感"说;关于创作中的艺术构思问题,提出了"赋心"论;关于文学的艺术表现方法,总结了"赋比兴"说;关于文学的本质问题,把先秦的"诗言志"说发展为情志统一论;此外对文学的独创性、文学的风格论、文学的体裁论等也都有不少研究和论述。在文学批评方面,提出了"诗无达诂"说,充分重视了批评者、欣赏者的主体作用问题。我们可以看到,魏晋以后文学理论批评中所涉及的一些重要问题,大都可以在两汉时期找到它的历史发展痕迹,很多问题在汉代就已经提出来了。

第四,过去强调从魏晋才开始有自觉的文学理论批评,其中很重要的理由之一是魏晋开始才有了对文学本身规律的研究,而其重要表现之一是文体的分类及其特征的研究。但是论者很少涉及这样一个问题,即文章内部区分为各种不同文体,是从什么时候开始形成和发展的? 其实,后来所说的包括在"文章"范围内的各种不同文体的形成与成熟,恰恰正是在汉代。如果我们认真研究一下刘勰在《文心雕龙》中上半部分的二十篇文体论,就可以清楚地看到,刘勰所涉及的三十四种不同文体,其中绝大部分都是在汉代正式形成和成熟的。它们在先秦都不明显或根本没有,而在汉代则正式出现,并形成一种独立文体。例如颂、赞、祝、盟、铭、箴、诔、碑、哀、吊、谐、谳、论、说、檄、移等皆是如此。而像诏、策、章、表、奏、议,以及七辞、连珠、对问等,都是汉代才产生的。因此,文体的繁荣正是在汉代,魏晋以后正是在此基础上的发展。而且在汉代已经开始了对这些文体特征的研究。例如刘向说赋的特点是"不歌而颂",班固说是"古诗之流"。刘歆分赋为屈原赋、陆贾赋、孙卿赋、客主赋四类,正是根据各种不同的赋的内容与形式特点而提出来的。据《后汉书》《周荣传》记载,当时(安帝永宁年间)有一个叫陈忠的人曾论述了诏令这种文体的特征。东汉末年的蔡邕不仅有《铭记》专论铭这种文体的特点,而且在《独断》中详细地剖

析了策、制、诏、戒、章、奏、表、驳议八类文体的特征。后来曹丕把文体分为四类八种，陆机《文赋》分为十类，而挚虞《文章流别志》、刘勰《文心雕龙》、萧统《文选》分得更细，都是在汉代基础上的进一步发展。由此也可以充分说明汉代才真正是文学独立和自觉的时代，而魏晋只是它的继续和发展。那种把魏晋才称作是文学的独立和自觉时代的说法是不大符合事实的。①

　　张少康先生主要是在文学范围内论证文学何时独立自觉，其实突破文学的阈限，扩而大之，从整个艺术和审美领域来审视这个问题，我们认为会得到更多的有力的支持。除了前面分析的美的升值、情的上扬、自然审美观的发展和突破之外，汉代娱乐审美文化极为繁荣，各类艺术也有较明显的分化，如音乐、舞蹈、书法等等，分别进入自觉的行列。而且汉末还诞生了中国第一个专以艺术为教学内容的学校——鸿都门学，这些都是从宏观上对张少康先生观点的补充和印证。如果说："汉代才真正是文学独立和自觉的时代"的结论尚需进一步深入研究，那么，从前述种种情况的相互关联整体中，得出汉代审美走向自觉的结论似乎还是可以成立的。

---

　　①　张少康：《先秦两汉文学思想发展的特点》，《论文学的独立和自觉非自魏晋始》，载《夕秀集》，华文出版社 1999 年版。

主要参考书目

阮元：《十三经注疏》，中华书局，1980 年版。

《周易正义》

《尚书正义》

《毛诗正义》

《周礼注疏》

《礼记正义》

《春秋左传正义》

《春秋公羊传疏》

《论语注疏》

《孟子注疏》

《二十五史补编》，上海开明书店辑印，1936—1937 年版。

《诸子集成》，中华书局，1954 年版。

王弼注：《老子》，上海古籍出版社，1989 年版。

郭象注：《庄子》，上海古籍出版社，1989 年版。

程树德：《论语集释》，中华书局，1990 年版。

朱熹：《四书章句集注》，中华书局，1990 年版。

司马迁：《史记》，中华书局，1982 年版。

班固：《汉书》，中华书局，1962 年版。

范晔：《后汉书》，中华书局，1965 年版。

张烈点校：《两汉纪》，中华书局，2002 年版。

陈寿撰、裴松之注：《三国志》，中华书局，1982 年版。

严可均校辑：《全上古三代秦汉三国六朝文》，中华书局，1958 年

影印本。

逯钦立:《先秦汉魏南北朝诗》,中华书局,1983 年版。

费振刚等辑校:《全汉赋》,北京大学出版社,1993 年版。

陈奇猷:《吕氏春秋校释》,学林出版社,1984 年版。

贾谊:《贾谊集》,上海人民出版社,1976 年版。

刘文典:《淮南鸿烈集解》,中华书局,1989 年版。

苏舆:《春秋繁露义证》,中华书局,1992 年版。

赵善诒:《说苑疏证》,华东师范大学出版社,1985 年版。

汪荣宝:《法言义疏》,中华书局,1982 年版。

桓谭:《新论》,上海人民出版社,1977 年版。

北京大学历史系:《论衡校释》,中华书局,1979 年版。

陈立:《白虎通疏证》,中华书局,1994 年版。

汪继培笺,彭铎校正:《潜夫论校正》,中华书局,1985 年版。

徐干:《中论》,上海古籍出版社,1990 年版。

王利器:《新语校注》,中华书局,1986 年版。

王利器:《风俗通义校注》,中华书局,1981 年版。

王利器:《盐铁论校注》,中华书局,1992 年版。

王利器:《颜氏家训集解》,中华书局,1993 年版。

高明:《帛书老子校注》,中华书局,1996 年版。

王明:《太平经合校》,中华书局,1960 年版。

段玉裁:《说文解字注》,上海古籍出版社,1981 年版。

萧统撰　李善注:《文选》,中华书局,1977 年版。

余嘉锡:《世说新语笺疏》,上海古籍出版社,1993 年版。

刘劭:《人物志》,《四库全书》本。

《黄帝素问》,《四库全书》本。

葛洪:《抱朴子》,《诸子集成》本。

《西京杂记》,《四库全书》本。

周振甫:《文心雕龙今译》,中华书局,1986年版。

陆侃如、牟世金:《文心雕龙译注》,齐鲁书社,1982年版。

徐祯卿:《谈艺录》,学海类编道光本。

胡应麟:《诗薮》,中华书局,1958年版。

刘熙载:《艺概》,上海古籍出版社,1978年版。

皮锡瑞:《经学历史》,中华书局,1959年版。

章学诚:《文史通义》,中华书局,1961年排印本。

赵翼:《二十二史札记》,四库备要排印本。

朱自清:《诗言志辨》,开明书店,1947年版。

萧涤非:《汉魏六朝乐府文学史》,人民文学出版社,1984年版。

〔德〕顾彬著、马树德译:《中国文人的自然观》,上海人民出版社,1990年版。

范文澜:《中国通史》,人民出版社,1978年版。

白寿彝总主编:《中国通史》,上海人民出版社,1995年版。

任继愈主编:《中国哲学发展史》(先秦卷),人民出版社,1983年版。

任继愈主编:《中国哲学发展史》(秦汉卷),人民出版社,1985年版。

任继愈主编:《中国哲学发展史》(魏晋南北朝卷),人民出版社,1988年版。

侯外庐:《中国思想通史》,人民出版社,1957年版。

李泽厚:《中国古代思想史论》,人民出版社,1986年版。

葛兆光:《中国思想史》(全三册),复旦大学出版社,2001年版。

马宗霍:《中国经学史》,商务印书馆,1996年重印本。

庄锡昌:《多维视野中的文化理论》,浙江人民出版社,1987年版。

张岱年主编:《中国文化概论》,北京师范大学出版社,1994年版。

柳诒徵:《中国文化史》,东方出版中心,1988年版

冯天瑜:《中华文化史》,上海人民出版社,1995年版。

《中华文明史》(秦汉卷),河北教育出版社,1994年版。

李学勤等:《长江文化史》,江西教育出版社,1995年版。

翦伯赞:《秦汉史》,北京大学出版社,1999年版。

吕思勉:《秦汉史》,上海古籍出版社,1982年版。

田昌五、安作璋主编:《秦汉史》,人民出版社,1993年版。

钱穆:《秦汉史》,三联书店,1999年版。

[英]崔瑞德、鲁惟一编:《剑桥中国秦汉史》,中国社会科学出版社,1992年版。

胡适:《中国中古思想史长编》,华东师范大学出版社,1996年版。

金春峰:《汉代思想史》,中国社会科学出版社,1987年版。

祝瑞开:《两汉思想史》,上海古籍出版社,1989年版。

袁济喜:《两汉精神世界》,中国人民大学出版社,1994年版。

徐复观:《两汉思想史》,台湾学生书局,1985年版。

徐复观:《中国艺术精神》,春风文艺出版社,1987年版。

熊铁基:《汉唐文化史》,湖南人民出版社,2002年版。

韩养民:《秦汉文化史》,陕西人民教育出版社,1986年版。

林剑明等:《秦汉社会文明》,西北大学出版社,1985年版。

王学理主编:《秦物质文化史》,三秦出版社,1994年版。

马新:《两汉乡村社会史》,齐鲁书社,1997年版。

顾颉刚:《汉代学术史略》,东方出版社,1996年版。

王铁仙:《汉代学术史》,华东师大出版社,1995年版。

余英时:《士与中国文化》,上海人民出版社,1987年版。

刘泽华主编:《士与社会》(秦汉魏晋南北朝卷),天津人民出版社,1992年版。

于迎春:《秦汉士史》,北京大学出版社,2000年版。

于迎春:《汉代文人与文学观念的演进》,东方出版社,1997年版。

彭卫:《古道侠风》,中国青年出版社,1998年版。

鲁迅:《汉文学史纲要》,人民文学出版社,1976年版。

钱锺书:《管锥编》,中华书局,1986年版。

张蓓蓓:《东汉士风及其转变》,台湾大学出版委员会,1985年版。

宗白华:《美学散步》,上海人民出版社,1981年版。

周来祥:《周来祥美学文选》,广西师范大学出版社,1999年版。

周来祥:《古代的美近代的美现代的美》,东北师范大学出版社,1996年版。

周来祥:《论中国古典美学》,齐鲁书社,1987年版。

周来祥主编:《中国美学主潮》,山东大学出版社,1993年版。

周来祥、陈炎:《中西比较美学大纲》,安徽文艺出版社,1992年版。

陈炎:《积淀与突破》,广西师范大学出版社,1997年版。

陈炎主编:《中国审美文化史》,山东画报出版社,2000年版。

李泽厚、刘纲纪:《中国美学史》,中国社会科学出版社,1986年版。

李泽厚:《美的历程》,中国社会科学出版社,1989年版。

叶朗:《中国美学史大纲》,上海人民出版社,1985年版。

敏泽:《中国美学思想史》,齐鲁书社,1989年版。

张涵、史鸿文:《中华美学史》,西苑出版社,1995年版。

许明主编:《华夏审美风尚史》,河南人民出版社,2000年版。

童庆炳:《中国古代心理诗学与美学》,中华书局,1992年版。

曾繁仁:《审美教育新论》,北京大学出版社,1997年版。

陆贵山:《审美主客体》,中国人民大学出版社,1989年版。

杜书瀛:《文艺美学原理》,社会科学文献出版社,1992年版。

蔡仲德:《中国音乐美学史》,人民音乐出版社,1995年版。

修海林:《古乐的沉浮》,山东文艺出版社,1989年版。

于民：《春秋前审美观念的发展》，中华书局，1984年版。

于民：《气化谐和——中国古典审美意识的独特发展》，东北师范大学出版社，1990年版。

彭吉象主编：《中国艺术学》，高等教育出版社，1997年版。

朱良志：《中国艺术的生命精神》，安徽教育出版社，1995年版。

朱恩彬主编：《中国古代文艺心理学》，山东文艺出版社，1997年版。

樊波：《中国书画美学史纲》，吉林美术出版社，1998年版。

金学智：《中国书法美学》，江苏文艺出版社，1994年版。

王伯敏主编：《中国美术通史》，山东教育出版社，1996年版。

《诸家中国美术史论著选汇》，吉林美术出版社，1992年版。

杨泓：《美术考古半世纪》，文物出版社，1997年版。

李浴：《中国美术史纲》，辽宁美术出版社，1984年版。

孙振华：《中国雕塑史》，中国美术学院出版社，1994年版。

袁行霈主编：《中国文学史》，高等教育出版社，1999年版。

章培恒主编：《中国文学史》，复旦大学出版社，1996年版。

彭亚非：《先秦审美观念研究》，语文出版社，1996年版。

袁济喜：《六朝美学》，北京大学出版社，1994年版。

吴功正：《六朝美学史》，江苏美术出版社，1994年版。

施昌东：《汉代美学思想述评》，中华书局，1981年版。

顾易生、蒋凡：《中国文学批评通史》（先秦两汉卷），上海古籍出版社，1996年版。

王洲明：《先秦两汉文化与文学》，山东大学出版社，1996年版。

董治安：《先秦文献与先秦文学》，齐鲁书社，1994年版。

詹福瑞：《中古文学理论范畴》，河北大学出版社，1997年版。

许结：《汉代文学思想史》，南京大学出版社，1991年版。

陈良运:《文与质·艺与道》,百花洲文艺出版社,1992年版。

陈良运:《焦氏易林诗学阐释》,百花洲文艺出版社,2000年版。

苏志宏:《秦汉礼乐教化论》,四川人民出版社,1991年版。

岳庆平等:《中国秦汉艺术史》,人民出版社,1994年版。

顾森主编:《中国美术史》(秦汉卷),齐鲁书社明天出版社,2000年版。

萧亢达:《汉代乐舞百戏艺术研究》,文物出版社,1991年版。

田静:《秦宫廷文化》,陕西人民教育出版社,1998年版。

袁殊一:《秦始皇陵兵马俑研究》,文物出版社,1993年版。

张文立:《秦俑学》,陕西人民教育出版社,1999年版。

王学理:《秦俑专题研究》,三秦出版社,1994年版。

潘运吉:《汉魏六朝书画论》,湖南美术出版社,1997年版。

王延中:《汉代画像石通论》,紫禁城出版社,2001年版。

信立祥:《汉代画像石综合研究》,文物出版社,2000年版。

王瑶:《中古文学史论》,北京大学出版社,1986年版。

赵明等主编:《两汉大文学史》,吉林大学出版社,1998年版。

龚克昌:《汉赋研究》,山东文艺出版社,1985年版。

赵敏俐:《汉代诗歌史论》,吉林教育出版社,1995年版。

王钟陵:《中国中古诗歌史》,江苏教育出版社,1988年版。

李珺平:《天汉雄风》,北京师范大学出版社,1993年版。

后　记

　　现实生活中人们都很不欣赏"俗套",都希望打破或超越"俗套",但有些"俗套",实在很难摆脱,如出书要缀以"后记":交代一下写作缘由、过程,做些必要的说明等等就属此列。"俗套"之所以是"俗套",就因为它是很难超脱的。名士俊杰尚且无法超拔,凡庸平常如我者,就更难免"俗"了。

　　本书是在我的博士论文《秦汉审美文化研究》的基础上修改付梓的。之所以在标题"研究"前饰以"宏观",是因为它是在我已基本完成的国家教育部"九五"人文社会科学规划重点课题"中国审美文化研究"的子课题"秦汉审美文化研究"或"秦汉审美文化史"的总论部分的基础上扩展而成的。相对于秦汉审美文化研究所包括的理论形态、艺术形态、生活形态三部分内容而言,它具有总论性质,更侧重宏观整体,是对秦汉审美文化的总体认识和基本把握。"文章千古事,得失寸心知"。之所以选这一部分单独成书,除了自以为比较有特点和新意外,主要是因为它是我已有的人生和学术经历中最重要的学习研究阶段的最重要的生命和学术结晶。敝帚自珍之意不言自明。

　　时下,"关键词"成为流行的表达方式。本书的选题、写作过程和体会,大体也可以用"忍痛割爱"、"先结婚后恋爱"、"歪打正着"和"情

有独钟"等几个关键词来概括。

　　本书选题确定是 1996 年 11 月。选定这个题目还有个曲折。按照我原来的学术兴趣，我准备搞的是"审美理想研究"，且基本拟好了提纲，准备好了相关材料。但导师周来祥先生承担了教育部"中国审美文化研究"的重点课题，希望我做中国古代审美文化，特别是先秦、秦汉方面的审美文化研究。开始我颇为踌躇，因为我平时主要从事文学与美学基本理论的教学和研究，硕士论文《论泰纳的美学思想及其历史地位》是属于西方文论和美学的，对中国古代文化和美学平时涉足较少。但考虑再三，特别是考虑到探讨中国古代审美文化，既有利于自身知识结构的优化，又可避免搞纯理论的空疏，一举多得，何乐而不为。于是暂时搁置审美理想研究，转向先秦及秦汉审美文化选题的论证。

　　其实，秦汉在我确定选题前的印象里，几乎就是两句话：秦始皇"焚书坑儒"，汉武帝"独尊儒术"。这两件事似乎是读书人、知识分子本能反感的。因此，就我来说，选题前没有任何研究秦汉的动机、兴趣或者说感情积累。当时选中做秦汉审美文化研究，是出于一种很原始、很朴素的考量。因为我初步检索和阅读了关于先秦、秦汉研究的主要材料后，发现研究先秦的人颇多，而搞秦汉的人似乎较少，在美学和审美文化上则更是少得可怜。依学术惯例，某个领域研究的人少，一般是两种情况：一种是这个领域研究的难度很大，不容易搞，所以大家均敬而远之，退避三舍；一种是这个领域没有多少研究价值，不值得研究。如果属于第一种情况，可以探索驰骋的空间就比较大，研究出来的成果也较易得到好评。当然，如果属于第二种情况，就没有研究的必要了。那么秦汉属于哪种情况呢？我是那种比较"死心眼"的人，一件事不办则已，要办就会全力以赴。我主要从三个方面求索答案。一是从文献资料。这虽是最传统的途径，以往学者对这类材料大都已翻检得滚瓜烂熟，但是无可否认，即使面对同样的文献资料，视角和立场不同,看出来的图画和色彩就会有差异。更何况我还尽可能地开掘补充了新材料。二是从考古实物。秦汉人"事死如事生"的独特的生死观,使他们特别喜欢在地下埋藏包罗万象的实物,为今日秦汉审美文化研究提供了得天独厚的条件。鲁迅等学者论及秦汉文化艺术时,所看到的实物尚很有限。建国以来,特别是近三十年来,秦汉考古重大发现屡奏凯歌,几占全国重大考古发现的一半。前所未有的丰富多彩的考古实物,为我们敞开了秦汉神秘面貌的更多真实。学界历来有实物高于文献的共识,有如此众多的实物,实是今日秦汉审美文化研究最大的优势。三是实地考察。实地考察与实物考察有联系更有区别,它们的主要不同在于实物可以是孤立的、个别的,而实地考察则具有更强烈的现场感、历史感和整体感。已发现的秦汉重大历史遗迹特别多,选题确定后我就下定决心,要把它们都考察一遍。撰写期间,我曾一赴长沙马王堆汉墓,二赴广州南越王汉墓,三赴西安临潼秦始皇陵,其他诸如茂陵、阳陵……无不足迹遍到。极为巧合的是,我生长于彼且父母、岳父母现都居住的城市,恰恰是两汉历史文化名城楚都彭城(今徐州)。每年多次回家探望父母,我都驻足流连在狮子山汉墓、龟山汉墓、云龙湖畔的徐州汉画像石博物馆,说不清到底有多少次了。而我工作的山东师范大学所在的山东济南,也是秦汉齐鲁文化的荟萃地。除了有山东汉画像石博物馆外,新世纪初又发现了西汉初的洛山汉墓。那气势磅礴、声威浩大的兵马俑军阵,那惊世骇俗、匪夷所思的龟山汉墓甬道,那大巧若拙、鬼斧神工的霍去病墓石雕,那活现着龙马精神的马当轳和精妙绝伦的金缕玉衣……,都使我眼前翻卷秦汉历史画卷和时代风云,脑海浮现彼时的声容笑貌和刀光剑影,在精神上仿佛独与古人往来。虽然对实物、实地的这些感受未必能直接作为论据写入本书,但它们作为对文献的弥补、对时代鸿沟的超越,与文献相辅相成,对本书观点的形成和撰写起到了不可替代的重要作用。

这三个方面的求索使我逐步认识到秦汉是属于第一种情况,是一

座审美文化宝库,深入开掘具有重大的学术价值和实践意义。这些认识我都系统地表述在书中了。由此对秦汉产生了极大的兴趣和浓厚的感情,几至于魂牵梦绕。

不仅如此,这座蕴藏丰富的宝库给我提供了思考问题、提出观点、有所创造的优良条件和驰骋空间。2000 年 6 月 16 日,举行了我的博士论文答辩会。在文艺学国家重点学科带头人、教育部人文社会科学重点研究基地北京师范大学文艺学研究中心首席专家童庆炳先生,文艺学国家重点学科中国人民大学博士生导师陆贵山先生,中国社会科学院文学研究研究员杜书瀛先生,文艺学国家重点学科、教育部人文社会科学重点研究基地山东大学文艺美学研究中心陈炎先生及山东大学文学与新闻传播学院孔范今先生、凌南申先生和王洲明先生,山东师范大学文学院朱德发、朱恩彬、杨守森、李戎诸先生的评阅和评议书给予充分肯定的基础上,答辩委员会也给予论文以高度评价。本次出版原拟把全部评阅书和评议书全文附录,但出版社虑及本丛书的体例,建议不再刊出,这里仅附上答辩委员会决议:

> 从审美文化角度研究中国古代美学,是新的前沿性课题,难度也大。论文以宏观的视野,从多角度深入地研究秦汉审美文化,具有重要的学术价值和理论意义。
>
> 论文遵循历史与逻辑相统一的原则,置秦汉审美文化于特定的社会环境和自然环境中予以考察,并把握其与环境的内在联系,将断代的审美文化置于美学发展过程中加以比较研究,同时运用抽象到具体的研究方法,从而较准确地揭示了秦汉审美文化的"现实与浪漫的统一"等四个基本特征。
>
> 论文在诸多重要问题上提出了新的观点。论文以"壮丽"概括秦汉时期的审美文化理想,并认为先秦时期和盛唐时期审美文化理想是"壮朴"和"壮浑",这是对中国古代美学思潮的重要创见。论文中创新之处颇多,对研究中国古代美学有启示意义。

论文基本观点正确,资料丰富翔实,论述充分,逻辑性强,文字畅达。

论文应加强对秦汉审美文化理想"壮丽"的"壮"的方面的论述。

这是一篇具有相当高的学术价值的优秀博士论文,已达到博士学位论文的要求。答辩时对所提出的问题作了圆满的回答,一致同意通过答辩,并建议授予博士学位。

我深知这是对我鼓励和鞭策。近年来本书的主要内容曾先后在《文艺研究》、《文史哲》等权威刊物发表,迄今已逾12篇,全部发表于核心刊物,其中5篇被人大复印资料、文艺报等全文转载或摘要,2篇被收入《中国美学年鉴》(2003年卷、2005年卷),2002年获山东省优秀博士论文奖,2004年《比德、比情、畅神——论汉代自然审美观的发展和突破》获山东省社会科学优秀成果二等奖、山东省高校人文社会科学优秀成果一等奖等等,获得了较好的社会反响和学术评价。

秦汉审美文化研究使我受益匪浅。除前面已述及的优化知识结构、矫正纯理论的空疏等等外,最重要的是它为我开拓了一个颇可作为的研究领域,为我打开了一座宝库的入口,这座宝库尚有很多极有价值的问题,亟须深入研究探讨。今天我与秦汉美学、审美文化研究已经难舍难分了,本书的出版只是乍入宝库的初步发现。

需要说明的是,为什么本书的研究前后十年,答辩后六年有余才付梓出版呢?原因主要有二。

一是为了修改。包括根据论文答辩委员会及评阅评议专家的修改意见和根据自己的研究目标进行修改。秦汉审美文化研究是一个难度很大、分量很重的选题,短时间内是很难达到理想的研究目标的。加上本人首次从事这样大规模、大分量的古代美学选题的研究,心中没底,如履薄冰,困难就更可想而知了。攻博时我就把博士论文答辩时间后延了近两年,基本意图是想多争取一些时间,做得更充分一些。

论文答辩后,根据评阅和评议专家提出的修改意见,本人又做了尽可能的修改。主要是细化了论证,补充和订正了某些材料,修饰了语言,但整体框架和基本观点完全如初。人们常说"电影是遗憾的艺术",我认为,在一定意义上说,学术研究似乎是"遗憾的事业"。因为人们通常都追求很多、很高,但由于种种因素的影响,所能达到的总是有限的、相对的。毕其功于一役,在具体事务中司空见惯,但在人文社会科学研究中则是很难想象的,有些问题或许是永恒的主题。学无止境,学术研究也永无尽头。本书的研究也是如此。虽然多年来,本人竭尽驽钝,但颇感遗憾的是由于学养有限,由于光阴似箭,特别是由于公务缠身等等,本书的研究虽然有所建树,但离应有目标,尚有距离。有些遗憾,只能留待以后解决了。

二是为了接受学界和时间的检验。本书 2000 年 6 月作为博士论文答辩时,国内关于秦汉美学和审美文化的研究还相当薄弱,除施昌东先生 1981 年出版的以唯物与唯心、神学与反神学为中心撰写的《汉代美学思想述评》一书,还没有一部专门研究秦汉美学或审美文化的专著出版。近几年,秦汉审美文化研究已渐成热点。陆续接触到的成果大体有三类:第一类是审美文化通史中的分卷,如陈炎先生主编的《中国审美文化史》中仪平策教授著的《秦汉魏晋南北朝》卷;许明先生主编的《华夏审美风尚史》中王旭晓教授著的秦汉卷《大风起兮》,这些成果均有开创之功,但在基本观点上似乎延续了鲁迅和闻一多先生看法。第二类是对秦汉艺术进行总体研究的成果。如徐华的《两汉艺术精神嬗变论》,侧重两汉艺术精神的变化研究,更注重在两汉内部研究比较两汉艺术精神的差异。第三类是对秦汉美学、艺术相关门类进行的研究。如于迎春的《汉代文人与文学观念的演进》、邹积意的《西汉文学思想研究》、蓝旭的《东汉士风与文学》、胡旭的《汉魏文学嬗变研究》、王洲明的《中国文学精神》(秦汉卷)、顾森的《秦汉绘画史》、《中国美术史》(秦汉卷)以及关于汉画像石、雕塑、帛画、书法、丝

<blockquote>
后
记
</blockquote>

绸、漆器、玉器、铜镜等的专门研究等等。"大浪淘沙",时间是最好的过滤器。纵观这些成果,本书在基本观点和整体框架上似乎未有"撞车"和"狗尾"之嫌。

还需要说明的是,由于秦始皇"焚书坑儒",汉武帝"独尊儒术",使知识分子本能地反感,由于建国后"左倾"思潮的影响,古代、特别是建国后的论者不少从贬低、否定的角度做文章,对于秦汉之弊的口诛笔伐连篇累牍。有鉴于此,本书就没有专门论及秦汉的局限,而着重挖掘以往较少关注或论及的积极方面,对秦汉之弊,非不知也,是本书刻意如此的。

本书从博士论文到付梓出版,凝聚了诸多师长和亲朋好友的关爱。在此由衷感谢我的硕士生导师李衍柱先生和博士生导师周来祥先生,没有他们给我打下的学术功底,没有他们的悉心指导和文学、美学思想体系的启发就没有本书的完成。由衷感谢童庆炳、陆贵山、杜书瀛、孔范今、陈炎、凌南申、王洲明、朱德发、朱恩彬、杨守森、李戎诸位先生,他们的评阅和评议给了我充分的肯定,也为论文修改提出了宝贵的指导意见,使本书的整体水平又有显著提升。由衷感谢钱中文、曾繁仁、聂振斌、滕守尧、朱立元、王岳川、王一川、党圣元、王杰、赵宪章、周宪、杨春时、夏之放、谭好哲诸先生,他们的鞭策是我不断前进的动力。由衷感谢首都师范大学王德胜先生和人民出版社柯尊全先生玉成本书的出版,他们的支持和友情是我最宝贵的精神财富。由衷感谢山东师范大学校领导及文学院同仁,对我科研工作的支持和宽容。由衷感谢山东省强化建设重点学科和山东师范大学出版基金的经费资助。由衷感谢为本书阶段性成果发表提供了宝贵机会的《文艺研究》、《文史哲》等刊物的主编和编审方宁、陈剑澜、赵伯陶、陈炎、朱兰芝、武卫华、李玉明、路士勋、王连仲、李小虎、翟德耀、于孔宝先生等。感谢诸多学者及相关成果给本书研究的支持和启发,凡直接参考引用者,均已在书中注明,或有疏漏,在此一并致谢。

　　特别要感谢的仍是我相濡以沫的夫人费利群。作为山东大学教授、博士生导师和教学部副主任,她承担着极为繁重的教学、科研和管理工作,但为我的事情从不吝惜时间。本书从博士论文到本次出版,几乎所有的修改、整理、打印稿都是由她帮助完成的。可以说本书张张页页都是她心血的体现,行行字字都见证着她无比的深情。人生能有如此知己和伴侣,夫复何求!

　　俗话说:"十年磨一剑"。本书从1996年年底确定选题到2006年年底付梓出版,前后已逾十年。时间长度是够了,但磨出来的是剑否?就有待于学界和读者的鉴定和批评指正了。

周 均 平
2006 年 12 月 18 日

策划编辑:柯尊全
责任编辑:陈 光 李灼华
装帧设计:曹 春
版式设计:卢永勤
责任校对:周 昕

图书在版编目(CIP)数据

秦汉审美文化宏观研究/周均平著. -北京:人民出版社,2007.8
ISBN 978 - 7 - 01 - 006019 - 4

Ⅰ. 秦… Ⅱ. 周… Ⅲ. 审美分析-文化-研究-中国-
秦汉时代 Ⅳ. B83.092

中国版本图书馆 CIP 数据核字(2007)第 031142 号

秦汉审美文化宏观研究
QINHAN SHENMEI WENHUA HONGGUAN YANJIU

周均平 著

人民出版社 出版发行
(100706 北京朝阳门内大街 166 号)

北京瑞古冠中印刷厂印刷 新华书店经销

2007 年 8 月第 1 版 2007 年 8 月北京第 1 次印刷
开本:787 毫米×960 毫米 1/16 印张:21.25
字数:300 千字 印数:0,001 - 4,500 册

ISBN 978 - 7 - 01 - 006019 - 4 定价:48.00 元

邮购地址 100706 北京朝阳门内大街 166 号
人民东方图书销售中心 电话 (010)65250042 65289539